传媒艺苑文丛

ZHONGGUO

ZHIRAN

SHIHUA

中国织染史话

赵翰生　著

典藏版

中国国际广播出版社

图书在版编目（CIP）数据

中国织染史话：典藏版 / 赵翰生著. —北京：中国国际广播
出版社，2022.11

（传媒艺苑文丛.第二辑）

ISBN 978-7-5078-5223-3

Ⅰ.①中… Ⅱ.①赵… Ⅲ.①纺织－工艺美术史－中国
②染整－工艺美术史－中国 Ⅳ.① TS1-092

中国版本图书馆CIP数据核字（2022）第188964号

中国织染史话（典藏版）

著　者	赵翰生
出版人	张宇清　田利平
项目统筹	李　卉　张娟平
策划编辑	笑学婧
责任编辑	笑学婧
校　对	张　娜
设　计	国广设计室

出版发行	中国国际广播出版社有限公司［010-89508207（传真）］
社　址	北京市丰台区榴乡路88号石榴中心2号楼1701
	邮编：100079
印　刷	环球东方（北京）印务有限公司

开　本	710×1000　1/16
字　数	250千字
印　张	22
版　次	2023 年 4 月 北京第一版
印　次	2023 年 4 月 第一次印刷
定　价	56.00 元

引　言

　　织染技术是由原料加工、纺纱、织造、印染、后整理等一整套加工工序构成的。纵观中国几千年的织染技术发展，大概经历了三个历史时期，即原始纺织时期、传统纺织技术体系形成时期和传统纺织技术体系大发展时期。

　　原始纺织时期，时间相当于远古至夏代。根据现在掌握的考古资料，这个时期又可分为两个阶段。一是纺织技术的萌芽阶段，那时人们为防寒、御晒、蔽体之需，摸索发明出了对野生纤维进行劈、搓、绩、编的办法。选用原料都是就地采集的一切可以利用的野生植物纤维和可能得到的各种动物毛毳，种类非常多。搓合、编结时也基本不用工具或是仅利用极简单的石制工具，加工出的产品极其粗糙。二是纺织技术的初生阶段。虽然这个时期仍然大量使用野生动植物纤维，但已逐渐集中选用少数具有良好纺织特性的动植物品种，如葛藤、大麻、苎麻、蚕丝、羊毛等，甚至有些品种已开始了人工种植和养殖。纺和织已广泛使用简单的工具，如纺坠、引纬器等，但这些工具尚不具备传动结构，都是靠手工完成动作，而且未形成系统，不是各工序都有可资利用的工具。加工出的产品也较之前精细了许多，有些织品上还出现了花纹和色彩。可以肯定，我们的祖先在这一阶段业已完成从单纯采集一切可以利用的野生原料，到逐步优选定型和人工培育原料的进步，从不用或仅利用极简单的工具进行搓、绩、编、结，到利用工具纺纱织布的进步。

传统纺织技术体系形成时期，时间相当于殷商至战国。在这个时期，经过长时间的优选，大麻、苎麻、葛藤、蚕丝成为主要纺织原料。植物纤维加工已普遍采用沤渍和煮练，并对不同纤维沤渍或煮练的用水、时间作出了颇有见地的总结，建立起了煮茧、索绪、集绪、络丝、并丝、加捻等一整套缫丝工艺，并形成完整的体系。这一时期还出现了多种手工纺织机具，并配套成具有传动结构的机械体系，如成型的纺车在一些地方已开始使用，织造机具也已是具备杼、轴、综、蹑、支架等部件的完整织机。印染技术逐渐形成完整的工艺体系，发展成为一个专门的行业，而且在官办纺织手工业中，对染料的生产、加工以及各种染色工艺都制定了一定的规范标准，已能满足社会对服装美化及穿用性能方面的明确具体的要求。织染品的品种数量迅速增加，且日趋精细，有些织物不仅具有实用价值，还兼具艺术性，如把当时应用的织纹按现代组织学分类，可以发现除了有规律的缎纹组织，平纹、斜纹及其变化组织几乎全都有了。因此可以说，真正意义上的传统纺织技术体系是从这个时期开始并走向完善的。

传统纺织技术体系大发展时期，时间相当于秦汉至清末。在这个时期，手工纺织生产和技术得到持续发展，各个方面都有一些质的变化和突破性进展。原料方面，唐中叶以前，养蚕治丝北方远盛南方；麻葛各地多有种植，但葛的产量不高；毛多分布在西北、西南的部分地区；棉花则只在新疆、西南疆少数地区有种植，且产量极低。宋以后，纺织原料的分布、构成和生产的格局发生了变化，丝织业生产中心随着全国政治、经济中心的南移，而转移到江浙一带，棉花则随着在内地种植和加工技术的突破，逐渐遍布全国，并取代了麻，成为主要衣用材料，麻失去大宗衣用原料地位，毛的分布基本没有什么变化。纤维加工方面，丝、麻、毛的初加工技术在继承前代的基础上取得进一步发展，棉的初加工技术则取得突破。如麻类纤维的初加工仍普遍采用沤渍和煮练的方法，但为加工出更为精细的麻织物，还广为使用一种与现代练麻工艺中的精练工艺大体相同的灰治法；棉纤维的初加工则普遍采用搅车轧棉和椎弓弹棉。缫丝方面，汉唐时普及了带横动导丝机构和脱绞机构的手摇缫车，唐宋期间出现了脚踏缫车，宋以后脚踏缫车完全取代了手摇缫车。纺纱方面，在汉唐期间用于丝、麻、毛合股加捻的纺车迅速普及，取代纺坠成为主要的纺纱工具，并从手摇单锭发展到手摇复锭，再发展到脚踏复锭。宋以后除了手摇和脚踏纺车的应用扩展到纺棉纱，宋元之际还发明出一种适于集体化手工业生产，可用人力、畜力甚至水力驱动的具有多个纺锭的丝、麻大纺车，它的出现标志着我国古代手工纺纱机具的技术含量达到了一个新的高度。织造方面，织造技术和织造机具得到空前发展，从腰机织布、手工提花和挑花发展为机器提花，从经线显花发展为纬线显花，发明了起绒、缂织等技术，并普及和完善了斜织机、多综多蹑纹织机、束综提花机和罗织机等。印染方面，在用料、工具、工艺方法以及规模等诸方面也都有了质的变化和提高，如染料除了继续应用原来已有的矿物颜料和植物染料，还发掘出许多新的更好的上染原料，并总结出一些矿物颜料的化学制取方法和一些植物染料的制取储存方法。套染、媒染、防染等技术在各地广泛应用，色谱范围从几十种扩展到几百种。印花型版雕刻得日趋精细，印浆换代更新，先后出现了蜡缬、夹缬和贴金的印花方法。织品和织纹方面，除了繁多的大众化品种，一些既具有实用性又兼具艺术性的品种得到较快发展，如缂丝、织绒、妆花、云锦等。织物组织则在熟练应用平纹及其变化组织、斜纹及其变化组织、经纬重组织、绞经组织、提花组织的基础上，衍生出了缎纹组织，使现代组织学上所谓的三原组织全部出现。缎纹组织的出现为织品开辟了一个新的大类。

总体来说，在18世纪之前，中国古代织染技术一直处于世界领先地位，有很多织染工艺都是在中国最先出现。那么中国在此期间，织染技术方面的最大特色有哪些？概括起来大致有以下六点。

第一，原料多样化。纺织原料是纺织技术的第一要素，生产工艺和设备都是依据原料而设计。古代世界各国用于纺织的纤维均为天然纤维，一般是毛、麻、棉三种短纤维或只是其中的一种，如地中海地区以前用于纺织的纤维仅是羊毛和亚麻，印度半岛地区则主要是棉花。而我国古代除了这三种，还大量使用长纤维蚕丝。蚕丝在所有天然纤维中是最优良、最长、最纤细的纺织纤维，用它可以织制各种复杂的花纹提花织物。丝纤维的广泛利用极大地促进了纺织工艺和纺织机械的进步。高度发达的丝织生产技术是中国古代最具特色和代表性的纺织技术。

第二，纺织机具多样化。在纤维加工、纺纱、织造、染整等各道工序中都有可资利用的专用工具和机具。这些机具各有特点，以弹弓、大纺车和花楼提花机为例。弹弓是开松纤维的工具，由于依靠弓弦的震动将纤维块开松至单根状态，所以不会损伤纤维，而西方近代技术对于纤维开松，不是用刀片打击，就是用梳针梳理，免不了损伤纤维；大纺车是并捻合线的机械，不仅锭子数多达几十枚，还可以利用水力驱动，其出现时间比西方应用水力机械纺绩早了四个多世纪；花楼提花机是织造复杂花纹织物的机械，其上的经线运动是用事先编好的花本控制，而花本按现代术语来讲就是程序储存器。

第三，染色原料和方法多样化。中国古代用于着色的材料虽然分为矿物颜料和植物染料两类，但染色工艺的特点是以植物染为主。我们的先民很早就掌握了多种植物染料的性质，并发明了多种染色技术和称为缬的防染印花技术。在古代常用的几十种植物染料中，不仅有植物的叶、根、茎，而且有果实和花。而根据不同的染料特性而创造的染色工艺则有直接染、媒染、还原染、防染、套色染等。染料品种和工艺方法的多样性，使得织染品呈现出的色谱十分丰富，仅古籍中见于记载的便有几百种。如此多的色彩，特别是在一种色调中明确分出几十种近似色，需要染工熟练地掌握各种染料的组合、配方及改变工艺条件方能达到。

第四，织物组织和显花方法多样化。由于所用纺织纤维的多样化，特别是属连续长纤维的蚕丝被广泛利用，导致许多织物组织和显花方法的出现。中国古代纺织业，尤其是丝织业，很早就普遍运用了平纹、斜纹、经二重、纬二重、大提花等复杂组织。唐代以来，随着缎纹组织的出现，三原组织的真正完备，运用三原组织或基于三原组织的变化组织、联合组织技术的娴熟，改变穿综方法形成变化组织等较为复杂工艺的成熟，织物组织更呈多元化。而在多元化织物组织基础上，通过采用挖花、挑花、经显花、纬显花、缂织、织金、起绒等显花方法，使织品不仅具备一定的艺术性，还出现了不少新品种。

第五，规模化大生产。各类高档织染品，特别是高档丝绸，生产成本高昂，非一般织染户可以承受，历代朝廷均设置有官营丝绸生产机构，以生产供皇室贵胄和赏赐之用的高档丝织品。官营丝绸生产机构的规模随朝代更换而有所消长，其所雇用的工匠是在全国范围内抽调，生产时不惜工本，精益求精，故技术水平在全国是最高的，总能创新出一些精美的新产品。此外，历代也有一些由高官、富商兴办，规模庞大，具备数百台织机、用工数百人的专业丝绸作坊。

第六，规格质量统一化。对丝织品的规格和质量，历代朝廷均很重视，并制定有统一标准。自西周迄清，历代规定的幅宽都在2尺左右，匹长都在40尺左右（一尺约为0.33米）。古代之所以这样规定，并不是受工艺技术制约，而是如此规格的一匹布帛，恰好能缝制一件衣服。为防止生产者将布帛织稀或织薄作伪，历代朝廷还为各类布帛制定了相应的匹重规定。

在人类历史发展的长河中，中国古代的织染技术给人们留下许多美好的传说和辉煌的历史。闻名遐迩的丝绸之路，更是成为中国古代织染业辉煌历史的见证。《中国织染史话》便是以织染技术的加工工序为纲，以中国古代最具特色和代表性的丝织染技术为重点，同时为兼顾趣味性，收录一些历史上与织染有关的故事，来说明织染生产对各个历史时期社会生活以及在中外文明交流中的作用和影响。期望读者阅后能从兴衰起伏的史实中，理清脉络，对中国织染技术的悠久历史、卓越成就和艰辛历程有个大概了解。

目　录

机具篇　　　　　　　　　　　　　**159**

原料及加工篇

在史前，人类用于御寒蔽体的衣着原料，主要是随意采集的野生植物茎皮纤维或动物毛皮。大概在新石器时代中期以后，随着原始农作、畜牧技巧和手工技巧的出现，人们对衣着有了更高的要求，进而产生了对野生动植物纤维的原始优选以及人工养殖和种植的倾向，并逐渐集中选用出少数具有良好纺织特性的动植物品种。如动物纤维原料有蚕丝和各种动物毛毳两大类；植物纤维原料主要有葛藤、大麻、苎麻、亚麻等植物茎皮纤维及实类植物纤维棉花。

一、被誉为"纤维皇后"的丝纤维

丝纤维是熟蚕结茧时所分泌丝液凝固而成的连续长纤维，也称天然丝。而蚕属于鳞翅目的节肢动物昆虫，种类很多，分属天蚕蛾科和家蚕蛾科，最初都是自然生态下野生的，后来人们把专吃桑叶的家蚕蛾科的野桑蚕加以驯化，并从室外迁入室内饲养，逐步把野桑蚕变成家养桑蚕。

在所有天然纺织纤维中，蚕丝最为独特，它系长丝纤维，一粒蚕茧缫丝时可抽出总长800—1500米，最长可达3000米的丝纤维，具有柔软、光润以及良好的韧性、弹性、纤细度等许多优良纺织特性，是一种十分理想的纺织原料。精美、华贵、高雅的丝绸就是由一个个蚕宝宝吐出的蚕丝织造而就。

即使在合成纤维众多的今天，蚕丝仍是世界上性能最好的纺织纤维之一。科学家曾用仪器将属于天然纤维的蚕丝纤维、棉纤维、毛纤维，属于人工合成纤维的锦纶纤维、维纶纤维、涤纶纤维进行各项指标的测试评比。在6种纤维中，柔软性、纤细性、染色性3个指标，蚕丝优于其他5种纤维，居第1位；吸湿性指标，蚕丝仅次于羊毛而优于其他4种纤维，居第2位。比重、强力指标，蚕丝在6种纤维中居第3位；伸长度、弹性恢复力指标，蚕丝在6种纤维中居第4位。8项评比打分，设定满分为40分，蚕丝独占鳌头，得37分；其次是锦纶，得34分；后面的排位则依次是羊毛、涤纶、棉花、维纶。蚕丝的种种优点，使蚕丝长期以来一直享有"纤维皇后"的美誉。

正是由于蚕丝这些优良的纺织特性，不仅造就出无与伦比的精美丝绸，而且还极大地促进了纺织工艺和纺织机械的进步，并成为以后化学合成纤维的原动力。世界著名科技史家李约瑟在《中国科学技术史》中列举了中国传入西方的26项技术；美国学者罗伯特·K.G.坦普尔在《中国：发明与发现的国度》中列举了"中国领先于世界""西方受惠于中国"的中国古代100项技术发明，丝绸皆出现在其中，说明丝绸无疑具备"大"发明的两项举世公认的标准，即出现时间最早，对世界文明起到重要推动作用。中国是养蚕织帛的发源地，这项大发明，比人们熟知的中国古代四大发明——火药、指南针、造纸和印刷术，要古老得多，对人类文明的贡献也绝不稍逊于后起的这四项科技发明。而且与其他创造发明相比，有着出现时间最早、应用最广、传播最远、技术最高、最具特色以及影响深远等显著特点。

二、谁发明了养蚕取丝

谁发明了养蚕取丝？流传至今的传说和神话很多，诸如伏羲、神农、黄帝、帝喾、嫘祖、蚕丛氏、马头娘等，都曾被作为养蚕的创始者来供奉。其中流传最广、影响最大的是黄帝元妃嫘祖、远古蜀王蚕丛氏、蚕马神话中的马头娘。

在正史中，相传黄帝元妃嫘祖是最早教民育蚕、治丝以供衣服的人，以至成为历代官方祭祀的蚕神。

在西南四川地区，相传第一代蜀王蚕丛氏，常着青衣四处巡行郊野，教民蚕桑，被古蜀先民尊为"青衣神"或"蚕神"。蚕丛氏代表了古蜀蚕桑业发展的一个典型时代，对古蜀时代内陆农业文明的发展影响深远。四川之所以简称为"蜀"，也跟蚕业发达有关。为纪念蚕丛氏的功绩，古代成都府曾修建有蚕丛祠，以祭祀和缅怀教人养蚕的蚕丛氏。

蚕马神话中的马头娘是民间尤其是江浙一带的蚕农祭祀的蚕神。

相传上古时，有一男子出远门，家里唯有一女，因思父心切，乃戏马曰："汝能为我迎得父还，吾将嫁汝。"马驭回了她的父亲，但女子未实现其诺言。其父得知真情后，用箭亲自把马射死，并剥了它的皮，姑娘见了马皮又踢又骂。忽然，马皮从地上跃起，包住了姑娘就跑，她父亲去寻找已不见踪影。不几天，他在一棵大树的枝叶里，发现他女儿已变成了一条蚕，正在树上吐丝作茧，这树就叫作桑。这则传说的起源很可能缘于古代对妇女发明和从事蚕桑的推崇以及古人认为蚕与马在形体上有相似之处的观念。

这些各种各样的传说都有着深厚的社会基础，特别是将嫘祖喻为先蚕。我们知道黄帝是中华民族的始祖，他带给了我们文明，教我们耕种。嫘祖是黄帝的元妃，中国素有"男耕女织"的传统，将她想象为养蚕治丝的创始人更是顺理成章的。据史书记载：在嫘祖任西陵部落酋长时，发展农业、经贸，安邦治国有方而深受人民爱戴。她嫁给黄帝为正妃后，"旨定农桑，法制衣裳，兴嫁娶，尚礼仪，架宫室，奠国基"，联合炎帝，战胜蚩尤，统一华夏，被人们尊为"万邦之母"。并因她首先驯养家蚕、创造蚕丝业而被人们奉为"先蚕"和"蚕神"。历朝历代，每到植桑养蚕时间，人们首先祭祀先蚕，以求风调雨顺，桑壮蚕肥，同时也用来纪念和感恩养蚕治丝这一伟大的发明创造。用现代的眼光来看，传说显然缺乏科学依据。因为织作一匹美丽的丝绸，必须要经过育蚕缫丝、织造等多道工序才能完成。这样众多的工艺，决不会也不可能是一个人在较短时期之内创造出来的，尤其是在远古时期生产力非常落后的情况下，它肯定是经过极其漫长的岁月，融会了不同时期人类的发明创造，并且在各个环节上都取得了突破，才形成的伟大发明。不过我们知道，传说是伴随着历史而存在的。在原始社会，人们崇拜自然，常常把一些有益于人类的创造发明与上天的恩赐联系在一起。而领导部族的首领，又被看作上天的化身。中国的蚕丝生产起源很早，对人民生活影响极大，把它的创造发明推溯到中华民族神话中的祖先身上，是很自然的事情，也是可以理解的（图1）。

图1　蚕神教民养蚕

三、养蚕取丝出现的时间

黄帝元妃嫘祖发明养蚕取丝的传说，虽然不能作为证据，但传说是历史的影子。黄帝时代相当于仰韶文化晚期到龙山文化初期，有趣的是我国养蚕织帛的历史确实是从传说中的时代就已开始，这可以从众多出土文物中得到印证。

1921年，在辽宁省沙锅屯仰韶文化遗址（距今约5500年），曾发掘到一个长数厘米的大理石制作的蚕形饰，其上的蚕形被学者确认为蚕。1960年，在山西省芮城西王村仰韶文化晚期遗址中，出土过一个长1.8厘米、宽0.8厘米，由6个节体组成的陶制蚕蛹形装饰。1963年，在江苏省吴江梅堰良渚文化遗址（公元前3300年—公元前2300年）中，出土过一个绘有2个蚕形纹的黑陶。将蚕作为饰物，说明蚕在当时人们生活中已是喜闻乐见之物。

1926年山西夏县西阴村居民遗址（距今约5600—6000年）出土半截蚕茧（图2）。据发掘者李济博士和昆虫学家刘崇乐的研究，初步判断茧壳是桑蚕茧。这次发现不仅找到了茧壳，而且还找到了原始的纺丝工具——纺轮，曾轰动了当时世界的学术界，为人们研究丝绸起源提供了具体物证。后来，有外国学者评价这一发现时说："这次发现，使素称'丝绸之国'的中国开始养蚕治丝的时间获得了有力的证明。"

图2　山西夏县西阴村出土的半个蚕茧

1958年，在浙江省钱山漾新石器时代遗址中，出土有绢片、丝线和丝带。绢片尚未碳化，呈黄褐色；丝线和丝带虽已碳化，但尚有一定弹性。与同批出土的稻谷一起经放射性同位素 ^{14}C 测定，得出其绝对年代为距今4600—4800年。丝纤维经鉴定，截面呈三角形，系出于家蚕蛾科的蚕，并且经过了缫丝工序。这是长江流域迄今发现最早、最完整的丝织品。

1977年，在浙江省余姚县的河姆渡遗址（距今约7000年）中，出土过一个骨盅。此盅外壁一圈刻有编织纹和4个蠕动的虫形纹。虫纹的身节数与蚕相同，结合同时出土的大量蝶蛾形器物，学者认为虫形纹是蚕纹。将蚕和织纹刻在一起，反映了当时人们头脑中蚕与织密不可分的观念。

1984年，在河南荥阳青台村一处仰韶文化遗址中，出土过一些丝织的平纹织物和组织十分稀疏的丝织罗织物。这是黄河流域迄今发现最早、最确切的实物。

大量蚕形纹饰的出土，既说明蚕与人们日常生活关系之密切，又表明当时可能已出现了蚕神崇拜。而丝织物实物的出土，则证明在距今5000年之前，黄河流域和长江流域地区已开始人工饲养蚕，出现了一定规模的蚕业生产。也就是说，我国蚕业丝绸的源头，至少可以定在新石器时代晚期，且是在不同地域相继独立出现。

四、丝纤维可能是"吃"出来的

远古先民发现蚕丝并用于织造美丽丝绸的年代，离我们太过久远，现在已很难准确地说出它的发现过程究竟是什么样了，但根据现有的一些资料揣测，丝纤维很可能是"吃"出来的。

我们知道在远古时期，生产力水平低下，食物极度匮乏，原始先民不得不广泛采集一切可以果腹的东西。桑树上结出的香甜桑葚、桑叶上悬挂的白色蚕茧，自然逃不脱先民的目光。经过大胆尝试，他们发现桑葚和蚕茧中的蚕蛹都是难得的营养丰富的美味，遂大量采食。较之渔猎获取食物的方式，采摘桑葚和蚕茧相对容易许多，故先民非常重视桑林，常常聚此而居。在主要记述古代地理、物产、神话、巫术、宗教、古史、医药、民俗、民族等方面内容的先秦奇书《山海经》中，以"多桑"标记山地名称的竟达14处之多。值得注意的是，其中特别提到"欧丝之野"，记述"一女子跪据树欧丝"。东汉许慎《说文解字》认为：欧即呕，吐也。"据树欧丝"即"啖桑而吐丝"。与直接可以食用的桑葚相比，蚕蛹包裹在蚕茧之中，食用时须将蚕茧咬破或用利器剖开，方能吃到蚕蛹。山西夏县西阴村居民遗址中出土的半截蚕茧，截面明显为利刃所截，印证了先民曾大量食用蚕蛹。后来随着蚕茧采集能力的增强和蚕蛹食用方法的增多，先民又发现将蚕茧放在水中浸煮，蚕茧自然松散，可以较为容易地一次就得到大量蚕蛹。而在茧煮过程中，蚕丝呈松散状态，先民又很自然地依据已有的麻、葛纤维纺织经验，尝试加以利用。经过一段时间的实践，发现蚕丝的纤维纤长、光滑，其韧性和光泽是其他纤维无法比拟的，具有良好纺织性能。于是先民开始养蚕，以获取蚕丝纺织。这个在食用过程中的偶然发现，开创了人类利用蚕丝的先声，奏响了响彻几千年的丝绸华彩乐章。因此，就其发现过程而言，说丝纤维是"吃"出来的，似不为过。

五、从两篇《蚕赋》话养蚕

赋是我国古代的一种有韵文体，萌生于战国，兴盛于汉唐，衰于宋元明清。赋的特点是侧重于写景，借景抒情，讲究文采、韵律，兼具诗歌和散文的性质。在先秦、两汉诸多赋篇中，有两篇赋中的内容就是以养蚕为题材的，其中一篇是战国后期荀子的《蚕赋》，另一篇是西晋时期杨泉的《蚕赋》。从这两篇赋文，我们可以大致了解春秋以来，承上启下、一脉相承的蚕桑生产技术体系。

荀子，名况，字卿，战国末期赵国人，著名思想家、文学家、政治家，时人尊称"荀卿"。荀子的著作《荀子》现存世的共有32篇，其中第26篇的篇名叫"赋"，由5个小篇组成的，其中描述"蚕"的1篇，因原篇无题，后人就名之曰《蚕赋》。内容如下：

有物于此：傀傀兮其状，屡化如神，功被天下，为万世文。礼乐以成，贵贱以分。养老长幼，待之焉而后存。名号不美，与暴为邻。功立而身废，事成而家败。弃其耆老，收其后世。人属所利，飞鸟所害。臣愚而不识，请占之五泰。五泰占之曰：此夫身女好而头马首者与？屡化而不寿者与？善壮而拙老者与？有父母而无牝牡者与？冬伏而夏游，食桑而吐丝，前乱而后治，夏生而恶暑，喜湿而恶雨。蛹以为母，蛾以为父。三俯三起，事乃大已。夫是之谓蚕理。蚕。

　　蚕是变态类昆虫，一生要经过蚕卵—蚁蚕—熟蚕—蚕茧—蚕蛾，一般需要50多天的时间（图3）。荀子用赋的形式，先歌颂了蚕的功绩，他说：白白胖胖的蚕儿，一生的变化如神仙，功被天下为万世敬仰。虽然名字音同残暴的"残"，听起来"与暴为邻"，名号不美，但是蚕儿的品德却高尚美好。它吃了桑叶，就吐丝作茧，人们利用它的茧子制作丝绸，做成华贵美丽的裳服。留下一小部分种茧，待茧化蛹，蛹又变成蛾；待蛾交尾产卵，人们便丢弃了将死的蛾子，把卵收藏起来，明年再养。然后又从生理形态角度概括了蚕的特点、习性和化育过程。他还总结出蚕怕高温，恶雨，喜欢一定的湿度，却又不能过湿等一整套养蚕时需注意的要素。"三伏三起"中的"伏"即

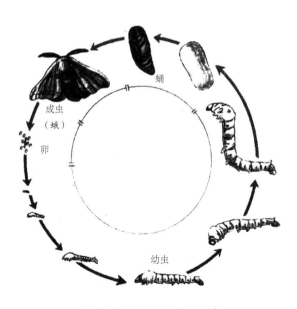

图3　蚕生长过程中的几种形态

"眠"，指蚕生长到一定阶段，便不吃不动，待蜕去旧皮，换上新皮后，再爬动觅食的一个生理过程。"三伏三起"的蚕系三眠蚕，说明当时养的蚕多是三眠蚕。此类蚕大约经历二十一二日便可作茧。"善壮而拙老者与？有父母而无牝牡者与"则是荀况针对养蚕者所认为的蚕无雌雄、只有蛾才有性别之分看法的质疑。

蚕蛾有雌雄，是显而易见的，而蚕的幼虫期有无雌雄之分呢？这是自古以来困扰养蚕家们的不解之谜。因为人们从外形特征上长期以来产生这样的错觉，那就是光溜白净的蚕身哪来的雌雄之分呢？性别之分应该是变蛾以后才出现的。而荀子提出的质疑，意思是健壮的蚕是靠精心饲养得来，难道瘦弱的蚕在精心饲养下就养不好吗？蚕蛾雌雄既能交配产卵，难道蚕的幼虫期就没有雌雄之分吗？在我国蚕业科技史上，荀子是第一个提出这种质疑的人。事实也正是如此，幼虫期的蚕一样有雌雄性别之分。对这个质疑，直到20世纪初才有科学的结论，有学者发现和证实：幼虫期的蚕有雌雄性腺之分，并将蚕的雌雄性腺分别定名为"石渡氏腺"和"赫氏腺"。荀子的《蚕赋》虽然只有短短的169个汉字，但揭示了家蚕变态、眠性、化性、生殖、性别、食性、生态、结茧、缫丝和制种的生物学"十大领域"，可以说是我国先秦时期对蚕桑生产技术科学认知的里程碑。

杨泉，字德渊，别名杨子，西晋时期哲学家，道家崇有派代表人物。他一生不求闻达，常年隐居著述，可惜的是，到了南宋时期，杨泉的著作大都散佚了，幸运的是有些内容因被各类书籍广为引述，得以部分保存，《蚕赋》就是其中的一篇。文中与养蚕技术相关的内容如下：

温室既调，蚕母入处。陈布说种，柔和得所。晞用清明，浴用谷雨。爰求柔桑，切若细缕。起止得时，燥湿是俟。逍遥偃仰，进止自如。仰似龙腾，伏似虎跌。圆身方腹，列足双俱。昏明相椎，日时不居。奥台役夫，筑室于房。于房伊何？在庭之东。东受日景，西望余阳。既酌以酒，又把以浆。壶餐在侧，脯脩在旁。我邻我党，我助我康，于是乎蚕事毕矣，大务时成。

文章的大意是：在养蚕前，首先要把蚕室温度调好，然后蚕母（指有经验的人）把蚕种拿进蚕室，在适宜的温湿度保护下进行暖种，促使蚕卵顺利发育，以求得乌蚁（蚁蚕）孵化齐一。那时正是清明过后、谷雨来临的时刻。采摘那些柔嫩的桑叶，叠放在案板上，切成一条条丝状来喂养。喂叶要定时，给桑量也要有分寸，并且要掌握好桑叶的干湿程度：桑叶太干对蚕的正常消化有碍，若是用湿叶喂养则蚕容易得病。通常当蚕儿吃完桑叶后，举动活泼。发育到大蚕时，健康的壮蚕，前胸仰起，蚕食叶时犹如蛟龙般体态矫健，而一旦就眠，却又像伏虎似的抬起前半身静止不动。养蚕的蚕室，光线要明暗均匀，若有阳光直射时，蚕就会在蚕座内分布不均，引起发育不齐，自然桑叶也容易脱水萎凋，所以作为蚕室的房舍一定要考虑坐落方向。怎样才合理呢？应该是把蚕室安排在庭院的东首，开东窗能看到早晨的阳光，开西窗则可见夕阳西下。在养蚕大忙季节，男人忙于采桑，吃喝无定时，妇女则是日夜在蚕室里操劳相守，即使酒肴有备，也不敢偷闲浅尝一口，全家老小专注于为养好蚕奔忙，怎敢有半点马虎。总之，既要靠全家上下齐心合力，也得靠邻里互相帮助，这样才能把蚕养好。

从养蚕技术的角度看，杨泉是一位熟悉养蚕生产的知识分子。但从他所处动荡的社会背景来推究，他写《蚕赋》的目的，似乎不仅仅是为单纯记录养蚕技术，而是以此来告知人们，要想获得好收成，内靠全家齐心合力，外靠友爱的邻里关系；并借此立意营造社会的和谐气氛的重要，劝告世人珍惜和平，强调和谐团结是幸福生活的源泉。

六、传统的养蚕工具

传统的养蚕工具包括蚕箔、蚕筐、蚕架、蚕蔟盘及蚕网等。这些工具虽然简陋，但制作方便，成本低廉，用之有效。

蚕箔是用芦苇编织的苇箔，也可用竹条或草茎制作，是放置蚕虫的用具之一（图4）。

蚕筐也称筐，是蚕的居所，作茧前的大部分时间都在蚕筐中度过。其形状以圆形或椭圆形居多，一层一层地放在蚕架上（图5）。

蚕架也称"蚕槌"，用于架放蚕筐的木质框架（图6）。

蚕蔟又称"蓐"，是蚕虫老熟后作茧的用具。早期多用茅草、蒿草捆扎而成，后期以稻草和麦草为之。蔟是蚕作茧的依靠，必须具有很多的小空间供蚕选择。这些小空间需疏密得当，保证空气流通顺畅，以便排湿，还要保持均匀的光线，并便于采茧（图7）。

蚕网是用绳索编结的网，四角设有提手，用于抬挪蚕虫。《王祯农书》称，移蚕时，先把蚕网罩在蚕上，然后洒上桑叶，蚕闻叶香，皆穿网眼而上。待其上齐后提网，用此法移蚕，省力过倍（图8）。

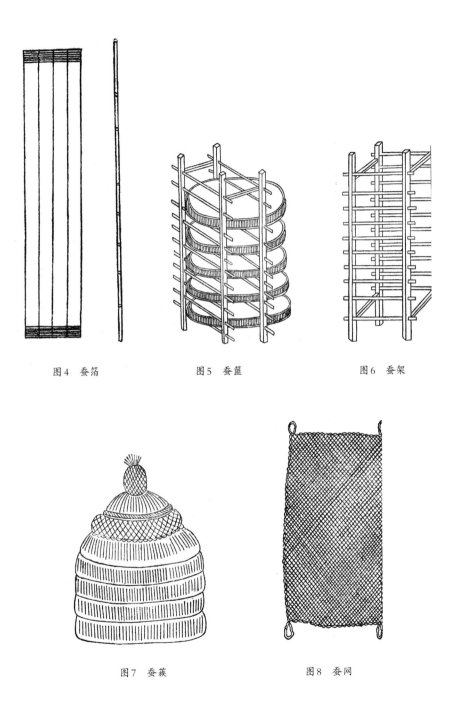

图4 蚕箔　　　　　　图5 蚕篚　　　　　　图6 蚕架

图7 蚕蔟　　　　　　图8 蚕网

七、择茧缫丝清水煮

蚕丝的主要成分是丝素和丝胶。丝素是近于透明的纤维，即茧丝的主体，丝胶则是包裹在丝素外表下的黏性物质。丝素不溶于水，丝胶易溶于水，而且温度越高，溶解度越大。利用丝素和丝胶的这一差异，以分解蚕茧，抽引蚕丝的过程被称为缫丝。

缫丝是一种说来简单实际却相当繁复的工艺过程，它基本上包括三道工序：选茧和剥茧；煮茧；缫取。

选茧是将烂茧、霉茧、残茧等不好的茧剔除，并按照茧形、茧色等不同类型分茧。剥茧则是将茧最外层的絮状散丝（丝絮），即俗称的茧衣剥掉，让缫丝所需的丝絮暴露出来。丝絮可作保暖材料，西周的墓葬中就曾出土过丝绵袍，表明我国至迟在商周时期即已开始有目的地选茧和剥茧。

煮茧的作用是使丝胶软化，蚕丝易于解析。浙江湖州钱山漾新石器时代遗址出土的4000年前的绢片，其丝条之粗细均比较一致，说明当时很可能已有煮茧抽丝的方法，而且抽丝的手法也较为熟练，表明在新石器时代晚期缫丝已具有一定的技术水准了。商周时，热水缫丝已经普及，同时期的文献中多有反映。秦汉时文献中出现了关于"涫（滚）水""沸汤"煮茧以及有关水温对于缫丝，特别是丝条质量影响的许多描述，说明当时在这方面已积累了相当系统、完整的经验。到了唐宋两代更有人对此作出了不少明确的总结。见于唐人的著作，首推白居易的诗"择茧缫丝清水煮"，既提出了选茧的问题，也提出了水中丝胶浓度的问题，短短七个字竟准确地概括了缫丝工艺的全部关键。见于宋元著作最为大家熟悉的是《王祯农书》："蚕家热釜趁缲忙，火候长存蟹眼汤。"这里主要谈的是水温，言其不可不热，也不可太热，以在将达沸点为宜，所谓"蟹眼"就是这个意思，即俗话所说的"小开"。这些经验直到今天仍为人们所沿用。

缲取首先是索绪，古人也叫提绪，即搅动丝盆，使丝绪浮在水中，用木箸或多毛齿的植物小茎将丝盆中散开的丝头挑起引出长丝；其次是理绪，将丝盆中引出的丝摘掉囊头（粗丝头），几根合为一缕；最后是将整理好的丝绪通过钱眼和丝钩络上丝车。浙江湖州钱山漾新石器时代遗址中，曾同时出土过绢片和两把索绪用的小帚。出土的小帚与后来的缲丝工具"索绪帚"很相像，是用麻绳捆扎的草茎，用它可以比较容易地从热水中捞出丝绪。

八、热釜和冷盆缲丝法

我国幅员辽阔，气候差异很大，兼之南北两地蚕茧品质以及缲工的传统工作习惯不同，南北的缲法略有不同。

北方地区一直沿用把茧锅直接放在灶上，随煮随抽丝的"热釜"缲法。大约自宋代起南方发明了一种将煮茧和抽丝分开的"冷盆"缲法。这种方法是将茧放在热水锅中沸煮几分钟后，移入放在热锅旁边的水温较低的"冷盆"中，再进行抽丝，从而避免了"热釜"法因抽丝不及，茧锅水温过高，茧煮得过熟，损坏丝质的缺陷，使缲出的丝缕外面还有少量丝胶包裹。此法缲出的丝，一经干燥，丝条均匀，坚韧有力，因而宋以后历代江南一带所缲的生丝质量都特别好。热釜缲法缫出的丝称为火丝，冷盆缫法缫出的丝称为水丝。古人曾对热釜、冷盆两种缫丝方式的优劣做过恰当评述。如热釜缫法可缫粗丝单缴者，双缴亦可。但不如冷盆缫法所缫者洁净坚韧，"凡茧多者，宜用此釜，以趋速效"。冷盆"可缫全缴细丝，中等茧可缫下缴"，所缫之丝"比热釜者有精神，又坚韧也"。大体上好茧缫水丝，次茧缫火丝（图9）。

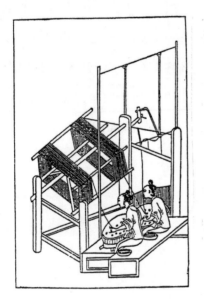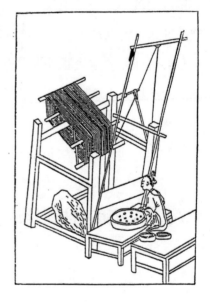

图9 《王祯农书》中的热釜图（左）和冷盆图（右）

九、古代缫出优质丝的秘诀

古人总结出的优质丝标准是"细、圆、匀、紧"，即丝干要粗细均匀，挺直光滑，上面无类节。

为缫出优质的丝，掌控缫丝用水和煮茧温度相当关键。因为温度和浸煮时间不够，丝胶溶解差，丝的表面张力大，抽丝困难，丝缕易断。反之温度过高，丝胶溶解过多，茧丝之间缺乏丝胶黏合，抱合力差，丝条疲软。另外，若前后温度差异较大，丝胶溶解不均，则必然使丝条不匀，产生类节。其次是必须控制换水的次数。蚕茧舒解后，大量丝胶溶化在水中，如不注意换水，水中丝胶含量就会越来越高，缫出的丝亮而不白。可是如换水过勤，水中的丝胶量少，不仅缫出的丝白而不亮，还会影响缫丝效率。古人这方面已积累了相当丰富的经验。

煮茧所用之水，要求用清水或流水。清代汪日桢《湖蚕述》说：如果"用水不清，丝即不亮"。如无自然清水，"须于半月前用旧缸贮蓄以待其清，如或不及于贮，临时欲其澄清，当取螺升许投之，螺诞最能清水。尤忌用矾，丝遇矾水，色即红滞"。一般来说，"流水性动，其成丝也光润而鲜；止水性净，其成丝也肥泽而绿"。闻名全国的七里丝之所以色白丝坚，与当地的水质清澈不无关系。"七里"是距浙江南浔七里远的一个小村，其地水甚清，取以缫丝，光泽可爱，价格也高于其他地方。

煮茧水温缫火丝和缫水丝不同。缫火丝时应"常令煮茧之鼎汤如蟹眼"。所谓"蟹眼"，指水近沸点时冒出的如"蟹眼"大小的气泡。此时缫盆中部水温接近100摄氏度，缫盆边部水温则稍低于这个温度。在缫盆出现"蟹眼"时缫丝，丝质不会损伤，也不影响缫丝速度。"好茧缫水丝，次茧缫火丝。"水丝者"精明光彩，坚韧有色，丝中上品，锦、绣、缎、罗所由出"。所谓"水丝"，即"冷盆"缫法所缫之丝，冷盆中的水温约50摄氏度，据现代测试表明，缫丝汤温度提高，可降低茧丝间胶着程度，减少解舒张力和缫丝张力，但温度过高则丝胶溶解量过多，不仅减少产丝量，而且影响生丝净度、抱合力及强伸性，所以现代缫丝水温一般掌握在40—46摄氏度，故水温掌握在50摄氏度左右时有利于出好丝。

想要缫出又亮又白的丝，要诀是丝锅换汤须得法。以勤为佳，然而过勤亦不可。过勤，丝白而不亮。不勤，丝亮而不白。以汤水清而半温者为妥。如汤色混，即倾去三分之一，以微温清水掺入。换汤不勤，丝光而不白的原因是丝上残留丝胶多，丝表面因胶多而发亮。

十、每和烟雨掉缫车

古代普遍使用的缫丝机具有手摇缫车和脚踏缫车两种形制，但在缫车发明以前的很长一段时间，缫丝时所用的绕丝工具，只是一种平面呈"工"字形或"X"形的绕丝架。这种绕丝架在几处古墓中有出土，如江西贵溪属战国时期的崖墓中曾出土过竹木制的绕丝架，其中形似"工"字形的有三件，质地为木，通长63—72厘米；形似"X"形的有一件，长36.7厘米，质地为竹。云南江川李家山战国至西汉墓曾出土过一件长22.1厘米、宽21.4厘米的"工"字形铜架。秦汉以后，成型的缫车才出现。唐人诗中有很多有关缫车的描述，如李贺诗句"会待春日晏，丝车方掷掉"，陆龟蒙诗句"尽趁晴明修网架，每和烟雨掉缫车"。缲车即缫车。这些诗句都是诗人对日常生活常见事物的描述。宋代手摇缫车得到进一步完善，并出现了有关具体形制的记载。其制据秦观《蚕书》介绍，系由灶、锅、钱眼（作用是并合丝缕）、锁星（导丝滑轮，并有消除丝缕上类节的作用）、添梯（使丝分层卷绕在丝框上的横动导丝杆）、丝钩、丝軖（kuáng，一有辐撑的四边形或六边形木框）等部分组成。缫丝时需将茧锅的丝头穿过集绪的"钱眼"，绕过导丝滑轮"锁星"，再通过横动导丝杆"添梯"和导丝钩，绕在丝軖上。操作缫车须两人合作，一人投茧索绪添绪，一人手摇丝軖。元代初年，生产效率远较手摇缫车高出许多的脚踏缫车开始普及，手摇缫车在各地的使用日渐减少，但由于它结构简单，易于操作，有些地方仍在沿用，故清代《豳风广义》和《蚕桑萃编》两书，仍把手摇缫车作为一种有效的缫丝机具予以介绍（图10）。

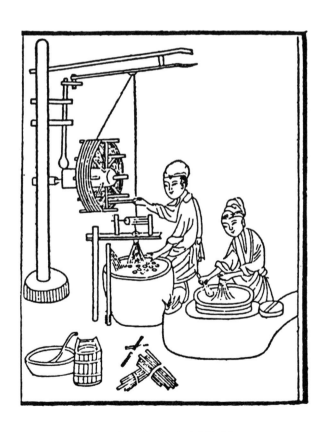

图10 《豳风广义》中的手摇缫车

　　脚踏缲车出现在宋代，是在手摇缲车的基础上发展起来的，它的出现标志着古代缲丝机具的新成就。脚踏缲车结构系由灶、锅、钱眼、缲星、丝钩、丝軖、曲柄连杆、脚踏板等部分配合而成。与手摇缲车相比只是多了脚踏装置，即丝軖通过曲柄连杆和脚踏板相连，丝軖转动不是用手拨动，而是用脚踏动踏杆做上下往复运动，通过曲柄连杆使丝軖曲柄作回转运动，利用丝軖回转时的惯性，使其连续回转，带动整台缲车运动。用脚代替手，使缲丝者可以用两只手来进行索绪、添绪等工作，从而大大提高了缲丝效率。元代脚踏缲车有南北两种形制，从《王祯农书》所绘南北缲车图（图11、图12）来看，它

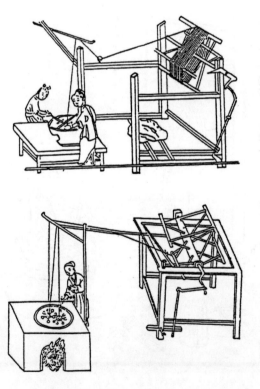

图11 《王祯农书》中的南缲车（上）北缲车（下）

们的差异主要体现在脚踏传动机构的安装方式，南缫车是踏板平放于地，一端通过垂直连杆与轴上的曲柄相连；北缫车的踏杆呈角尺状，较短部分系脚踏处，较长部分的一端通过水平连杆与曲柄相连，这种踏板形式的缫车，缫工可坐着踏。此外北缫车车架较低，机件比较完整，丝的导程较南缫车短，可缫双缴丝，而南缫车只能缫单缴丝。这两种车效率虽高，但缫丝者都是对着丝灶站着操作，劳动强度偏大，对丝軖卷绕情况的观察也不是太好。因此，在明代的时候又出现了一种坐式脚踏缫车，这种车缫丝者是坐于车前，面对丝軖工作，克服了元代缫车的缺陷。

图12　近代江浙农村使用的脚踏缫车

十一、凉爽透气的麻类纤维

麻纤维是从各种麻类植物上获取的纤维的统称，包括韧皮纤维和叶纤维，皆属纤维素纤维，强度居天然纤维之首，具有强度高、吸湿性好、导热强的特性。用其织造出的织物，吸湿、凉爽、透气都优于其他纤维，而且挺括、不贴身，宜作夏季面料。

古代用于衣着日用方面最多的麻类纤维是大麻、苎麻、葛、苘麻、蕉麻。其中大麻和苎麻的原产地是我国，它们在国外分别享有"汉麻"和"中国草"的盛名。

大麻

大麻又名火麻（图13），高1—2米，我国绝大部分地区都有分布，属于桑科雌雄异株的一年生草本植物。雌株花序呈球状或短穗状，麻茎粗壮，成熟较晚，韧皮纤维质劣且产量低；雄株花序呈复总状，麻茎细长，成熟较早，韧皮纤维质佳且产量高；麻籽含有一定的油量，可以食用。大麻单纤维长度150—255毫米，强力约42克，呈淡灰黄色，质虽坚韧，但粗硬、弹性差、不易上色，只能纺粗布。我国人工种植大麻和用其纤维纺织大约始于新石器时代，普及于商周之时。

苎麻

因为可供纺织，所以在古代，"苎"字也可写成"紵（zhù）"，苎麻是我国特有的属于荨麻科的多年生草本植物（图14）。植株高可

图13　大麻　　　　　　　　　　　　图14　苎麻

达7尺，茎直立，叶子互生，呈卵圆形状，叶底遍生白绒毛，夏秋间
开淡绿色小花，单性，雌雄同株，喜生长于比较温暖和雨量充沛的
山坡、阴湿地、山沟等处，主要分布于南方各地和黄河流域中下游地
区。苎麻纤维细长坚韧，平滑而有丝光，吸湿散热以及上染牢度均
佳，是商周以来中原地区除蚕丝外的主要纺织原料。由于苎麻吸湿散
热快的优良性能是棉花所不及的，因此即使在棉花普及后，苎麻在南
方仍普遍种植。苎麻布有质轻、凉爽、挺括、不粘身、透气性好等特
点，是深受人们欢迎的夏季衣着用料。

葛

　　葛也称葛藤和葛麻（图15），是一种属于豆科的藤本植物，其长
可达8米，多生长于丘陵地区的坡地或疏林之中。经加工分离的葛纤

维，是我国古代最早用来纺织的大宗原料之一。古时习惯把织作精细的葛布称为絺（chī），粗糙的葛布称为綌（xì），絺之细者称为绉。葛纤维的吸湿散热性较好，特别适宜作夏服材料，在古书中传说的远古时代，有尧"冬日麑裘，夏日葛衣"的记载，杜甫诗中有"焉知南邻客，九月犹絺綌"之句，还有"蛮娘细葛胜罗襦""绫锦不及葛称时"之誉。

图15 葛藤

苘麻

苘麻属于锦葵科一年生草本植物（图16），分布地区很广，在我国大部分地区均有生长，其纤维短而粗，纺纱性能远不如大麻和苎麻。春秋以前，多用它作为丧服或下层劳动者的服装用料。秦汉以后，用之制作衣着的逐渐减少，但仍比较广泛地用以制作绳索和雨披等物。据元《王祯农书》说："（苘麻）可织作毯被及作汲绠、牛索，或作牛衣、雨衣、草履等具。农家岁岁不可无者。"这说明后世对苘麻的需求量依然是很大的。

图16　苘麻

蕉麻

蕉麻包括芭蕉和苷蕉。苷蕉就是可食用的香蕉，它和芭蕉均属芭蕉科多年生草本植物，但同科不同种。古代有些地区常用这两种植物的茎皮纤维作纺织材料，织成的布叫蕉布。此布质地极轻，白居易有"蕉叶题诗咏，蕉丝著服轻"的诗句。宋应星有"取芭蕉皮析缉为之，轻细之甚"的赞叹。唐宋期间，广东、广西、福建所产蕉布非常有名，常作为贡品献给朝廷。

十二、艺麻如之何

古代人民对麻类的种植、管理和利用，很早就摸索出了一套规律。下面介绍一些至今仍值得借鉴，古代根据自然条件和麻作物生长发育特征采取针对性措施的田间管理经验和总结。

中国最早的一部诗歌总集《诗经》中就曾多次出现描写大麻种植的诗句，如《诗经·齐风·南山》中有："艺麻如之何？衡从其亩。"诗中的"艺麻"就是"种麻"，"衡从"同"横纵"，"亩"是播种的垄畦，表明当时种麻是纵横成行的，似乎已了解播种的疏密可影响麻皮和麻籽的质量。为种好麻，掌握播种季节非常重要。到了汉代，大麻的栽培技术有了很大提高，已遵循"趣时、和土、务粪泽、早锄、早获"的原则，而且雄株和雌株是分开单独栽种的。西汉《氾（fàn）胜之书》，分别介绍了栽种枲麻和苴麻的方法。谓种枲：春冻解，耕治其土。春草生，布粪田。选择的播种时间，既不能太早，也不能过晚。太早则麻茎刚坚、厚皮、多结。过晚则皮不坚。不过宁失于早，不失于晚。当穗上花粉放散如灰末状时就要拔起来。谓种苴：二月下旬、三月上旬，傍雨种之。麻生叶后要除草，麻秆高一尺左右，要施蚕屎粪之，如无蚕屎，也可以用熟粪粪之。天旱时，要用流水浇之，无流水可改用井水，但一定要将井水暴晒一下，杀其寒气再浇之。雨季时勿浇。采用这种方法，良田每亩可收50—100石，薄田至少30石。东汉《四民月令》则将一年中每月与麻有关的农事活动作了归纳，谓：正月"粪田畴（麻田）"，二月"可种植禾、大豆、苴麻、胡麻（芝麻）",三月"时雨时,可种稻秔及植禾、苴麻、胡豆、胡麻",五月"可种禾及牡麻",十月"可折麻趣绩布缕"。为提高农田利用率,有些地区还采取麻、麦轮种的方式。

大麻是雌雄异株植物,雄麻以利用麻茎纤维为目的,雌麻以收子为目的,二者的栽培技术略有差异。虽然先秦书籍《吕氏春秋》在"审时""任地"两篇中即提到种麻,但未能指明是纤维用还是子实用。东汉《四民月令》也只是简略指出"二三月可种苴麻","夏至先后各五日,可种牡麻（即雄麻）"。直到到北魏时,贾思勰《齐民要术》才将纤维麻和子实麻种植技术分开归纳和总结,其"杂说"条谓:"凡种麻,地须耕五、六遍,倍盖之。以夏至前十日下子。亦锄两遍。仍须用心细意抽拔。全稠闹细弱不堪留者,即去却。一切但依此法,除虫灾外,小小旱不至全损。""种麻"条谓:"凡种麻用白麻子。麻欲得良田,不用故墟。地薄者粪之,耕不厌熟,田欲岁易。良田一亩用子三升,薄田二升。夏至前十日为上时,至日为中时,至后十日为下时。泽多者,先渍麻子令芽生。待地白背,耧耩,漫掷子,空曳劳。泽少者,暂浸即出,不得待牙生,耧头中下之。麻生数日中,常驱雀。布叶而锄,勃如灰便刈。束欲小,䒷欲薄,一宿辄翻之。获欲净。""种麻子"条谓:"止取实者,种斑黑麻子,耕须再遍。一亩用子二升,种法与麻同。三月种者为上时,四月为中时,五月初为下时。大率二尺留一科,锄常令净。既放勃,拔去雄。"《齐民要术》明确指出用于纤维的麻宜早播,用于子实的麻不宜早播,为获得最好的纤维和较高的产量。二者收获都在"穗勃、勃如灰"之后,即开花盛期进行。

从元代开始，北方地区利用大麻耐寒的特性，不仅春季和夏季播种，还实行冬播。元代《农桑撮要》记载："十二月种麻"，"腊月八日亦得"。这是大麻生产上的重要创造，直到今天仍在生产中应用。

此外，需要说明的是宋以后南方多种苎麻而极少种大麻的原因，除了气候和纤维质量（苎麻的可纺性能优于大麻，苎布质地也比大麻布好）因素，最重要的是苎麻栽培技术有了很大进步，产量比大麻高得多，并主要表现在繁殖方法、田间管理、收刈时间等几个方面。

苎麻的繁殖有有性繁殖和无性繁殖两种方法。有性繁殖即种子繁殖，无性繁殖即分根、分枝和压条繁殖。这两种方法各有利弊，前者易扩大种植面积，但繁育周期长，变异多。后者繁育周期短，遗传性稳定，但难超大面积培育。有性繁殖首先要选好种，元代《士农必用》记载了一种水选法，谓："收苎作种，须头苎方佳……二苎、三苎子皆不成，不堪作种。种时以水试之，取沈者用。"繁殖出的苎麻幼苗，在正式移栽前，还要经过一次假植。《农桑辑要》对此介绍得非常具体，谓：幼苗"约长三寸，却择比前稍壮地，别作畦移栽。临移时，隔宿先将有苗畦浇过，明旦亦将做下空畦浇过，将苎麻苗，用刃器带土掘出，转移在内，相离四寸一栽。"假植以后，"务要频锄，三五日一浇。如此将护二十日后，十日半月一浇。到十月后，用牛驴马生粪厚盖一尺"，以后再在"来年春首移栽"。移栽时宜，以"地气动为上时，芽动为中时，苗长为下时"。栽法可用区种法或修条法。无性繁殖的分根、分枝和压条法，在《农桑辑要》中也均有介绍，谓：分根"连土于侧近地内分栽亦可。其移栽年深宿根者，移时用刀斧将根截断，长可三、四指"；分枝"第三年根科交结稠密，不移必渐不旺，即将本科周围稠密新科，再依前法分栽"；压条"如桑法"。从现有材料看，苎麻的无性繁殖，以分根法最早，应用最普遍。

田间管理除继续沿用《齐民要术》中记载的诸如地要多耕、勤锄、细土拌种撒播、分期施肥等方法外，出现了搭棚保护幼苗和苎麻安全越冬的方法。《农桑辑要》载："可畦搭二三尺高棚，上用细箔遮盖。五六月内炎热时，箔上加苫重盖，惟要阴密，不致晒死。但地皮稍干，用炊帚细洒水于棚上，常令其下湿润。遇天阴及早、夜，撒去覆箔。至十日后苗出，有草即拔。苗高三指，不须用棚。如地稍干，用微水轻浇。""至十月，即将割过根茬，用牛、马粪厚盖一尺，不致冻死。"

苎麻一年可收刈三次，每茬纤维质量有差异，当时已认识到苎麻的适时收割很重要。《士农必用》记载："割时须根旁小芽高五六分，大麻即可割。大麻即割，其小芽荣长，即二次麻也。若小芽过高，大麻不割，芽既不旺，又损大麻。约五月初割一镰，六月半或七月初割二镰，八月半或九月初割三镰。谚曰：头苎见秧，二苎见糠，三苎见霜。惟二镰长疾，麻亦最好。"

十三、东门之池

麻类植物枝茎表面的韧皮是由纤维素、本质素、果胶质及其他一些杂质组成，如想较好地利用麻植物纺织，不仅需要取得它的韧皮层，而且必须去除其中的胶质和杂质，将其中的可纺纤维分离并提取出来。这种分离和提取麻纤维的过程类似于现代纺织工艺中所说的

"脱胶"。

中国古代利用麻类植物韧皮层的方法，根据其经过的历程来看，大致分为三个阶段。最早采用的是直接剥取不脱胶的方法。即用手或石器剥落麻类植物枝茎的表皮，揭取出韧皮纤维，粗略整理，不脱胶，直接利用。这种方法在新石器时期曾广泛使用，河姆渡出土的部分绳头，经显微镜观察，发现所用麻纤维均呈片状，没有脱胶痕迹，说明就是这样制取的。直接剥取的麻类纤维，因没有脱胶，粗脆易断，沤渍法出现后就很少采用这种方法了。

随后采用的是沤渍法。它大约出现在新石器时代晚期，河南省荥阳市青台村仰韶文化遗址出土的麻织品纤维和浙江钱山漾出土的苎麻织品纤维，经观察，都有脱胶痕迹，说明纤维很可能是经过沤渍的。用沤渍法分离和提取纤维的过程，即是现代纺织工艺中的"脱胶"。其原理是：麻类植物茎皮在水中长时间浸泡过程中，分解出各种碳水化合物，这些碳水化合物成为水中一些微生物生长繁殖的养分，而微生物在生长繁殖过程中又分泌出大量生物酶，逐步地将结构远比纤维素松散的半纤维素和胶质分解掉一部分，使茎皮中表皮层与韧皮层分开，纤维松解分离出来。经沤渍的植物纤维，用于纺织较直接剥取的纤维柔软、耐用。据推测，沤渍技术的出现是人们受客观现象的启发，即倒伏在低洼潮湿地方的植物腐烂后纤维自然分离出来之现象，才开始有意识地将植物茎皮放入水中，通过一段时间的沤渍，使纤维分离出来。通过观察自然现象，进而仿效自然现象发明的沤渍植物制取纤维的方法，推动了纺织技术的进步。沤渍法简单、有效，自新石器时代出现起一直沿用到近代。

有关沤渍脱胶法的记载，最早见于《诗经·陈风》："东门之池，可以沤麻""东门之池，可以沤苎。"用池水沤麻是有一定科学道理的。在日光照射下，流速缓慢的池水，温度较高，水中微生物的数量可以迅速增加。微生物在生长繁殖过程中，需吸收大量沤在水中麻植物的胶质作为自己的营养物质，在客观上起了脱胶作用。因而水中微生物的数量，成为沤渍的关键（图17）。

图17　和林格尔东汉墓后室南壁画中的沤渍操作

微生物的繁殖是与沤渍季节、沤渍水质以及沤渍时间有关系的，对此，我们的先民们根据他们的生产实践经验作出许多科学的总结。

关于沤渍季节，西汉时写成的《氾胜之书》曾明确指出："最好是在夏至后二十日。"这是很值得称许的论断，因为此时气温较高，微生物繁殖快，脱胶顺利，能加工出十分柔软、类似蚕丝的麻纤维。

关于水质和沤渍时间，北魏贾思勰在《齐民要术》中也曾明确指出："沤欲清水，生熟合宜。浊水，则麻黑；水少，则麻脆。生则难剥；太烂则不任。"意思是说水质要清，用浊水沤出的麻发黑，光泽不佳；用水量要足，如水少，没有浸没的麻皮，因接触空气而氧化，制出的纤维脆而易断。沤渍时间要适中，时间过短，微生物繁殖量不够，不能除去足够的胶质，麻纤维不易分离；时间过长，微生物繁殖量大，脱去过多胶质，纤维长度和强度均易受损。

再后采用的是沸煮法和灰治法。

沸煮法是把新割下的麻类植物（带皮的）或将已剥下的韧皮放在水中沸煮，使其脱胶。当胶质逐渐脱掉后，捞出用木棒轻捶，便可得到分散的纤维。其法最早大概是用在葛纤维上，因为葛的单纤维比较短，大部分在10毫米以下，如果完全脱胶，单纤维在分散状态下就失去纺织价值，只能采取半脱胶的办法。采用煮的方法，作用比较均匀，且易于控制时间和水温。最早的记载也是见于《诗经》，"是刈是濩，为絺为绤"描述了葛的加工过程。大意是说葛藤被割下之后，便可放在水里煮练，濩即沸煮。在达到目的之后便可进一步纺织成粗细不同的葛布。秦汉以来这种沸煮法又被广泛用在苎麻的脱胶上，其技术水平也越来越高。

灰治法与现代练麻工艺中的精练工艺大体相同，是把已经半脱胶的麻纤维绩捻成麻纱，再放入碱剂溶液中浸泡或沸煮，使其上残余的胶质尽可能地继续脱落，使麻纤维更加细软，而能制织高档的麻织品。其起源也可以追溯到先秦。最早的记载见于《仪礼》中的"杂记"和"丧服"。元初编成的《农桑辑要》中载有一种加工麻纤维的方法，基本上是这种方法的演绎。此外，在元代的《王祯农书》里，还载有一种类似的但又结合日晒的方法。近些年出土的一些汉代麻布，如长沙马王堆汉墓出土的精细苎麻布，绝大多数纤维呈单个分离状态，而且麻纤维上的胶质只残留很少一部分。湖北江陵凤凰山西汉墓出土的麻絮，纤维表面附有较多的钙离子。据此分析来看，这些出土文物采用的脱胶方法极可能就是上述的两种灰治法。由于这两种灰治法非常有效，所以自它出现时起，一直盛行于世，甚至在今天的夏布生产中仍在沿用。

十四、可绩而为衣的鸟兽之毛

毛纤维是从各种动物上采取的毛，具有良好的缩绒性以及良好的悬垂性、吸湿性和弹性。用其织造出的高档织物，具有滑腻的手感、柔和的光泽，且不易皱，保型性好，宜作秋冬季面料。

从《列女传》所载春秋时楚国人老莱子之妻所说"鸟兽之解毛，可绩而衣之"，可知最初使用的动物毛纤维种类是比较多，可能凡是能够得到的较细动物毛羢皆在选用之列。后来才逐渐缩小到比较少的几种，如羊毛、山羊绒、驼毛绒、牦牛毛、兔毛和各种飞禽羽毛等。其中羊毛始终为主要毛纤维原料，使用量最多，像毡、毯、褐、罽（jì）等古代主要毛纺织品大多是以羊毛纤维制成的。

羊毛

我国古代饲养的羊分为绵羊和山羊两大品种。绵羊的毛纤维具有许多良好的纺织性能，如良好的弹性、保暖性、柔软性，质地坚牢、光泽柔和，特别是其表层的鳞片发育较好，适于卷曲，颇富纺织价值。古代绵羊的主要品种有蒙古种、西藏种及哈萨克种。蒙古种原产于蒙古高原，后广布于内蒙古、东北、华北、西北等地，是饲养数量最多的一个品种。西藏种原产西藏高原，后广布于西藏、青海、甘肃、四川等地。哈萨克种广布于新疆、甘肃、青海等地。由于各个地区的自然条件、牧养条件不同，在各地又有许多亚种出现。不同品种、不同产地的绵羊，毛纤维质量是有差异的。西藏种、哈萨克种的毛纤维，在细度、长度、强度、弹性等方面都比较好，可织制精细毛织物。蒙古原种羊的毛纤维比较粗硬，适宜织制比较粗厚的织物和毛毯，特别是地毯。而江南、秦晋、同州等地的吴羊、湖羊、夏羊、同羊，虽同属蒙古种，但经所在地的长期饲养培育，其羊毛质量和西藏种相近。

山羊绒

山羊毛的纺织价值不高，但在外毛底下的绒毛却是不可多得的高级纺织原料。我国山羊的饲养和山羊绒的利用是从新疆经河西走廊逐步发展到中原各地的。据明代宋应星《天工开物》记载：一种叫作矞芳的羊，唐代末年自西域传来。这种羊外毛不长，内毛却很柔软，可用来织绒毛细布。陕西人称它为"山羊"，以区别于绵羊。这种羊从西域传到甘肃临洮，现在兰州最多，所以绒毛细布都来自兰州，又叫兰绒。西部少数民族叫它孤古绒，这是一种十分高级的毛织物。

牦牛毛

古人称牦牛为"犛（lí）牛"，牦牛毛织物为"犛罽"。我国利用牦牛毛纺织的历史较早。1957年在青海都兰县诺木洪发现的一处相当于周代早期的遗址中，曾出土过一批毛织物，所用纤维经切片鉴定，可以分辨出里面有牦牛毛，说明当时青海地区已开始利用牦牛毛充当纺织原料。另据《魏书·宕昌传》记载，聚居游牧于甘肃西南、四川西部、青海、西藏等地的西羌人，居住用的帐篷都是用犛牛毛和羖羊毛（山羊）织成。

驼毛绒

我国的骆驼多产于蒙古、新疆、青海、甘肃等地，因而古代这些地区利用驼毛绒纺织较其他地区为多。汉以前，由于采集分离驼绒技术不过关，纺出的驼毛绒纱质量不高，一般多用来和羊毛混织，如在新疆吐鲁番阿拉沟地区战国墓葬群以及今蒙古人民共和国境内诺因乌拉东汉墓中发现的含驼毛绒织物，皆为驼毛绒和羊毛的混织物。到了汉以后，采集分离技术有了进步，纯驼毛绒织品才逐渐多起来。唐代时甘肃、内蒙古等地还曾将纯驼毛绒制成的褐、毡作为地方特产进献给朝廷。

兔毛

据《唐书·地理志》记载，隋唐时期安徽、江苏一带普遍利用兔毛纺织，叫作兔褐，其兔毛织品也曾作为地方特产，大量上贡给朝廷。另据记载，唐代安徽宣城一带地区用兔毛制成的兔毛褐，与锦、绮同等珍贵，很有特点，是当地的著名产品，有的商人为了获得高利润，还用蚕丝仿制。

羽毛

《红楼梦》中"勇晴雯病补孔雀裘"的故事脍炙人口，使我们对孔雀毛织物并不陌生。其实我国古代自南北朝以后一直将飞禽羽毛用于纺织，所选用的羽毛也不只是局限于孔雀毛。据《南齐书·文惠太子传》记载说：太子使织工"织孔雀毛为裘，光彩金翠，过于雉头远矣"。这说明南齐时不仅用孔雀毛织作，也用雉头毛（野鸡）织作。又据《新唐书·五行志》和其他有关记载说：安乐公主使人合百鸟毛织成"正视为一色，傍视为一色，日中为一色，影中为一色"的百鸟毛裙，贵臣富室见了后争相仿效，致使"江岭奇禽异兽毛羽采之殆尽"，说明唐代还曾用过许多种鸟毛织作。这种百鸟毛裙的织制工艺是极值得注意的，它是利用不同的纱线捻向以及不同颜色的羽毛，在不同光强照射下形成不同反射光的原理织制而成。这种织造法是唐代纺织技术的一大发明，为当时世界纺织工艺中所仅见。北京定陵博物馆保存有一件明代缂丝龙袍和一些明代缂丝残片，其中龙袍上的部分花纹线和缂丝上的部分显花纬线，都是用孔雀羽毛织捻的。北京故宫博物院保存的清乾隆皇帝的一件刺绣龙袍，胸部龙纹的底色部分也是用孔雀毛纤维捻成的纱线盘旋而成。这些现存文物是我国古代利用飞禽羽毛进行纺织的实物佐证。

十五、羊毛初加工

由于不同品种绵羊的生活习性以及各个地区的气候条件、饲养条件的差异，从绵羊身上采集下来的羊毛，往往因夹杂着各种各样的杂质而绞缠在一起，不能直接用于纺纱。初加工的目的就是去除这些杂质，开松羊毛，使其成为适合纺纱或加工成其他制品的状态。羊毛初加工一般包括采毛、净毛、弹毛三部分。羊毛经过这三道初加工后，即可用来纺织。

采毛是指毛纤维的收集，最初用什么方法，古代文献中没有记载，可能直接从屠宰后的羊皮上收集。直到南北朝贾思勰的《齐民要术》中才出现剪毛方法的记载，说明在此之前就已经有了铰毛技术。《齐民要术》说：绵羊每年可铰三次毛，春天在羊即将脱去冬毛时，剪第一次。五月天渐热，羊将再次脱毛时，剪第二次。八月初胡枲（xǐ）子未成熟时，剪第三次。每次铰完之后，要把羊放在河水中洗净。并强调第三次铰一定在八月初以前，否则"白露已降，寒气侵人，洗（羊）即不益。胡枲子成，然后铰者，匪直著毛难治，又岁稍晚，比至寒时，毛长不足，令羊瘦损"。寒冷的漠北地区，每年只能剪两次，即八月那次不能铰，否则对羊过冬不利。这种方法和现代采取的方法基本相同，说明古人对羊的生活习性已相当了解，掌握了何时剪毛既能得到质量佳又对羊的生长影响最小的规律。

山羊绒的采集方法有两种：一种是掐绒，一种是拔绒。所谓掐绒，是用细密的竹篦梳子从山羊身上将已脱或将脱的较粗的绒梳下。所谓拔绒，是用手指甲从羊身上拔下较细的山羊绒。据《天工开物》介绍，这两种方法均出自西北地区，直到唐代传入中原。拔绒生产效率极低，每人穷一日之力，拔取所得，打成的线只得一钱重，费半年的工夫拔取，才够织作匹帛之料。若揩绒打线，每日所得，多拔绒数倍。

净毛是指去除原毛上所附油脂和杂质。净毛质量直接影响弹毛和纺纱工序。古代究竟用什么方法净毛，文献记载几乎没有，从《大元毡罽工物记》所载织造毛织物所用原料里常出现弱酸盐和石灰来分析，可能是用酸性或碱性溶液洗涤。

弹毛是将洗净、晒干的羊毛，用弓弦弹松成分离松散状态的单纤维，并去除部分杂质，以供纺纱。古代传统的弹毛弓形状和弹棉弓相似，只是因羊毛纤维比棉纤维长，单纤维强力和弹力也比棉纤维大，弹毛弓的尺寸可能要比弹棉弓相应大一些。

十六、蓬松舒适的棉花

棉花是大家熟悉的植物纺织纤维，是世界上最主要的纤维原料之一。它原是一种热带植物，古时称为吉贝、白叠、木棉。其纤维素属多孔性物质，大分子上存在许多亲水性基团，故吸湿性较好，而且织品与肌肤接触无任何刺激，无副作用，久穿对人体有益无害，卫生性能良好。

早在汉代文献里，就记载有南北边疆生产的棉织品，但棉花在长江两岸和中原地区大面积种植是宋以后的事了。初传入时，人们对棉花的认识大多是根据传闻所得，非常肤浅，尤其是较早一些的，不是未经实地验证，便是未经比较就下结论，较客观的也只是将见闻简单记下。由于周边地区不同民族对棉花的称谓有着不同的发音，兼之根本不知道棉花有着不同的品种或植株形态。因此，棉花在文献中不仅出现了许多名称，如吉贝、古贝、古终、白叠、木棉、攀枝花、斑枝花等，而且对植株形状也记载得非常混乱。实际上我国古代曾利用过的棉纤维概括起来只有两大类，即棉属植物一年生草棉和多年生树棉。南方另有一种落叶乔木攀枝花，因其亦叫木棉，又与多年生棉花的花实相似，古人常把它们混为一谈。其实这两种植物的差异是很明显的：多年生棉花仅高丈余，分枝不广，果实较小，形如桃，花色有白、黄二种，棉籽与棉核相连，纤维多为纯白色，有自然卷曲和良好的吸湿性；而攀枝花高数丈，分枝茂盛，果实较大，形为两端小、中间粗的长筒圆状，花为黄蕊红瓣，棉籽与棉核不相连，纤维呈浅黄色，光滑无自然卷曲，吸湿性极差。攀枝花的花纤维多用作絮材，但也可用扭绩、搓纺等方法，缉织成布。用此布做衣服的效果极差，古代南疆的少数民族只是在纺织材料缺乏的时候，才将它作为衣着材料。

草棉

一年生草棉生长期短，成熟早，耐干旱，系旧大陆棉种中的非洲棉。我国新疆地区最先种植这种棉花，宋以后传入甘肃河西走廊及陕西一带。元代官修《农桑辑要》"论苎麻木棉"一文中有令陕西劝种棉花的诏谕："木棉亦西域所产。近岁以来，苎麻艺于河南，木棉种于陕右。滋茂繁盛，与本土无异。二方之民，深荷其利，遂即已试之效，令所在种之。"明清时期，这种一年生草棉，因其不论在纤维长度、强度还是在产量上，都远不如从南方传过来的优良棉种，不再具备向其他地区扩散的条件，故它在传到陕西后便抵达了终点。而从南方传过来的优良棉种，成为西北地区种植的主要棉种。原草棉种的种植越来越少，且所种原草棉大多也不是用于织布，而是用于棉衣、被褥的絮材。

树棉

多年生树棉系旧大陆棉种中的亚洲棉。其性状是植株可存活数年，高丈余，分枝不广，果实较小，形如桃，花色有白、黄二种，棉籽与棉核相连，纤维多为纯白色，有自然卷曲和良好的吸湿性。据东汉杨孚《异物志》、西晋张勃《吴录》和南北朝沈怀远《南越志》等书记载，当时所用的棉花，树型"高过屋"，纤维"色正白"，可以断定古代南方地区的棉花当是多年生树棉，我国云南、广西、广东、福建等地最先用它织布。因为"高过屋"（不过丈余）和"色正白"，符合多年生棉花性状。有意思的是，这种棉花在宋元之间传入长江两岸和中原地区后，由于种植地区纬度的升高以及每年播种等因素，其性状已与传入初期，大相径庭，逐渐呈一年生草棉状了，不过在海南岛中部地区，目前仍可发现，树高丈余，籽与核相连，棉纤维平均长度28毫米，细度3000支，较原始的多年生树棉品种。

十七、一弓弹破秋江云

采摘下来的棉花，因含有棉籽，称为籽棉。籽棉不能直接用于纺织，只有经过初加工处理之后，才可供纺纱之用。棉花的初加工有下面三道工序。

去除棉花籽核的轧棉工序

最初去除棉籽没有任何工具，都是用手剥除，后改为借助铁棍赶压。铁棍，宋代文献中称为铁铤或铁杖、铁筋。在元代初年的《农桑辑要》记载有铁铤形制和操作方法："用铁杖一条，长二尺，粗如指，两端渐细，如赶饼杖杆。用梨木板，长三尺，阔五寸，厚二寸，做成床子。逐旋取绵子，置于板上，用铁杖旋旋赶出子粒，即为净棉。"元代中期，出现了专门用于轧棉的搅车。其形制据《王祯农书》记载："木绵搅车……用之则治出其核，昔用辗轴，今用搅车尤便。夫搅车四木作框，上立工小柱，高约尺五，上以方木管之。立柱各通一轴，轴端俱作掉拐，轴末柱窍不透。二人掉轴，一人畏上棉英。二轴相轧，则子落于内，绵出于外。比用辗轴，功利数倍。"利用两根反向的轴作机械转动来轧棉，比用铁杖赶搓去籽，既节省力气，又提高工效，故《王祯农书》又有"凡木棉虽多，今用此法，即去子得棉，不致积滞"的评述（图18）。"不致积滞"表明搅车没出现前，轧棉

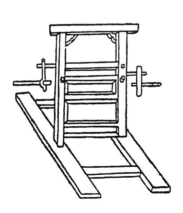

图18 《王祯农书》中的搅车

的低效率，常常影响后道工序的正常进行。而搅车的出现，使已具备纺车、织机的棉纺织手工机具配套起来，解决了阻碍棉纺织得以进一步发展的瓶颈。《王祯农书》写于公元1313年，从书中所云"今特图谱，使民易效"以及前此文献未见搅车记载，其时搅车可能出现未久，还没有广为推广。

将棉纤维开松，并去除混杂在棉花中的杂质和泥沙的弹棉工序

弹棉所用工具是弹弓。南宋时的弹弓，弓体偏小，胡三省在注《资治通鉴》时曾谈及其形制，云："以竹为小弓，长尺四五寸许，牵弦以弹棉，令其匀细。"如此小弓，功效之低自不待言。元代中期，弹弓有了较大改进，《王祯农书》记载："木棉弹弓，以竹为之，长可四尺许，上一截颇长而弯，下一截稍短而劲，控以绳弦。用弹棉英，如弹毡毛法，务使结者开，实者虚，假其功用，非弓不可。"此弹弓（图19）较以前的弹弓大了二三倍，弓弦也粗了许多，自然弹力大增，效率提高了数倍。而且可能不再是用手"牵弦以弹"，而改用弹椎击弦类似今天仍可看到的手工弹棉。因为《王祯农书》所云弹弓尺寸推测，必用弹椎无疑，如不用弹椎仅用手拨，弹工很难长时间工作。弹椎一般用檀木制成，椎长七、八寸，一头大，一头小，极光滑。使用时，先用小头击打弓弦，令棉花随弦而起，然后再用大头击弦，使棉花行为分散。元明间人李昱诗："铁轴横中窍，檀轮运两头。倒看星象转，乱捲雪花浮。"此诗极其形象地描绘出这一过程。

图19 《王祯农书》中的弹弓

将经弹棉已松散的纤维擦卷成筒条状的卷筳工序

卷筳，又名擦条。用纺坠或捻棉轴纺纱，不需经过这道工序，可直接将弹松的棉花就纺。用纺车纺纱，则必须经过这道工序，因为锭子转速快，用手撕扯棉花来不及，难保纱条均匀。在《岭外代答》《诸蕃志》《泊宅编》等介绍南疆少数民族棉纺织情况的书中，均没有卷筳的记载。而在《资治通鉴》史炤释文和胡三省注中却有所谈及。卷筳不像其他棉纺织技术那样始自南方少数民族地区，而是始自内地。根据史炤所云：弹棉之后要"卷为筒"；胡三省所云：把棉花"卷为小筒，就车纺之，自然抽绪如缫丝状"。卷筳这道工序似乎是出现在内地，时间当是在宋末。卷筳工具和操作方法，《王祯农书》中有详细记载，谓："淮民用蜀黍梢茎，取其长而滑。今他处多用无节竹条代之。其法先将棉氄条于几上，以此筳卷而扦之，遂成棉筒。随手抽筳，每筒牵纺，易为均细，卷筳之效也。"（图20）

图20 《天工开物》中的卷筳图

历代丝绸生产篇

中国历来重视丝绸生产，根据现有的资料来看，可以肯定，先秦时期，丝绸的织作和利用已相当普及，并已具备一定的生产规模，掌握了比较高的织造技术。秦汉时期，丝绸产地东起沿海，西及甘肃，南起海南，北及内蒙古，覆盖面相当广。三国、两晋、南北朝时期，曾将丝绸实物作为强制缴纳的税征收，刺激了丝绸生产技术的进一步提高。隋唐时期，丝绸生产地域广阔，东、南至海，西过葱岭，主要的产区大范围合成一片，呈现郡县相连、跨州相连之势，几乎州州赋调丝绸。不过在两宋时期，由于战乱各地域欣欣向荣的丝绸生产有了很大变化，整体呈现南盛北衰。而到了明清时期，蚕桑丝绸生产商品化程度越来越高，江浙地区繁荣的丝绸贸易，又进一步提升了两地蚕桑丝绸生产的重要地位。

一、故事中的先秦丝绸

有关先秦时期的丝绸生产情况，我们首先从下面几则故事谈起。

故事之一：相土和王亥做丝绸生意

据《史记·殷本纪》所记载的世系，殷族的第一个王叫契，是和夏禹同时代的人，相土和王亥则分别是殷的第三世王和第七世王，两人生活的时代正是传说中的尧、舜时代。相传相土发明了马车，王亥发明了牛车，殷人赶着他们发明的交通工具，用帛和牛当货币，在部落间做生意。

能将丝绸作为货币使用，一方面表明丝绸在当时之珍贵，另一方面则说明丝绸生产在当时已得到长足的发展。

故事之二：用丝绸换粮食

在《管子》一书中有一段用丝绸换谷子的记载，大意是：商朝初年商的伊尹，奉殷王命令去攻打夏朝最后的一个国王桀时，了解到夏朝丝绸的消耗量很大，桀荒淫无道，所养伎乐女竟有300余人，而且全都穿丝绸衣服。于是就用"亳"这个地方女工织的丝绸和刺绣品，以一匹丝绸换十担谷子的方式，从夏地换回大量谷物粮食。

这个故事展示出当时丝绸的生产情况及其价值。

故事之三：桑林之舞

"庖丁解牛"是我们熟悉的成语，出自《庄子·养生主》："庖丁为文惠君解牛，手之所触，肩之所倚，足之所履，膝之所踦，砉然向然，奏刀騞然，莫不中音。合于《桑林》之舞，乃中《经首》之会。"这段话是讲庖丁宰牛时，娴熟的手法在宰牛过程中发出的响声，没有不合乎音律的。既合乎《桑林》舞乐的节拍，又合乎《经首》乐曲的节奏。其中的《桑林》之舞，是商代人乐舞仪式求雨方式。曹植曾在赋中将《桑林》之舞的源起有过阐释，云："殷汤伐夏，诸侯振仰，放桀鸣条，南面以王，桑林之祷，炎灾克偿，伊尹佐治，可谓贤相。"此舞名之为《桑林》，想必其创意的灵感很大一部分可能就来自蚕桑生产，同时又反映出当时种桑养蚕之兴盛。关于《桑林》之舞，《左传·襄公十年》记载了一件趣事，讲晋悼公复兴晋国霸业后，将偪阳赠给宋国。宋平公为表示感谢，率领舞团到晋国所献之舞，便是《桑林》。由于《桑林》之舞是给天子表演的舞曲，为此晋国权臣荀罃等人极力反对晋悼公观赏该乐舞。因为如果晋悼公贸然观赏，就有僭越之嫌。但晋悼公觉得《桑林》唯独宋国才有，不肯错过。哪知在开场初时，晋悼公竟然被舞师手中挥舞的巨大旌旗所慑，吓得退回到房子里面，待"去旌"之后，他才出来勉强看完表演，而且观后还大病一场。可知宋人之《桑林》无疑是颇具霸气的乐舞。实际上《桑林》除了霸气的场景，还有许多"以乐诸神"的妩媚狂热的歌乐鼓舞场景。诚如《墨子·明鬼》所云："燕之有祖，当齐之有社稷、宋之有桑林、楚之有云梦也，此男女之所属而观也。"

我们现在已很难再现《桑林》之舞内容，但其歌乐内容灵感的来源，从故宫博物院所藏公元前5世纪铜器"宴乐射猎采桑纹壶"和

"渔猎功战图"上出现的女子采摘桑叶的造型，不难窥出一些端倪（图21）。

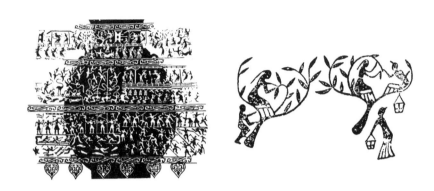

图21　战国宴乐射猎桑铜壶上妇女采桑图

故事之四：桑叶引发的战争

在《吕氏春秋》《史记》等书中都记载了这样一个事件：在楚国和吴国接壤的边境，两国女子因争夺桑叶，发生纠纷，竟殃及人命。楚平王闻听后，大为愤怒，决定派兵打仗。吴国借此机会也派公子光攻打楚国，占领了楚国的居巢（今安徽巢县）和种离（今安徽凤阳）两个城市，大胜而归。

这个故事反映了当时为了蚕桑利益，国与国之间甚至还不惜使用武力和发动战争，彰显了丝绸生产在各国经济中的地位。

故事之五：鲁人徙越

据《春秋左传》记载，鲁国有一对夫妻，男的善于织履，女的善于用蚕丝织缟。为了赚更多的钱，当他们准备搬到越国去住的时候，有人对他们说："你们到越国最终会贫困潦倒。"夫妻俩惊问为什么，答曰："越人习惯赤脚、披发。而履是穿在脚下，缟是做帽子戴在头上，从越人的习惯看，他们能买你俩的东西吗？你们两人都有一技之长，到了越国却成了无用之才，不倒霉才怪呢！"这个鲁国人不相信，仍带着妻子到了越国。在那儿住了一段时间，真如那人所言，他很快就贫困潦倒了，只能忧郁悲伤地回到鲁地。

这个故事一方面说明鲁国丝绸生产发达，丝绸远贩四方，有"衣履冠带天下"的盛誉。另一方面说明丝绸生产从业人员之多，水平之高。

故事之六：吴起休妻

据《韩非子》记载，战国时期著名的军事家吴起，看到妻子所织出来的带子宽度要比标准的狭，于是叫妻子更正，妻子说可以。然而重新再织后，依然不合格，吴起非常生气。妻子解释说：经纱已经上机，况且我已经织完了一部分，现在无法更改。吴起听后勃然大怒，不由分说立即写了休书，把妻子赶走了。妻子回到娘家，请求她的哥哥去同吴起说要求复婚。她的哥哥说：吴起是制定法的人，而他所制定的法是想用来帮助国家建功立业的。所以他制定的法必然首先在自己的妻妾中实行，你不必再存有复婚的念头了。后来吴起妻子的弟弟被卫国君主重用，便利用身份，让吴起同他的姐姐复婚。但吴起仍无动于衷，还离开卫国去了楚国。

这个故事说明了当时社会对丝绸产品规格的重视。而关于丝绸商品规格的标准早在周初就已制定。《汉书·食货志》记载：布帛的规格制度是由姜尚建议制定的，规定"布帛广一尺二寸为幅，长四丈为匹"。《礼记·王制》中也提到了制定布帛制度的意义，并且强调凡是"精粗不中数"的产品，不能用它纳贡和上市售卖。所谓"精粗不中数"，是说在规定的幅宽内，经线要按布帛"精"或"粗"的品质要求达到相应的数量。古代布帛的粗细程度是用"升"也叫"緵"（zōng）来表示的，即用经纱的根数来表示的。80根经纱谓之一升。战国和秦汉时期布幅的标准宽度均为二尺二寸（汉尺，合今天44厘米），在这个固定的宽度内观察其升数多少，便可知布的精美程度。按此计算80根为一升，160根为两升，以此类推。升数越高，布帛越细密。

二、文物中的先秦丝绸

先秦时期的蚕桑生产情况在我国最古老的文字"甲骨文"中亦有翔实的反映。

殷人对许多自然现象无法解释的缘故，特别迷信，每逢大事，必先占卜求卦。占卜的方式是先把问求的事情刻在龟壳或兽骨上，然后放到火里烧灼，再依龟壳或兽骨上出现的裂痕判断凶吉。据记录，现已发现甲骨十万余片，其中甲骨文单字约四千五百字，专家能辨识字意的仅一千多字。而在这一千多字中，从桑、蚕、丝、糸等与丝绸相关的字形又多次出现（图22）。

在现已发现的两个蚕事完整卜辞中分别有这样的记述："戊子卜，乎省于蚕。""贞元示五牛，蚕示三牛，十三月。"前一片卜辞中"乎

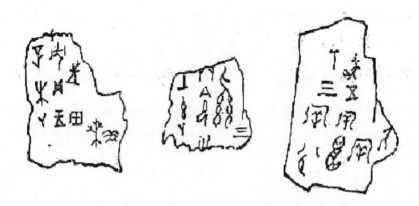

图22　甲骨文上有关蚕事的完整卜辞

省于蚕"的意思是问蚕桑的年成。同样内容的卜辞连在一起达九片之多，也就是说，为问蚕事占了九次卦。后一片卜辞的意思是说祭祀老祖宗用五头牛，祭祀蚕神用三头牛。频繁占卜蚕事，并将蚕神与老祖宗并列奠祭，意味着蚕桑生产丰歉好恶所及，已到了足以影响统治稳固与否的地步。从中可想见殷人心目中蚕桑的地位及殷代蚕桑之普遍。

　　有关丝绸的描述，在商、周青铜器文物上亦有所反映。在现已出土的青铜器中许多带有铭文，其内容多属于祀典、赐命、征伐、契约有关的记事，史料价值很高。有一段西周金文就记载了一件有关丝绸交换的内容。大意是：一个叫曶的贵族，准备用一匹马和一束丝与一个叫限的贵族换五个奴隶。限嫌少，没成交。曶改用百"将"（一种货币）去换，限还是不同意。于是曶向井叔之处提出诉讼，井叔判曶胜诉（图23）。这个故事一方面告诉我们周代奴隶命贱如动物，可以任意买卖，另一方面也说明丝帛作为昂贵商品的流通，已日趋兴盛。

图23　智鼎铭文

　　由于年代久远，殷商丝绸完整实物鲜有发现。值得庆幸的是在现出土的个别商代青铜器上还黏附有少许丝织物的残片，可供我们参考。

　　丝绸为什么与青铜器粘连在一起呢？这是因为青铜器在商代是相当贵重的物品，当时盛行厚葬，商代的帝王和贵族死后，除以奴隶殉葬，还习惯把他们生前喜爱的东西特别是铜器包裹上丝绸，一同放入墓中陪葬。随着岁月的流逝，这些铜器受到了不同程度的侵蚀，表面出现了斑斑锈痕。而包在铜器上的丝绸，却因铜锈渗透，与铜器黏附在一起，避免了微生物的侵蚀，得以一并保存下来。在河南安阳、河北藁城台西村等殷商贵族墓葬中的青铜器上，都黏附有这样的丝织物残片。

从这两处墓葬出土的丝绸残片来看，织物有菱形、方格形和回纹形花纹等平纹地组织上起斜纹花的织品，还有绞纱织品和绉纱织品。通过对这些织纹的分析，表明当时确已掌握了简单的小提花技术，并能织制出疏密相当、组织严密的暗花图案。这样的一些图案，大概都是殷商时期较为流行的丝织物和衣饰上的纹样。中国历史博物馆里陈列着一幅根据殷商石刻残像复原的画像，画中人物的服饰就属于"回纹"，可以作为佐证。

虽然殷商丝绸完整实物鲜有发现，但春秋战国时期的丝绸实物却多有发现。据统计，这些出土实物的花色品种总计有帛、素、缟、纨、纱、罗、绮、绦、纂、縠、锦等十多种。1957年考古工作者在长沙左家塘楚墓中，出土纱、縠、锦等一大批丝织品。其中的一块浅棕色绉纱手帕，经纬丝密度为每厘米38×30根，经纬丝都加强捻，纬丝捻向S，经丝有S捻、Z捻两种，相隔排列，其轻薄程度相当于现代的真丝乔其纱，说明它的织造技巧相当精巧。出土的大量丝锦残片，色彩斑斓，纹样复杂，花纹细致、古雅。其品种有深棕色地红黄色菱纹锦、褐地矩形锦、褐地红黄矩形锦、朱条暗花对龙对凤锦、褐地双色方格锦、褐地几何填花燕纹锦等。这些锦，都是采用经二重、经三重组织，经、纬丝的色彩主要有朱、棕、橘、土黄、褐等，纹样和色彩的配置非常和谐，有很高的艺术性。1982年发掘的江陵马山一号楚墓，出土了一批保存完好的丝绸衣衾，数量极多，用来做这些衣衾的丝绸品种有绢、纱、罗、绮、锦、绦、组、绨、刺绣等九大类，几乎包括先秦文献中记载的所有的丝绸品种。

其中尤引人注意的是一件舞人动物纹锦衾，其上花纹由龙、凤、麒麟等瑞兽和歌舞人物组成，每一小单元以三角排列，左右对称，共有七个单元组成横贯全幅的花纹。一个花纹循环需有经丝7660根、纬丝286根（图24）。如此大的花纹单位令人惊叹，修正了人们一向认为战国时期仅有小花纹经锦以及通幅大花纹经锦起源于东汉的看法。

原物

纹样复原图

图24 江陵马山一号楚墓出土的舞人动物纹锦衾

三、九州中的先秦丝绸

如果说上面讲到的几则故事以及一些文物稍显碎片化，让我们只是对先秦丝绸生产有个浅显了解，下面所述典籍中的描述，则基本展示出当时丝绸生产的全貌。

由于纺织生产与人们实际生活有非常密切的关系，我国在至迟周代起，统治者就非常重视对纺织手工业的管理，制定了许多促进蚕桑生产的政策，如建立了公桑蚕室制度。所谓公桑蚕室，就是公用的桑园和养蚕场，每临近养蚕季节，天子诸侯都要带着"三宫之夫人"和"世妇之吉者"到公桑蚕室来采桑养蚕，以示表率。因蚕桑事业关系国计民生，这一制度被历代帝王沿袭。再如将蚕丝作为赋税征收，并为此设置了专门的管理机构，据《周礼》记载，在政府设置的各种管理机构中，"典妇攻"是专门负责蚕桑生产的，职责和编制有明确规定。其职责是掌管宫内妇女劳作，提供王室穿用的衣饰，并教授宫内九嫔、世妇、宫女等生产丝和绸的技术，掌握规范的操作方法，并给妇女派工，收验、记录、奖惩她们劳动成果，有40人。在"典妇攻"下，设有典丝、典枲、司内服、缝人、染人等五个部门。典丝专门管丝绸原料、成品的验收、储存、发放、赏赐及祭祀、丧礼的服饰，有22人。染人专门管丝和帛练染，有26人。缝人专门管缝纫，有120人。司内服专管王和后的"六服"以及内外命妇的服装，有11人。当时即已出现这种如此严密细致的分工和劳动组织，真是令人叹服，以至许多人认为是不可置信的。

从西周到战国时期，丝织手工业发展很快，织制丝织物的地区也大为增加。我们仅从《诗经》和《禹贡》中的一些描述，便可以大致看出这一时期织制丝绸情况的全貌。

《诗经》是中国第一部诗歌总集，反映了西周初期至春秋中叶大约500多年的史实和风土人情。在《诗经》的305首诗歌中，反映各地纺织生产活动的诗歌有30余首，其中记述全国各地风俗民情的《国风篇》里，便有着冀、雍、梁三地人民忙于蚕桑生产的描述。如《魏风·十亩之间》歌曰："十亩之间兮，桑者闲闲兮，行与子还兮。十亩之外兮，桑者泄泄兮，行与子逝兮。"魏的领地在汾水之间，即陕西省，在冀州境内。歌中之"十亩"，不是表示十亩的实数，而是以整数表示面积大。"闲闲""泄泄"则是描述广阔桑田里的男男女女，和乐、舒散，从容不迫采桑的情景。再如《豳风·七月》歌曰："春日载阳，有鸣仓庚。女执懿筐，遵彼微行，爰求柔桑……七月流火，八月萑苇，蚕月条桑，取彼斧斨，以伐远扬，猗彼女桑。七月鸣鵙（jú），八月载绩，载玄载黄，我朱孔阳，为公子裳。""豳风"指豳地的民俗风情，"豳"是在陕西省境内，而雍州是指秦岭以北的地区，当然包括陕西省。《豳风·七月》歌咏了豳地百姓日常忙于种桑、养蚕、织绸和染色的生产活动。

《禹贡》是我国流传至今最古老的地理文献，大约成书于春秋战国时期。它将我国当时的地域分为九州，虽仅有1100余字，却扼要地把各州的主要山川、土壤、物产、贡赋等描述得十分清楚。这九州分别是：冀、兖、青、徐、扬、荆、豫、梁、雍。从《周礼》所记"河南曰豫州""东南曰扬州""正南曰荆州""正东曰青州""河东曰兖州""正西曰雍州"来看，九州是以当时的政治文化中心豫州向四面八方展开的。各州的大概地理范围，与现今我们熟悉的地名有些出入。

冀州，辖境大约是今山西省和河北省的西部和北部，还有太行山南河南省的一部分土地。

兖州，辖境大约是今河北省东南部、山东省西北部和河南省的东北部。

青州，辖境大约是今山东半岛及附近地区。

徐州，辖境大约是今鲁南、苏北、皖北一带。

扬州，辖境大约是今江苏和安徽两省淮水以南，兼有浙江、江西两省的部分地区。

荆州，辖境大约是今湖南、湖北和江西部分地区。

豫州，辖境大约是今河南省的大部，兼有山东省的西部和安徽省的北部。

梁州，辖境大约是今四川省和陕西省南部。

雍州，辖境大约是今秦岭以北地区，包括陕西部分地区。

据《禹贡》记载，九州贡品中兖、青、徐、扬、荆、豫等六州有丝织品，其中兖州贡丝和带花纹的丝绸；青州贡吃檿（yǎn）树叶的蚕吐出的丝；徐州贡经过练染的黑色细绸；扬州贡一种手工绘花纹的丝织物；荆州贡用染成黑和赭红色的丝织成的彩带；豫州贡很纤细的丝绵。冀、梁、雍三州贡品中没有出现丝织品，但从前文所引《诗经》中的《魏风·十亩之间》以及《豳风·七月》的描述，这两地的蚕桑丝绸生产无疑也是非常活跃的，只是没有将产品列为贡品罢了。而位于现在四川省和陕西省南部的梁州，其实蚕桑生产也是相当兴盛的，我们从四川古称"蜀"之由来即可明了。蜀字早在甲骨文中就已出现，是野蚕的象形字。东汉许慎《说文解字》释"蜀"为"葵中蚕"。《释文》释"蜀"是"桑中虫"。清代著名汉学家段玉裁所编《荣县志》则说："蚕以蜀为盛，故蜀曰蚕丛，蜀亦蚕也。"可见四川正是因为种桑养蚕业发达，才被人们称为"蜀国"或"蚕丛国"的。1965年成都百花潭出土了一件表面有采桑图案的战国铜壶，图上有枝叶茂盛的两株桑树。左面一株，上有两女子，右面一株，上有一男一女，均呈攀枝采叶状。树下一些男女，有的采桑，有的运桑，有的载歌载舞。图案非常生动。

这个时期的蚕桑生产大概是以临淄为中心的齐鲁地区规模最大，最为兴盛。据《史记》说，以前齐鲁之地土地贫乏，人民贫困。直到姜子牙帮周武王灭商建功，被封于营丘（临淄一带）后，他的子孙重视手工业，鼓励人们从事渔、盐、漆、丝的生产，才改变了这种局面，使丝绸产量迅速增加，商业流通也大为发展。其地丝绸远贩四方，并获得"衣履冠带天下"的盛誉。

由于丝绸在这个时期经济生活中占有重要地位，各国统治者都把加强蚕桑生产作为富国裕民之策，劝导人民努力蚕桑，并制定出种种优惠政策。如秦国商鞅变法时就曾颁布保护法令，规定生产缯帛多的人可免除徭役。

史料中所记下面的这件事，很能反映蚕桑生产对各国政治、经济的影响之大。春秋时，吴越两国之争，越国败灭。越王勾践卧薪尝胆，力图复国，一方面施行"必先省赋敛，劝农桑"的政策，大力发展经济，并"身自耕作，夫人自织"，极力积累财富；另一方面又不断地采取"重财帛以遗其君，多贷赂以喜其臣"的方法，用钱币和丝绸厚赠吴国君臣，并将美丽的西施送与吴王为妾，陪他玩乐。20年后，终于灭吴，复兴了越邦。西施是传说中的中国古代四大美女之一，现浙江诸暨苎罗村旁的小溪被称为浣溪，据传就是因西施少女时在此漂洗过丝绸而得名。

四、故事中的汉代丝绸

故事之一：淳于衍毒杀皇后

汉宣帝时，河北巨鹿有一个叫陈宝光的人，他的妻子是个织绫高手。大司马霍光听说后将陈宝光妻雇到府中，专为霍家织造绫锦。陈宝光妻用一百二十综、一百二十蹑织机织绫，六十日方能织成一匹，价格值万钱。霍光女儿被召入皇宫后，霍光夫人欲使皇帝贵宠其女，在皇后产后体弱调养之时，指使一个叫淳于衍的皇后乳医，毒杀皇后。事成后，霍光夫人送给淳于衍的礼金中，有陈宝光妻织的蒲桃锦二十四匹、散花绫二十五匹。

在如此重大的政治谋杀中，绫织品在黑金中独占一份，颇能反映当时织制的丝制品价值之昂贵和精美，以及制造技术之高超。

故事之二：赵飞燕的留仙裙

汉成帝时，阳阿公主家有一个姿色艳丽、身轻如燕的歌舞伎，叫赵飞燕。汉成帝看过她的歌舞表演后，被她的美貌打动，将其收入宫中，几年后又册封为皇后。文献记载，在赵飞燕封后时群臣的贺礼中，丝织品五彩缤纷，计有：金花紫帽、金花紫罗面衣织成上襦、织成下裳、鸳鸯被、鸳鸯褥、金错绣裆、七宝綦履等数十种。另外，汉代时妇女流行穿带褶的丝裙，也是缘于赵飞燕。相传赵飞燕被立为皇后以后，十分喜爱穿裙子。有一次，她穿了条云英紫裙，与汉成帝游太液池。鼓乐声中，飞燕翩翩起舞，裙裾飘飘。恰在这时大风突起，她像轻盈的燕子似的被风吹了起来。成帝忙命侍从将她拉住，没想到惊慌之中却拽住了裙子。皇后得救了，而裙子上却被弄出了不少褶皱。说来也怪，起了皱的丝裙却比先前没有褶皱的更好看了，于是宫女们竞相效仿，这便是古代著名的"留仙裙"。

在中国历史上，赵飞燕以美貌著称，并因舞姿轻盈如燕飞凤舞而得名"飞燕"。所谓"环肥燕瘦"讲的便是她和杨玉环，而燕瘦也通常用以比喻体态轻盈瘦弱的美女。从这个故事中，我们可以想见汉代丝织品在纺织品中地位之显赫。

故事之三：朱隽窃缯帛助友还债

朱隽是东汉末年名将，以好义轻财受乡里敬重。他年轻时，朋友周规因挪用郡库钱百万被官府追讨，朱隽见周规还不起，便窃其母缯帛为周规还债解困。其母是以贩卖缯帛为业，因朱隽所窃数量太大，以致不能再继续从事这个买卖，朱隽为此被母亲深深怪罪。当地一个官员听说朱隽的仗义举动后，大为欣赏，于是推荐他入仕。

缯帛在丝绸中属低档产品，其母一个人所贩尚且值钱百万。那么，与其母资本相对的商人肯定也有很多，当时在市场流通的全部缯帛总价值自然更大。

故事之四：孔雀东南飞

这个故事出自汉乐府诗，原题为《古诗为焦仲卿妻作》，因诗的首句为"孔雀东南飞，五里一徘徊"，故又有此名。所叙的是东汉末建安年间，一个名叫刘兰芝的少妇，美丽、善良、聪明而勤劳。她与焦仲卿结婚后，夫妻俩互敬互爱，感情深挚，不料偏执顽固的焦母却看她不顺眼，百般挑剔，并威逼焦仲卿将她驱逐。焦仲卿迫于母命，无奈只得劝说刘兰芝暂避娘家，待日后再设法接她回家。分手时两人盟誓，永不相负。谁知刘兰芝回到娘家后，趋炎附势的哥哥逼她改嫁太守的儿子。焦仲卿闻讯赶来，两人约定"黄泉下相见"，最后在太守儿子迎亲的那天，双双殉情而死。《孔雀东南飞》全诗有关丝绸的诗句："孔雀东南飞，五里一徘徊，十三能织素……鸡鸣入机织，夜夜不得息，三日断五匹，大人故嫌迟。"

这几句诗句大致道出了当时一个人每天织绸的数量。此外，在汉乐府诗中，除了《孔雀东南飞》，另有一首《上山采蘼芜》的诗句，也有类似的描述。"上山采蘼芜，下山逢故夫。长跪问故夫……新人工织缣，故人工织素，织缣日一匹，织素五丈余。"由于织绸是汉代农户最普遍从事的家庭副业，家家户户都是如此，处处可见。为此当时编纂的算数书出于通俗易懂的目的，将计算女子织绸日产量作为题目，供学生学习。如《张丘建算经》载："今有女善织，日益功疾。初日织五尺，今一月织九匹三丈，问日益几何？答曰：五寸二十九分寸之十五……今有女不善织，日减功迟。初日织五尺，末日织一尺，今三十日织讫，问织几何？答曰：二匹一丈。"汉代规定匹长40尺，幅宽2.2尺，汉尺比今市尺要小，一汉尺约合今0.593市尺，一匹布的总长约合今27.7市尺，幅宽约合今1.5市尺。诗句和算经中每个妇女素织物的日产量都有一匹或以上，相当于今天30多尺，如果能够综合当时全国农户之所织，其数量无疑更是非常可观的。因为产量高，汉朝政府税收的布帛数量也相应地加大，皇帝赏赐臣下，动辄帛絮千万。据史书记载，汉武帝在一次东封泰山的活动中，仅用于赏赐臣下的，就达100多万之匹；一次赠匈奴单于竟达千万匹之数。当时一些权贵幸臣竟至"柱槛衣以绨锦"，"犬马衣以文绣"。

五、文物中的汉代丝绸

汉代丝织业的盛况及织造水平，在20世纪70年代发掘的长沙马王堆汉墓和20世纪50年代末新疆民丰尼雅古城遗址出土的文物中得到了翔实展现。

1972年发掘的马王堆一号墓，出土的丝织品和纺织服饰数量之大、品种之多，为历年所罕见。据统计，共出土纺织制品114件，有丝织服装、鞋袜、手套等一系列服饰，整幅的或已裁开不成幅的丝绸以及一些杂用丝织物，计有素绢绵袍、绣花绢绵袍、朱红罗绮绵袍、泥金彩地纱丝绵袍、黄地素绿绣花袍、红姜纹罗绣花袍、素绫罗袍、泥银黄地纱袍、绛绢裙、素绢裙、京绢袜、素罗手套、丝鞋、丝头巾、锦绣枕、绣花香囊、彩绘纱带、素绢包袱等多种。这些丝织物品种有纱、绢、罗、锦、绮、绣等，织物纹样有云气纹、鸟兽纹、文字图案、菱形几何纹、人物狩猎纹等，几乎包括了我们目前了解的汉代丝织品的绝大部分。需要特别提到的是在这众多纺织品中，最令人惊叹的发现：一是丝纤维之纤细。专家对出土丝纤维物理机械性能测定后得出如是结论，出土丝的单丝投影宽度平均值为6.15—9.25微米，而现代家蚕丝为6—18微米；出土丝单丝截面积为77.45—120平方微米，而现代家蚕丝为168微米。当然，应该考虑到这些出土丝年久失水萎缩的可能性，但无论如何，当时家蚕丝是相当纤细的，这是长期研究饲蚕方法的结果。二是纱织之轻薄。有一件素纱禅衣，衣长128厘米，两袖通长180厘米，重量只有49克，尚不足今秤一市两。据南京云锦研究所科技人员分析，该衣是由超细蚕丝织就，千米长丝仅重1克，每平方米衣料仅重12克，其牢度却与军用降落伞不相上下；另有一件是呈方孔的纱料，料幅宽49厘米、长45厘米，重量仅2.8克。这两件纱织品，纱孔方正均匀，薄而透明，给人以轻如烟雾、举之若无的感觉。三是发现罕见的起绒锦实物。这种锦外观华丽，花纹由大小不等的绒圈组成，花型层次分明，显浮雕状的立体效果。四是发现彩绘帛画。有一幅覆盖在内棺上描绘天上人间的帛画，画幅全长205厘米，上部宽92厘米、下部宽47.7厘米，四角缀有旌幡飘带。在画面上方，"伏羲"位于正中，左右日月相伴，两条龙自日月下方昂头侧向"伏羲"，扶桑树上的几个小太阳烘托着一个大太阳，穿过龙身向上发展。整幅画想象丰富，写景生动，色彩绚丽，线条流畅，描绘精细，可以说是无上精品。五是发现汉瑟弦线：弦线直径最细的仅0.5毫米，最粗的为1.9毫米，如此纤细却加工得非常均匀，令人拍案称奇（**图25**）。

图25 马王堆一号汉墓出土帛画

1973年至1974年发掘的马王堆二号和三号墓,除了出土大量丝织品,还发现总字数达12万多字的20多种帛书。其中有些是已失传的古籍,有些是与今传世版本有所出入的古籍,如《道德经》《易经》《战国策》三部。这些帛书的规格式样有两种,一种高48厘米,一种高24厘米,分别用整幅和半幅的帛横放直写。手写格式与简册相同,整幅的每行六七十字,半幅的30余字。出土时整幅的折叠成长方形,半幅的卷在二三厘米宽的竹木条上,同放在一个漆盒内。帛书这个名称在古文献里经常出现,但在这些帛书实物出土以前,甚至连史学家也不能准确说明帛书的规格式样。马王堆帛书的出土，不仅解决了史学界这个多年不能澄清的问题，还对我们了解汉代绢帛尺寸有所帮助，确实弥足珍贵。

轪侯是长沙楚王吴芮的丞相，只是个管辖七百户的小诸侯，其家庭墓葬仅丝绸服饰就达到如此奢华的程度，我们从中不难想见汉代丝绸的繁荣景象。

1959年在新疆民丰尼雅古城东汉遗址出土了一些精美的锦织物，其中的万世如意锦（图26）、延年益寿大宜子孙锦等文物，让人津津乐道。万世如意锦的花纹，纬循环约3.9厘米、经循环35厘米以上。在其花纹图案中，如除去"万世如意"四字，每一单元的经循环约15.7厘米；从右侧开始，有一组流利的云纹，主干作侧卧的Z形，末尾又向上蜗卷；在它两侧，凸出的部分对以如意头形的卷云纹，而凹

图26　新疆民丰尼雅古城东汉遗址出土的万世如意锦

进的部分对以叉刺形的茱萸纹；主体的尾部，均有隶书铭文一个字。在这组云纹的左侧，是一组侧卧的C形的云纹，末尾作箭头形，接着有三个茱萸纹和一组竖立的S形卷云纹，依次循环。第一循环中嵌入"万世"两字，第二循环中嵌入"如意"两字，第三循环只保存开端部分的花纹而没有铭文。在各个循环中，绎地上起白色铭文，突出明显。绛紫、淡蓝和油绿三色虽都作为茱萸花和卷云纹等线条，但在每段分区上的彩条色泽各异。延年益寿大宜子孙锦，现存的约宽40.75厘米。幅边组织是畦纹平织，由蓝、绎、白三条单色竖直条纹组成，各宽约0.35厘米。它的整个花纹图案结构，是在幅面上横贯断断续续的云纹，间隔交叉排列着茱萸纹，而变形动物的珍禽异兽纹满布其间，上面嵌着隶书"延年益寿大宜子孙"八个汉字。图案从右侧开始是一个隶书"延"字，靠近幅边；左侧下首是个类似虎形的动物，头向左侧，伸手张口。左首隔着云纹是一个鹧鸪形或鸭形的鸟，站立在云纹的向下直视的线条上。鸟的左侧的第三个动物（第二个兽），是一个伸着颈部的豹形动物，它身上有些斑点，举步向左行，背上有"年"字，前足有"益"字。在"益"字下面，是一个侧卧的Z形云纹。在这云纹的左侧上方，是另一个Z形云纹，此云纹末尾的上面是"寿"字，下面悬挂一个茱萸纹。在更左侧，隔着另一个云纹是第三个兽。此兽的尾部向上，后足向右，全身蜷曲，它的头部也向右，前两足分别显露在肩部的上下，其头部和后足之间有"大"字，臀部的上面有"宜"字。在"宜"字左侧下边，有一朵"云纹"，再左又是一个茱萸纹。后者的上面似乎是一个图案化的鸟纹，其头部向上，足部向左，它的足部与站架联合成为十字纹，在茱萸纹左边，隔着一个"子"字，是第四个兽形，此兽的左后足较低，右后足和前足向上爬，踏在有台阶的云纹上。这只怪兽的身部有斑点，肩部有钩状物，吻部下方有一个茱萸纹，再左又是一组Z形云纹。在左侧上方，是第五个兽。这个兽有点像山羊，它的头部似有两只角，尾部向上折而向右，左后足向右高伸，右后足和前足向左侧前行，头部转向右方后视，两角向左，在两角的左侧上方，隔着云纹有一个"孙"字。再左是一个云纹，它的侧下方，是第六个兽，这个兽的肩部有翅膀，其头部向左，四足似向左奔跑，在它的左侧下方有云纹。在整幅图案中，有各种怪兽活跃地奔走，有流畅的云纹陪衬，有茱萸花纹映托，有汉字铭文镶嵌，整幅图案显得非常生动活泼（图27）。

图27　新疆民丰尼雅古城东汉遗址出土的延年益寿大宜子孙锦

六、典籍中的汉代丝绸

汉朝廷非常重视农桑生产，以汉室为例，汉皇室沿袭前代做法，每年必由皇后亲自举行养蚕仪式。据记载，皇后每年的养蚕仪式，都是在上林苑所设的蚕馆举行。朝廷的重视，令许多地方官吏也非常关注蚕桑生产，常常劝令所辖百姓栽桑养蚕，《后汉书·卫飒传》载：建武中桂阳太守茨充"教民种殖蚕柘麻苎之属，劝令养蚕织履"。

官府的倡导和重视，不仅使蚕桑业呈现出一派兴盛景象，而且还推动了蚕桑生产区域的进一步扩大。史载，这时期的丝织产地东起沿海、西及甘肃、南起海南、北及内蒙古，覆盖面相当广。最兴盛的丝绸产区是黄河中下游以临淄（今山东淄博）和襄邑（今河南睢县）为中心的山东、河南、河北的接壤地区；次则为渭水流域、山西中部和南部地区。另见于记载的还有：长安（今陕西西安）、临淄、襄邑、亢父（今山东济宁）、东阿（今山东阳谷）、钜鹿（今河北平乡）、河山（今河南武陟）、朝歌（今河南淇县）、清河（今河北临清）、房子（今河北高邑）、蜀郡（今四川成都）、珠崖（今海南琼山）、永昌郡（今西南少数民族地区）和相当于现在内蒙古呼和浩特以及甘肃的嘉峪关等地。在蚕桑业发达地区，养蚕季节为方便蚕农采桑，很多城镇都不关城门，汉《张迁碑》文"蚕月之务，不闭四门"，便是其真实写照。当时的临淄、襄邑和东阿等地都生产过不少历史上著名的优质品种。左思曾在《魏都赋》中对当时各地丝织名产有一总结："锦绣（属）襄邑，罗绮（属）朝歌，绵纩（属）房子，缣总（属）清河。"

全国绢帛生产数量更是惊人，据《汉书·平准书》记载，在天府年间，官府每年收集民间贡赋绢帛约在500万匹以上。按当时规定的幅宽二尺二寸，匹长四丈计算，约合当今2400平方米之多。这在约有5000万人口的汉代，产量已十分可观。

山东地区蚕桑生产之盛在《史记·货殖列传》中有详细的记载："齐带山海，膏壤千里，宜桑麻，人民多文采布帛鱼盐。"当时齐郡的临淄是全国蚕织业中心之一，民间蚕织生产相当普遍。而战国时期鲁国所管辖的区域，到汉代时亦"颇有桑麻之业"。另据《盐铁论·本议》以及《流沙坠简考释》所言，汉代时的定陶（今山东定陶）、东阿和亢父，生产的缣名闻全国，产量非常多，也从侧面反映出上述这几个地区的蚕桑生产规模是比较大的。

南部边疆的蚕桑丝绸生产情况在汉代两部正史中都有记载。《汉书·地理志》载：儋耳珠崖郡"男子耕种禾稻，女子蚕桑织绩"；《后汉书·循吏列传》记载，建武二十五年（公元49年），汉代桂阳郡（今广东建县）太守"善其政，教民种殖桑柘麻纻之属，劝令养蚕织履"；《后汉书·南蛮西南夷传》载：云南哀牢夷（今云南保山、德宏、西双版纳一带）"土地沃美，宜五谷蚕桑，知染采文绣"。

据记载，西汉在京城长安设有东、西两个织室，专门织作供西汉王朝统治需用的文绣郊庙之服。在盛产丝绸的陈留郡襄邑和齐郡临淄设置"三服官"，所谓"三服"即首服（春服）、冬服、夏服，负责提供宫廷制作三服所需的轻纱、纨、素、绮、绣等精细丝绸品。这些官营丝织业所用的费用都十分惊人，《汉书·禹贡传》说："故时齐三服官，输物不过十笥，方今齐三服官，作工各数千人，一岁费数巨万"，

"东西织室亦然"。这里所说的"故时"，是指汉武帝以前，"方今"是指汉武帝时，所说的"数千人"是指汉武帝时三服官下属的工作人数。通过这些材料，足可看出当时官营丝绸业之规模。

汉代丝织品不仅产量大，而且品种繁多。其品种的名称在《史记》和《汉书》曾频繁出现，不胜枚举。为便于说明，仅以《说文解字》所释为例。该书收录有关纺织包括丝绸和染色工艺的字有几十个，如属于丝绸品种的有锦、绮、绫、纨、缣、绨、绢、缦、绣、缟，属于绸缫练的有缫、绎、练，属于丝绸染色的有绿、绯、缥、绡、絑、纁（xūn）、绌、绛、缙、綪、缇、縓（quán）、紫、红、繻（xū）、绀、纶、缁等。《说文解字》是根据织物组织、色彩花纹和加工工艺来解释这些字所包含的意义，如纨为素缯（不带花纹），绮为文缯（有花纹的），缣为并丝缯，缫为绎茧为丝（以缫治时抽丝），绎为抽丝（同上），练为绎缯（练绸，练丝也叫练，这里只提到这个字的一部分含义），绿为帛青黄、青黄配合而得的色，绯为帛赤（深红）色，绀为帛深青扬赤（深蓝而发光的）色等。另外，见于其他文献表示品种的字还有很多，这里就不多举了。而仅此，即已可窥一斑了。

七、故事中的唐代丝绸

故事之一：捐帛换官

唐高宗时，有一个叫彭志筠的安州人，偶然兴致所至，自愿捐出丝帛3000万段充作军费，从而换得了一个赐奉议郎的六品官。

故事之二：李林甫家的绢帛数量

唐玄宗时，李林甫除了担任高权位尊的宰相，还额外兼任40多个职位。这个人嫉贤妒能，对于朝中百官凡是才能和功业在自己之上受到玄宗信任人，一定要想方设法除去，尤其忌恨有文学才能而进官的士人。有时表面上装出友好的样子，说些动听的话，而暗中却想方设法予以陷害。所以世人都称李林甫"口有蜜，腹有剑"。而且他还利用权位，广收贿赂，家中不算其他钱财，仅绢帛的数量就达3000多万匹。

故事之三：以绢帛炫富

相传，长安富商邹凤炽谒见高宗时自诩家中藏绢比终南山上的树还多。又相传，玄宗曾经召见一个叫王元宝的人，问其家私多少，王元宝对曰："臣请以绢一匹，系陛下南山树，南山树尽，臣绢未穷。"

这三个故事反映出当时官僚豪门和普通富商家里就存有这么多的绢帛，那么国家每年所收绢帛数量当然更是非常惊人的。《册府元龟》记载，天宝八年（公元749年）朝廷所收贡赋，仅绢就有740多万匹，绵则有185万屯。《通典》记载："每岁钱粟绢绵布约得五千二百二十多万端匹屯石，诸色资课及勾剥所获不在其中。"这在册籍登记只有几百万户，人口约在五千万的朝代，实是相当庞大的数字。

故事之四：《兰亭集序》与蚕种

《兰亭集序》是东晋大书法家王羲之最著名的书法作品，其字被誉为"飘若浮云，矫若惊龙""铁书银钩，冠绝古今"，被称作"天下第一行书"，被后世书家所敬仰。《兰亭集序》中没有任何谈及蚕桑丝绸的内容，按说与蚕桑丝绸风马牛不相及，怎么与蚕桑丝绸产生关联？

唐太宗李世民酷爱书法，平生收集名人书法无数，王羲之《兰亭集序》便是其中最珍爱的。他是如何得到《兰亭集序》的，说来有些不雅。王羲之《兰亭集序》问世后曾被多人珍藏过，在唐太宗年间被山阴欣永寺高僧辩才和尚收藏。辩才和尚获悉李世民觊觎《兰亭集序》已久，为不失去《兰亭集序》，对外矢口否认自己藏有真迹。唐代佛教盛行，寺庙僧人享受政府种种优惠政策，知名高僧更是一个特殊阶层。李世民不便直接下诏向辩才和尚讨要，心生一计，派谋臣监察御史萧翼前往谋取。于是萧翼扮成一潦倒书生来到欣永寺，对辩才和尚谎称自己是北人，贩蚕种到南方路过此地，想借宿寺中。辩才和尚毫不生疑，痛快应允。晚间辩才和尚与萧翼就经纶学问、琴棋书画一顿神聊。辩才和尚聊得高兴，不禁放松警惕，拿出《兰亭集序》真迹显摆，让书生一开眼界。哪知书生见到真迹后竟从身上摸出一道皇帝"圣旨"，辩才和尚这才恍然大悟，追悔莫及，没办法只能将《兰亭集序》交给萧翼带走。就这样，李世民巧取豪夺地将《兰亭集序》拿到了手中。

萧翼以"从北方贩卖蚕种到南方"做借口诓骗，辩才和尚又毫不生疑，我们从中可大略联想到，唐太宗时，贩卖蚕种的商业行为非常普遍，南北地区蚕桑生产均很兴盛，北方的蚕桑技术高于南方。真实的历史情况确实也是这样。

故事之五：定州富豪何明远

唐代时定州有一个叫何明远的富豪，家业发达。他靠包干管理三个官办驿站，淘到第一桶金后，又开始经营500台绫机的纺织作坊。因为经营有方，以至资财积至巨万。

这个故事出自唐代张鷟（zhuó）笔记小说集《朝野佥载》，是书记载朝野佚闻，尤多武后朝事，有的为《资治通鉴》所取材，所记可信度非常高。何明远家的作坊有可供操作的绫织机500台。如果每台需用一名织工，再加上缫、络、染等辅助工二三人，则500台至少得用1000至1500人。它的大小竟和现在的小纺织厂差不多。何明远如是，其他的一些民间作坊，估计有的可能也与之相似。

故事之六：陵阳公样

所谓陵阳公样是一种纹样范式。唐代时中外交流频繁，当时进入中国的外来花纹当中，最具特点的是联珠团窠花纹，简称联珠纹。它的花纹由多粒小珠围成圆形边界，而后再把主题花纹安排在其中。这种形式的花纹进入中国后，不仅丰富了人们的视觉感受，还使中国的纹样设计者有了创新的灵感，创作出各种兼具异域和中国风情的花纹。其中唐太宗的表弟窦师纶创制的陵阳公样，便是最著名的一种。当时内库所存风靡一时的瑞锦，其上的对雉、斗羊、翔凤、游鳞之状花纹，寓意祥瑞，章彩奇丽新颖，皆来自窦师纶所创。因窦师纶被封为陵阳公，所以他设计的纹样就被称为"陵阳公样"。

在陵阳公样范式中，除了上述的瑞兽，采用的动物还有狮、熊、骆驼、鸟、孔雀、鸳鸯、鸭、猪、雁、象等。这些纹样在保持丝绸图案传统特色的基础上，大胆吸收了外来艺术的精华，非常值得称道与发扬。而纹样图案的增加，当然也是唐代丝绸织造技术提高和创新的一种表现。

八、文物中的唐代丝绸

现在出土和保存下来的唐代织锦实物较多，如新疆塔里木盆地和吐鲁番等地区都出土过大量唐代织锦。塔里木出土有双鱼纹锦、云纹锦、花纹锦、波纹锦；吐鲁番出土有几何瑞花锦、兽头纹锦、菱形锦、对鸟纹锦、大团花纹锦等10多种。在这些纹样中，有很多图案都是成双的祥瑞鸟兽被珠圈环绕，如鸳鸯、衔授鸾鸟、鹿、龙马等。风格上虽显然受到了波斯以怪兽头为母题的珠圈装饰影响，但却没有完全波斯化，而是融进了我国传统装饰文化的因素。如联珠对鸟对狮"同"字纹、联珠对鸭纹、联珠大鹿纹、联珠天马骑士纹、联珠对鸡纹、联珠方胜鸾鸟纹、联珠熊头纹、联珠猪头纹、联珠对龙纹、联珠鸟纹、联珠鸳鸯纹等。而且即使就珠圈而言，也仅仅是借鉴这种方式，不是完全照搬。唐代之所以出现大量的这类纹样，一是反映出当时中外文化交流的频繁，二是唐代纹锦曾大量出口。新疆吐鲁番出土的织锦，很可能是为丝绸外贸提供商品而织造的。因为新疆吐鲁番地处丝绸之路上，所以这些唐锦出土文物应是当时用作外贸商品的遗物。

阿斯塔那还曾出土过一块双面锦，这是唐代新出现的织锦品种，与明代改机相似，有时也把它叫作"双面绢"，至今我国仍继续生产。新疆盐湖唐墓出土的三块烟色牡丹花纹绫，以二上一下斜纹组织作地，六枚变纹起花，证明唐代出现缎类织物。另外，从组织上分析，唐代的锦分经锦和纬锦两类。经锦是唐以前的传统织法，蜀锦即其著名品种之一，是采用二层或三层经线夹纬的织法。唐初在以前的基础上，又出现了结合斜纹变化，使用二层或三层经线、提二枚压一枚的夹纬新织法。以多彩多色纬线起花，比之经锦能织制出图形和色彩都大为繁复的花纹。新疆吐鲁番出土的云头锦鞋，其工艺即是采用这种经锦新织法，用宝蓝、橘黄等色在白地上起花的。夹纬始创于何时，现在还不十分清楚，但在唐代确已逐渐流行和普及。如果以唐代作为时代的分界，织锦技术可划分为两个阶段，唐以前是以经锦为主，纬锦为辅，唐以后以纬锦为主，经锦为辅。可见纬锦的出现是唐代织锦技术上一次非常重要的进步。缎类织物和纬锦的出现，不但丰富了唐代的纺织品种，而且使以后我国的纺织品增加了几个大类织品，极大地丰富了我国的织物品种，同时也促进了我国织物组织和织花技术的进一步发展。

此外，在日本众多的寺院里，也珍藏有唐代传入日本的中国丝绸。如法隆寺所藏公元7世纪时从中国传入的四天王狩猎纹锦，是众多表现骑手猎狮的锦中最完美、最著名的一件。它属于纬丝显花的斜纹纬锦，棕黄色地，白、绿、蓝、黑等色花。联珠圈直径达45厘米，珠圈外的辅纹是以小联珠圈为中心的十字对称忍冬。四骑手沿水平的纬线成镜面对称，置于中央带有"吉祥之树"或"生命之树"的联珠纹中。上面两匹马是黄绿色且后臀部带有"山"字；下边的马朝着另一个方向，为靛蓝色，带"吉"字。色彩高贵沉稳，图案细腻准确，场景复杂，织造精密（图28）。再如正仓院所藏唐代一些织锦，计有莲花大纹锦、狮子花纹锦、花鸟纹锦、双凤纹锦、狩猎纹锦等10多种。其中的狮子舞纹锦（图29），花纹单位达57厘米以上，狮子直立作舞，四周与宝相花纹穿插。在宝相花头，各有姿态不同的人物，手抱琵琶、阮咸、长鼓等乐器，载歌载舞，气魄宏伟，艺术效果富丽。据研究，此类独窠绫应该就是《新唐书》中记载的"在外所织造大张锦、软锦、瑞锦、透背及大绸锦、竭凿六破以上锦、独窠文绫四尺幅，及独窠吴绫、独窠司马绫等"。该类织物的出现，说明提花织机的花本装造技术已有很大的提高，织造出来的织锦确是超越前代的佳品。

 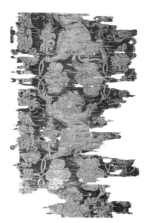

图28　日本法隆寺所藏唐代四天王狩猎纹锦　　　图29　日本正仓院所藏唐代狮子舞纹锦

九、典籍中的唐代丝绸

唐代蚕桑丝绸生产地域几乎遍及全国各地，东、南至海，西过葱岭，主要的产区大范围合成一片，呈现郡县相连、跨州相连之势。今人将黄河下游、长江下游及长江上游概括为唐代丝绸三大产区。据

《唐六典》的记载统计，黄河下游凡51州，州州赋调丝绸；长江下游江南20州、江北8州，除汀州外，皆为丝绸产区；长江上游66州，有46州或贡或赋丝绸。三大产区的丝绸生产盛况，在唐人诗词中多有反映。岑参《送颜平原》诗："郊原北连燕，剽劫风未休。鱼盐隘里巷，桑柘盈田畴。"其描述了从山东德州到幽燕一带桑柘遍野的景象。张说《邺都引》诗："都邑缭绕西山阳，桑榆汗漫漳河曲。"李白《赠清漳名府侄聿》诗："河堤绕绿水，桑柘连青云。赵女不冶容，提笼昼成群。缫丝鸣机杼，百里声相闻。"这些诗句描绘出太行山东麓的相州、洺州之地，桑柘无边，机杼声声不息。李频《宣州献从叔大夫》诗："万家间井俱安寝，千里农桑竟起耕。"此诗写出了宣州地区蚕桑之盛。

安史之乱后，南北地区蚕桑生产水平在发生变化。长江以北的中原地区和华北地区是历史上蚕桑丝绸的传统产区，唐代中期以前，无论是生产规模还是生产技术水平，均高于南方。但由于安史之乱，北方产区受战乱破坏较大，生产大幅度萎缩，即使在战乱后生产恢复得也比较缓慢。而南方产区受战乱影响相对小得多，生产发展势头很猛，甚至一度成为朝廷主要财赋来源和征收丝绸的主要地区。史载，安史之乱后，"天下以江淮为国命"，"赋出天下而江南居十九"。说全国赋税江南占了十分之九或许有些夸张，但唐肃宗李亨确实是靠江南道等南方地区的赋税支持，收复长安和洛阳，最终平定安史之乱的。唐德宗李适时期，关中遭蝗旱天灾，发生饥荒，也是依赖江南两浙转输的粟帛，方"府无虚月，朝廷赖焉"。南北地区蚕桑丝绸生产的这种变化，从安史之乱前后各州贡赋丝绸的情况也可看出。唐前期，据《唐六典》记载，太府寺以精粗为准，将各州调绢分为八等。纳绢等级高的州，大部分是在黄河下游的河南、河北道所辖区域内。长江下游只有寿、泉、建、闽四州入级。同书还记载，进奉高档丝织品绫、锦、罗的州，以河南、河北道最多，江南道、剑南道次之。一般来说，纳绢等级高、进奉高级丝织品多的州，蚕桑丝绸生产普及，水平也高。唐后期的情况，据《全唐文》载："今江南缣帛，胜于谯、宋。"谯是谯郡，即亳州。宋是宋州。亳、宋两州调绢曾被太府寺评为一等。另据常贡资料，唐前期，长江下游18州，贡丝织品19种，后期亦18州，贡丝织品38种。前后期州数不变，品种却翻了一番。可见江南蚕桑丝绸生产发生了根本变化，不仅绢帛质量有了显著提高，高档丝织品的品种也增加了很多。

唐代丝绸产量巨大，除了与丝绸产地分布广阔有关，亦与发达的官私纺织手工业分不开。

朝廷下属的官办纺织手工业的生产组织方式基本承袭前代，但规模却大大扩展，分工也越来越细。不仅在长安设置织染署、内八作和掖庭局，在许多州还另设有官锦坊，专门为宫廷织制高级丝绸。这些官办机构以织染署的规模最大，它下面分设25个"作"，其中有10个"作"专司织造，分别从事绢、纱、绝、罗，绫、绮、锦、布、褐的生产；有5个"作"专司织带，分别制造组、绶、绦、绳、缨；有4个"作"专司纺制紃线，分别生产紃、线、弦、网；有6个"作"专司练染，分别负责染青、绛、黄、白、皂、紫6种基调的色彩。在25个"作"中，除布"作"和褐"作"外，几乎均直接或间接与治丝和织绸生产有关。各"作"里的从业人数各时期不定，但都比较多，史载唐武则天时，织染署有织工365人，内八作使有绫匠83人，掖庭局有绫匠150人；唐玄宗时，册封杨玉环为贵妃，贵妃院中有700名织工为她织绣服饰。而诸州官锦坊人数则难以统计。

私营纺织手工业除一些规模庞大的作坊外，农村的家庭纺织生产也特别普遍。这与当时的统治者曾推行过的一项重要制度"授田"和"租庸调制"有着不可分割的关系。唐自高祖武德七年（公元624年）起便规定：每"丁及男（十八岁以上）皆给永业田二十亩，口分田八十亩"，要求"每丁岁入'租'粟二斛稻三斛，'调'则随乡土所产，岁出绢二匹，绫絁二丈，如果输布则按丝织加五分之一，输绫绢絁者兼调绵三两，输布者兼调麻三斤"，此外，"凡丁，岁役三旬，如遇闰年，则加二日，若不服役则收其庸，每日折纳绢三尺"。这项制度虽然带有一定的强制性，但它也引导农民家家户户种桑织绸，并使之成为农户日常必需的一项生产劳动创造了条件，促使当时纺织业的发展大大加快了前进的步伐。所以到了天宝年间，岁收的庸调最多时竟达绢740万匹，丝180余万屯（当时一屯等于六两），布1035万余端。当时有一句诗形容官府仓库"缯帛如山积，丝絮似云屯"，看来是非常贴切的。如果再加上农户自用的和直接流入市场的，其数量自然就更大了（后二者的数量，肯定远高于前者，可惜已无从考证、无法统计了）。

唐代的绢帛，除作为实用品外，还作为实物货币被广泛使用，这是因为丝绸既具有实用价值又具有交换价值，在政局动荡和通货膨胀时，更易显示它存在的意义。所以早在唐以前就有人用它代替实物货币使用，等到唐代遂更加普遍了。开元二十年（公元732年）唐王朝曾颁布一道法令："绫罗绢布杂货等，交易皆合通用。如闻市肆，必须用钱，深非道理，自今以后，与钱货兼用，违者准法罪之。"大意是绫罗绢布都可作为交换的媒介，如果只用钱币做交换的手段是不合理的。自今以后，以之与货币同样使用，不服从者将被作为犯法治罪。两年后又颁布一道诏书说，凡上市物品，均需先用绢布绫罗丝绵交易，若市价1000以上，可钱物并用，违者科罪。这两道诏令就是丝绸在唐代曾经作为货币使用的具体实例。据此也可看出丝绸在当时社会经济中所占的地位是何等重要了。

十、故事中的宋代丝绸

故事之一：三十匹绢购一敌之首

宋朝的丝绸产量非常大，这些丝绸一方面满足权贵阶层的挥霍，一方面用于地域北方异族的军需。有一次，宋太宗对左右侍臣说："若北边契丹胆敢侵犯我的边境，我只要以三十匹绢购一敌人之首。契丹的精兵不过万人，只费我三十万匹绢，此寇就可以消灭尽矣。"

宋太宗有如此底气，无非是倚仗国库所藏充实的绢帛。而这底气来自他为维护和发展蚕桑生产强行颁布的一些相关法令。如公元962年颁布法令，"凡剥桑三工（一工为四十二尺）以上，为首者死，从者流（流放）三千里"，以此律严惩破坏桑林者。

故事之二：澶渊之盟

宋真宗景德元年（公元1004年），辽萧太后与辽圣宗耶律隆绪以收复瓦桥关（今河北雄县旧南关）为名，亲率大军深入宋境。兵至澶渊境时，辽军由于战线拉得过长，补给非常困难，难以为继。而此时大宋集中在澶渊附近的军民多达几十万，无论是物资储备还是兵员数量都处于优势。萧太后认为辽军孤军深入此地，人困马乏已是强弩之末，万难取胜，于是就派人赴入澶州转达了自己罢兵息战的愿望。这也正是宋真宗的心愿，当即回信表示宋朝也不喜欢穷兵黩武，愿与辽国洽谈议和事宜。辽国最初的条件是要宋朝归还被周世宗夺走的瓦桥关南之地。宋真宗生怕失去合议机会，也怕割地求和，遭后人唾骂，认为只要不割地，能讲和，辽国就是索取百万钱财也可以答应。于是告诉议和的使臣曹利用，如事谈不拢，百万钱财亦可。曹利用领命去辽营谈判，几经讨价还价，最终达成的协议是：宋每年向辽纳贡银10万两、绢20万匹，以"助军旅之费"。议和协议签订之后，曹利用回朝向皇帝交差。觐见之时，真宗正在吃饭，侍者就问曹利用许给辽国多少银两。曹利用伸出三个手指放在额头上，意思是银10万两，绢20万匹。侍者误以为各为300万，并以此数目上报。真宗得知后颇为失望，便召见曹利用亲自盘问。曹利用战战兢兢地答道："不是300万，是银10万两、绢20万匹。"真宗听后非常高兴，重重地奖赏了曹利用。

　　关于澶渊之盟，有的人认为宋在优势条件下，所签下的纳贡条约极为耻辱。有的人认为这个纳贡条约虽看似耻辱，但它结束了长达20余年的宋辽战争，换来的是近百年的和平，很大程度上为北宋经济安稳发展提供了条件，毕竟这点财帛只是当时经济总量的九牛一毛。仅以北宋中期各类丝织品的年产量为例，全国各地的产量加在一起有数百万匹。也正是由于宋王朝财大气粗，自澶渊之盟后，宋王朝经常用这种方式求得苟安。如公元1126年金军围攻汴京，宋钦宗除了割地赔银，一次就输往金国丝绸百万匹。公元1141年南宋与金议和，宋又向金发贡银25万两、绢25万匹。公元1208年南宋与金再次议和，议定宋增岁银为30万两、绢30万匹。

故事之三：贺织女佣织养婆母

兖州有一姓贺的民家妇，邻里谓之贺织女。父母以农为业，其夫则负担兴贩，往来州郡。每次出去都数年才归家，归家后数日又出去，而且不给家里一钱。家里的生活费全靠贺织女打工织绸所得。贺夫在家前后无半载，而贺织女能勤力奉养婆母妇20余年，始终无怨，可谓贤孝矣。世人感叹说：此妇生于贫贱之门，口不知忠信之言，耳不闻礼仪之训，而能如此，虽古之有贤德的女人，无以过也。

故事之四：李姥告虎

婺州（今浙江金华）根溪地方有个李老太，已经60岁了，几个儿子都相继染上瘟疫死了，媳妇们也都改嫁了，只留下一个七八岁的孙子跟着她。家里的生活靠老太太给人家纺织和采茶赚取。有一天，李老太带着孙子同邻里几个人一起去摘茶，突然一只猛虎从树林中蹿了出来，大家吓得魂飞魄散，一个个上树或是下水去逃避。老虎冲过来一下子就咬住了小孩。李老太见孙子落入虎口，就对着老虎痛哭起来，详细地述说自己一生悲苦孤寡的命运，并对老虎说："你如果吃了我孙子，我家就绝后了。你不如吃了我，留我孙子一条命，让他续下香火。老虎您如果有知觉，请可怜可怜我们吧。"老虎听了老人的哭诉后，露出惭愧的样子，随后放下小孩迅速离去了。

这两个故事都说明当时一个被人雇用的纺织女工，可以用所得佣资，勉强保证家庭的温饱，反映出由于宋代手工丝织业兴盛，雇工是相当普遍的，许多拥有多架织机的"机坊"大量雇用工匠来弥补家庭劳力的不足。而一些人靠养蚕织帛作为根本的谋生手段，在全国各地都存在。史载，汴京和临安，每天都有各种包括织工的杂货工匠等待被雇用；成都府的东桥上，每天都可看到等待有钱者雇其充役的村民；饶州鄱阳县有的村民"为人织纱十里外，负机轴夜归"。

故事之五：秦观写《蚕书》

大家可能对秦观这个名字较为陌生，但以其字少游称之，基本上就人尽皆知了。他是民间广为流传的《苏小妹三难秦少游》故事里的主人公，江苏高邮人，北宋时期著名诗人，在出仕以前，曾到过许多地方。他在青州、徐州、兖州一带游历时，看到蚕桑业呈现出"一妇不蚕，比屋罥之"的盛况，回家后有感这些地区蚕业的发达以及技术的高超，并出于对江浙地区蚕桑业的关心，就写出一部《蚕书》，期望南方人学习和借鉴。

《蚕书》为现存最早的蚕桑业专著，内容分为种变、时食、制居、化治、钱眼、锁星、添梯、车、祷神、戎治十题。"种变"记蚕的浴种及孵化；"时食"记蚕的喂养和眠化；"制居"记养蚕用具及作茧；"化治"记煮茧、素绪及添绪的工艺过程；"钱眼"为集绪装置；"车"是脚踏式的北缲车及其结构和传动；"祷神"记述蚕神祭祀仪式；"戎治"是根据唐史所载，记述了唐时蚕桑技术向西域传播中的一个传奇性故事。此书主要价值是总结了宋以前以兖州为中心的北方地区蚕桑技术成就，其中尤以对缫丝方法和缫车形制的记载最为重要。

十一、文物中的宋代丝绸

迄今出土的宋代丝绸文物是非常多的。仅20世纪70年代一次出土数量较多的就有：福建省福州市南宋黄昇墓出土丝织品和衣物398件；江苏金坛的一座南宋墓中出土丝织品和衣物共50余件；江苏武进的一座南宋墓出土丝织品和衣物的残片20余件。在出土的宋代丝织品中，花色品种计有锦、绫、罗、纱、縠、绮、缂丝等几大类的品种。在各大类丝织品种中，又有若干花色品种。在出土的这些宋代丝绸中，有不少创新的花色品种，表明织造工艺水平有了进一步提高。

宋墓中出土的绫比较多。通过对宋代绫织物进行分析，发现宋代的异向绫和同向绫均较唐代有所变化和发展。如湖南何家皂宋墓出土的绫，是一种平纹地上纬浮显花的绫织物。宁夏西夏陵区出土的绫，却是一种斜纹地上显花的绫织物。在发掘的所有宋墓中，几乎都发现有交梭绫，而且这种绫又分为若干花色品种。如湖南何家皂宋墓出土的金黄色方格小点花交梭绫残片，属于平纹显花类的交梭绫。福州黄昇墓出土的菱形菊花绫，属于纬浮显花类的交梭绫。同墓出土的一件黄褐色长春花交梭绫，虽然也属纬浮显花类的交梭绫，但织造技艺与前者的织造技艺有些不一样，区别之处是在花部交织规律与前者交梭绫不同。江苏金坛南宋周瑀墓出土的一些绫，从组织上来看与平纹显花类交梭绫完全一致，但由于纬丝粗细相同，亦可用一只梭子织造。

　　宋墓出土的罗织物花色品种也是非常多的。如按花、素类型分，可分为素罗织物和花罗织物。素罗是指经纱起绞的素组织罗，经丝一般有弱捻，纬丝无捻。根据绞经的特点，素罗又可细分为二经绞罗、三经绞罗和四经绞罗等品种。宋墓出土的三经绞罗和四经绞罗较多，如在常州的宋墓、金坛南宋周瑀墓和福州南宋黄昇墓中，均有发现。花罗是罗地起出各种花纹图案的罗织物，也称提花罗，属于名贵的罗织物品种。宋墓出土的花罗有平纹花罗、三经绞花罗，二经浮纹罗等几类花罗品种（图30）。如按起绞类型，还可分为无固定绞组和有固定绞组两类。无固定绞组罗的特点是四经绞作地，二经绞起花。

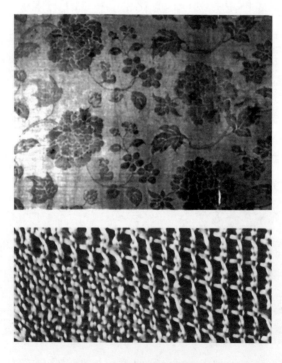

图30　南宋黄昇墓出土褐色牡丹芙蓉花罗及组织放大图

纱织物在江苏金坛南宋墓、福州南宋黄昇墓、江苏武进南宋墓、宁夏西夏陵区108号宋代墓中均有发现，以黄昇墓出土的纱织物最多。其中最具代表性的轻纱，经线密度为每厘米20根、纬线密度为每厘米24根，经纬丝投影宽度均为0.08毫米，透孔率为84%，边组织是平纹，边部经线密度为每厘米81根。边部加密既是为了便于织造，也是为了保持布面的幅度，以利于裁剪成衣。

縠织物在福州南宋黄昇墓中也有发现。在黄昇墓中出土的绉（縠也称为绉纱），经线密度为每厘米28—30根、纬线密度为每厘米20根，经丝宽度为0.04毫米、纬丝宽度为0.05毫米，经丝采用Z捻和S捻按6∶2相间排列，形成的绉纹在6根Z捻经丝处，比较密实，在2根S捻经丝处，比较稀疏，不规则的孔眼较大，因此在表面很明显地可以看到经丝作弯弯曲曲的波纹状。黄昇墓出土的绉的这种经纬密度稀疏的皱纹效果，比汉唐时期出土的绉纱织物更美观。

绮织物在武进宋墓、江苏金坛南宋周瑀墓和福州南宋黄昇墓中，均有发现。武进宋墓出土的米字纹绮，是宋代流行的绮织物。米字纹绮正面以经丝起花，背面为纬浮花，地部为平纹组织，经线密度为每厘米42—44根、纬线密度为每厘米44根，花形以四方菱形线条布满套叠，菱形内有四瓣风车形图案，在分瓣处嵌有大小不同两种椭圆点。这种图形呈米字状。用浮长不等的斜纹组织组成的米字方格纹绮，花地非常清晰，反差对比性强，显花效果极佳。在武进宋墓中，还出土了一种折枝菊梅纹绮，其花组织中一梭织平纹，另一梭是四枚纬浮花，用这种基本组织组成中小型单枝菊和单朵梅花的两个折枝花纹。花纹布满全幅。福州南宋黄昇墓，出土了各种不同纹饰的绮，共有20余种，其中比较突出的品种有黄褐色平地长春花余料和浅绛色平纹地菱形菊花绮残片等。长春花纹绮采用纬线显花，其花纹突出，光泽反映明亮，织物表面有明暗双色的效果。菱形菊花绮残片的花地差别非常明显，因此使变形菊花纹十分精美逼真，富有丰硕、淳厚之感。

十二、典籍中的宋代丝绸

宋王朝以前，全国即已形成三大蚕桑生产区域：黄河流域、四川盆地及长江中下游。在这三大产区中，黄河流域的生产水平虽一直处于领先位置，但由于中唐至五代时期北方战乱频频，蚕桑生产极不稳定。相对而言，长江流域却比较安定。北方的民众为求生路，纷纷渡江南下。据统计，北宋初年全国3000多万户人口中，南方即有2000多万户，已是北方人口的两倍。北方南下的民众不仅为南方经济提供了大批劳动力，而且带去了先进的生产技术，使长江以南的纺织业发展得到比北方更快的发展，全国丝绸生产整体呈南盛北衰的态势。至南宋起，南方尤其是华东沿海地区丝绸生产能力全面超越北方，所以我们现在一提起中国的丝绸，自然便会想到江苏和浙江沿海数省。

北宋时，尽管北方地区饱经战乱，但当时的政治文化中心仍是在北方，而且黄河流域有着非常悠久的蚕桑生产传统，所以屡遭破坏的蚕桑生产仍旧保持了一定的规模。据《宋史·地理志》记载，北宋中期全国二十四路中上贡丝织品的地方有：京畿路的开封；河北东路的大名、沧州、冀州、瀛州、保定等；河北西路的真定、相州、定州、

邢州等；京东西路的应天、袭庆、徐州、曹州、郓州等；京东东路的
齐州、青州、密州、淄州、淮州；淮南路的常州、宿州、海州等；两
浙路的临安、越州、平州、润州、明州、瑞安、睦州、严州、秀州、
湖州；成都府路的益州、崇庆、彭州、绵州、邛州；梓州路的怀安、
宁西、梓州、遂州；利州路的洋州、阆州、篷州；福建路的泉州；广
南路的韶州、循州、南雄；秦凤路的西安、渭州。可见北方诸路基本
都有丝绸生产，且工艺水平不低，故可作为贡品上供朝廷。如果说上
述记载过于简单，不够翔实，那么《宋会要辑稿》中所记北宋中期全
国各路岁收丝绸的数字，则量化地反映了当时各地区的生产情况。

另据史料记载统计，北宋时期，包括京东东路、京东西路、河
北东路、河北西路、河东路等的黄河流域产区，丝织品生产总量约
占全国生产总量的25%，其中各类丝织品的平均产量，则占30%以
上；包括淮南东路、淮南西路、两浙路、江南东路、江南西路、荆
湖北路、荆湖南路等的长江流域产区，丝织品生产总量占全国生产
总量的50%以上，其中仅两浙路所产就稍高于黄河流域；而以成都
府路、梓州路为主的四川产区，丝织品生产总量占全国生产总量的
1/4以下。这些数据表明，在北宋时南方的蚕桑生产就已超越北方，
但这种超越只是数量上的超越，在工艺技术方面似乎北方仍然保持
着一定优势。因为北方的锦、绮、鹿胎、透背等高级丝织品和杂色
染帛的产量占全国生产总量的70%左右，远远高于其他产区，而长
江中下游地区的丝绸总产量尽管已是北方的2倍多，但所产多为罗、
绢、絁、纱、縠等中低档丝织品，说明此时南方蚕桑丝绸生产正处于
高速发展期。

北宋后期，金兵占领中国北部国土，北方大部分地区又一次遭到战争摧毁，蚕桑生产处于停滞不前甚至倒退的状况。据《金史》记载，当时黄河流域只有中都路的涿州贡罗、平州贡绫，山东西路的东平府产丝、棉、绢、绫、锦，大名府路的大名府贡绢、縠、绢，与《宋史·地理志》所载北宋中期的情况相差甚远。而此时南方，特别是长江中下游流域却相对安定，蚕桑生产发展势头不减。由于缺少北方黄河流域蚕桑生产的详细资料，有研究者根据对《宋会要辑稿》所载南宋势力范围内诸路合发布帛数的统计，将长江中下游流域和四川地区在不同时期的几类丝织物产量做了比照说明（见表1）。

表1 不同时期长江中下游流域和四川地区丝绸产量比照（单位：匹）

	锦绮类	罗类	绫类	绢类	絁类	紬类	合计	丝绵类（两）
北宋长江流域	13	78247	6557	3184108	29810	546657	3845392	5356217
北宋四川地区	1898	1942	38768	938568	1893	236747	1219816	3674208
倍数（长江/四川）	0.007	40.306	0.169	3.393	15.747	2.309	3.152	1.458
南宋长江流域	—	21124	31196	1438744	3000	85760	1579824	1946988
南宋四川地区	1880	45	34233	73902	—	860	110920	20040
倍数（长江/四川）	—	469.422	0.911	19.468	—	99.721	14.243	97.155

表中数据显示，南宋时期，尽管全国丝绸总产量由于棉花的兴起而呈大幅下降趋势，但长江中下游流域的丝绸产量所占比重却更显突出。北宋时其产量只是四川地区的3倍多，南宋时飙升到14倍多；各类丝织品中，除锦、绮、绫外，罗、绢、紬、丝绵等长江中下游流域的产量，在南宋时已是四川地区的几十倍，甚至近百倍。相对安定的四川地区，蚕桑生产差距尚且被大幅度拉大，战乱中的北方地区当然亦然。这些数据表明中国蚕桑生产从黄河流域向长江以南广大地区长达几个世纪的转移，在南宋时期终于结束，并奠定了明清以至现代江苏、浙江两地丝绸兴盛发达不可动摇的格局。

十三、故事中的明清丝绸

故事之一：施复靠养蚕织绸发家致富

嘉靖年间（公元1522年—1566年），苏州的盛泽镇上有一人，姓施名复。他的家中置办了一张织机，每年养几筐蚕儿，妻络夫织，日子过得还算惬意。这镇上都是温饱之家，织下绸匹，必积之十来匹，最少也有五六匹，方才上市。而镇上的大户人家，因织得多便不上市，都是牙行引客商上门来买。那施复是个小户儿，本钱少，织得三四匹，便去市集卖出。施复有一手好的养蚕技术，他养的蚕很少坏茧，所缫之丝束，细圆匀紧，洁净光莹。织出的绸光泽润滑。拿到市场售卖，买的人都增价竞买，通常每匹可以多卖些许银子。因买卖顺利，几年间就增上三四张绸机，家里的生活愈加富裕。不过夫妇依旧省吃俭用，仍昼夜辛勤经营，不到十年，家里就有数千金积蓄，于是又买了左近一所大房屋居住，开起三四十张绸机。

这个故事出自明代话本小说《醒世恒言》中"施润泽滩阙遇友"一篇。小说里还有一段有关该镇丝绸交易盛况的描写："那市上两岸绸丝牙行，约有千百余家，远近村坊织成绸匹，俱到此上市。四方商贾来收买的，蜂攒蚁集，挨挤不开，路途无驻足之隙。乃出产锦绣之乡，积聚绫罗之地。江南养蚕所在甚多，惟此镇最盛。"这一方面反映出南方城镇丝织交易的繁荣景象，另一方面也说明当时丝绸生产日益商品化，刺激了丝织生产技术的改进和提高，丝织业生产者不但能解决温饱，勤俭、有独到技术者还可靠它发家致富。

故事之二：林洪创制改机

明代不仅蚕桑丝绸生产发达，商品化程度也非常高，一些聪明的商人为寻求更高的利润，想方设法创制一些新的产品。大致在弘治年间（公元1488年—1505年），福建一个叫林洪的纺织作坊主，不仅买卖做得好，还谙熟高超的纺织技术。他有感福建所产贵重织锦，远不如吴地所产，遂从审视吴中和其他地方的织造工艺入手，大胆地将缎机上的五片综改为四片，并毅然淘汰外观华美的缎组织，以精美适用为产品方向，将凡是属于平素制品的，皆采用平纹、斜纹或二者的变化组织；属于提花制品的，则视花纹之繁简确定；若为单层和花纹较简的，亦采用平纹、斜纹或二者的变化组织；若文彩复杂和花部较厚，则采用纬二重组织。新产品因精美适用，一经面世，立即受到达官显贵的追捧，自己的作坊也获得非常高的效益，成为行业羡慕的对象。

根据研究，林洪创制的改机，应是由平纹和斜纹组织组合变化，显现纬浮花纹的单色暗花或闪色提花织物。它采用锦类的重组织结构，大多数为纬二重，少数为经二重、纬二重的复杂组织。其外观似绸，质薄。纹样以云纹居多，配色多用闪色。品种有妆花、织金、素色、闪色等几种。

故事之三：大奸臣严嵩家里的高档丝绸

严嵩是明代的一个权高位重的奸臣，他大权在握时，结党营私，陷害同僚，贪赃纳贿，而他的党羽和子孙更是跋扈骄奢，横行朝廷。严嵩的专权乱政，使明王朝的国力衰弱，边疆防御受到严重破坏，人民惨遭蹂躏。他晚年的时候，因儿子严世蕃犯罪，使其恶迹败露，皇帝下诏将他罢职，削籍为民，家产被抄，奸党与家人被一一治罪。抄他家时，曾将其搜刮的家产列了一个清册，字数有6万多字。里面有大量金玉器皿、纺织品、陶瓷、文房四宝等十多种手工艺品以及大量宅院、良田的记录。清人根据明人凭吊严嵩的一句诗"太阳一出冰山颓"，将这本清册命名为《天水冰山录》，寓意是告诫当权者不要贪腐，所谓"太阳当空，冰山骤焕"，贪污妄法，必致倾覆。而在大量的纺织品类中，有匹段和衣服。其中匹段有：缎（包括织金妆花缎）9151匹、绢743匹、罗647匹、纱1147匹、䌷814匹、改机274匹、绒褐591匹、锦（包括宋锦、蜀锦、妆花锦）214匹、绫（包括织金绫）11匹、琐幅106匹、葛57匹、布（包括织金妆花丝布、云布、焦布、苎布、棉布）等7576匹。衣服有：缎衣334件、绢衣192件、罗衣145件、纱衣346件、紬衣89件、改机衣17件、绒衣113件、宋锦衣2件、蟒葛衣4件、貂裘衣11件、丝布衣23件。除此还有缂丝画补（包括纳绣和纳绒）、被褥、帐、幔、毡、毯等。这些纺织品列举的产地有：南京、潮、潞、温、苏的云素紬；嘉兴、苏、杭、福、泉的绢；松江的绫。

严嵩当政时，势倾朝野，其家人的一切穿着用度，唯务珍奇和昂贵。仅以当时变售严嵩搜刮的高档单色改机和各色绉纱为例，两者的市场价格每匹都是2两，而各色南京、潮、潞、温、苏、云素紬，每匹1.5两；各色嘉兴、苏、杭、福、泉等绢，每匹1两；各色松江土绫，每匹1.2两；各色云素纱，每匹0.6两；各色丝布生丝绢，每匹0.8两；各色大小绫土棉布，每匹0.365两；各色晒白刮白苎葛布，每匹0.3两；各色毛褐，每匹0.4两；各色碾光领绢，每匹0.3两。严嵩如此奢华的生活，一般士人和平民百姓只能空自艳羡。

故事之四：矢志务实之学的杨屾

杨屾是清初陕西兴平人。他生活的时代，读书人大都热衷于钻研"八股"时文，希望通过科举考试进入仕途。杨屾却与当时很多知识分子所走的道路不同。他自读书时起，即抛弃时文，矢志务实之学，认为读书人应该首先懂得农业生产的重要。因此他在家乡设馆教学的时候，经常带领学生参加一些农事生产活动。当时关中地区的百姓生活贫困，度日艰难。杨屾见此情景，急在心里，时常思考解决对策，希望能寻找到一条新途径，以帮助乡民改善生活条件。某日，他醒悟到关中土地贫瘠固然是百姓生活贫困的原因之一，但最主要的是当地人只种粮食作物，不种棉花和麻类作物，更没人种桑养蚕。老百姓由于要穿衣，每年都要卖掉一半以上的粮食到外省换布，造成衣食皆缺，生活艰难。只要解决了穿衣问题，乡民的生活就会大大改善。自此以后，杨屾在家乡开始寻求适宜当地栽种的纺织原材料。棉花和苎麻是当时老百姓最主要的纺织原料，杨屾首先试种了这两种作物。虽然想尽办法，做了种种努力，但这两种作物的试种效果都不理想，以失败收场。试种失败令杨屾十分苦恼，但他并没有因此而放弃探索。有一次他重读《诗经·豳风·七月》"春日载阳，有鸣仓庚。女执懿筐，遵彼微行，爰求柔桑……蚕月条桑，取彼斧斨，以伐远扬，猗彼女桑"，深受启发。他考虑到既然古代陕西能够种桑养蚕，为什么现在反倒不能呢？自己平日在关中地区也见过一些零星生长的野桑，可能就是过去蚕桑生产的孑遗，而且在许多古农书上都有桑树适宜在各地栽植的记载。想到此，杨屾大受鼓舞，决心重振陕西的蚕桑事业。于是他离开家乡，到各地遍访种桑养蚕之法和缫丝织造工艺。杨屾学成回到家乡后，亲自动手进行养蚕和缫丝的实验。实验获得了成功，于是杨屾就开始在陕西地区推广蚕桑。杨屾的努力没有白费，先后十余年，家乡和周边的百姓通过互相仿效传习这项技术而大获其利。

　　杨屾为恢复陕西地区蚕织生产所做的贡献，受到了普遍称赞，还被记入史书。《皇朝经世文编》卷三七记载，至乾隆十六年（公元1751年）后，陕西"民间渐知仿效养蚕，各处出丝不少"。同书卷二八记载，当时"城固、洋县蚕利甚广，华阴、华州织缣子……凤翔通判张文结所种桑树最多，兴平监生杨屾种桑养蚕，远近效法亦众"。

故事之五：陈玉璧教民放养山蚕致富

乾隆年间，山东历城人陈玉璧初到遵义当知府时，看到当地人生活贫困，日夜思索利民方法。有一天，他看到漫山遍野的槲树，心想这不就是家乡的山蚕树吗，难道当地不适合野蚕生长吗？如果将野蚕种引过来，未必不是一个富民之道。于是他遣人归历城，买回山蚕种，亲自放养。第一年蛹不得出，失败了。第二年他将蚕子布于郡治侧面的小丘上，终获成功，收获了大量春蚕。他将这些春蚕分给附近乡民作为秋种放养。谁想到因为秋阳烈，乡民不知避，导致最后成茧十无一二。到了次年烘种，乡人又不谙薪蒸之宜，火候之微烈，蚕未茧皆病发，竟断种了。陈玉璧只得复遣人回历城重购蚕种。在乡民养这茬山蚕过程中，他不辞辛苦，陈其利病，事事亲身指导。待蚕大熟后，又遣蚕师四人，分散四乡。茧成后，他于城东诛茅筑庐，带领织师二人教人缫煮络导牵织之事。乡民如有不解，他口讲指画，虽风雨不倦。几年后，民间所获茧至800万，遵义地区也成为著名的养蚕织绸之地。至道光年间，遵义地区靠发展山蚕丝织业成为全省最富裕的地方，其山蚕丝织业不仅规模大、产量多，而且织制的"遵绸"享誉各省，竟与吴绫、蜀锦争价。

山蚕即柞蚕。我国古代对山蚕茧的利用至迟在汉代就已开始，但直到宋元之时还甚少有人工放养，文献对野蚕在山林中大面积结茧的记载，大多也是将其视为祥瑞而大肆渲染。宋元之后野蚕茧缫织之利始兴，山东的登、莱等地有了人工放养，至明末清初，野蚕放养技术逐渐成熟，山东一带放养数量日多，几乎与家蚕并重。康熙、雍正、乾隆三朝期间，山东柞蚕放养技术在全国得到推广。至清末，柞蚕丝已是重要出口物资，1895年中日《马关条约》签订前夕，康有为在北京公车集会，起草请愿书，文中主张以商兴国，就举了"山东制野蚕以成丝"，敌洋人之货，夺洋人之利的例子。

十四、文物中的明清丝绸

在现已发掘的明清时期墓葬中，出土丝织品数量最多的是万历皇帝的定陵。据统计，定陵出土文物有3000余件，丝织品占到1/5，是定陵出土器物中的大宗。这些丝织品按花色品种分，有锦、绫、罗、缎、纱、绸、绢、绒、改机、缂丝、刺绣11大类；按用途分，有匹料、袍料和成品。成卷的匹料有177匹；成品有467件，包括服饰385件，被褥34件，用品48件。其中最令人瞩目的是万历皇帝的缂丝十二章衮服（图31）、孝端皇后的罗地洒线绣百子衣（图32），以及妆花织物。

衮服是皇帝祭天地、宗庙等大典时所穿的礼服。十二章则是衮服上的十二种纹饰，分别为日、月、星辰、山、龙、华虫、宗彝、藻、火、粉米、黼（fǔ）、黻（fú）。日、月、星辰，取其照临之意；山，取其稳重、镇定之意；龙，取其神异、变幻之意；华虫，取其有文采之意；宗彝，取供奉、孝养之意；藻，取其洁净之意；火，取其明亮之意；粉米，取所养之意；黼，取割断、果断之意；黻，取其辨察、背恶、向善之意。这件衮服，上衣下裳相连，里外三层，以黄色方目纱为里，面为缂丝，中间衬层以绢、纱、罗织物杂拼缝制，通体缂制而成。缂织的纹样以十二章和十二团龙为主体，用孔雀羽、赤圆金钱及其他色彩的绒纬缂织，以蓝、绿、黄等正色为主，配以间色，共用色28种。它出土时带有绢制标签，上书"万历四十五年（公元1617年）……衮服"等字样，因此可以确定为目前所见的最早最完整的十二章衮服。

图31　定陵出土的缂丝十二章衮服

图32　定陵出土的罗地洒线绣百子衣

罗地洒线绣百子衣是皇后喜庆日穿的礼服，因上面绣有100个童子而得名。百子图取意"宜男子"象征多福长寿、多子孙。该衣上精致地绣有100个童子，以此象征皇室子孙历代永世兴旺。其绣底是一绞一纬的纱罗，在底料上采用各种针法，不露纱地连续循环的绣满菱形状纹饰，故衣服显得厚重。所用针法有抢针、铺平、平金、斜缠、盘金、松针、打子、扎针、数和针、刻鳞、订线等10余种。

妆花织物是定陵出土丝织品中最具时代特色和代表性的品种之一。所谓妆花，是采用多种彩纬，以挖梭技术显花的高级丝织物。由于采用挖梭显花，可以在不同地组织的织物上随意配色，故妆花织物色彩丰富，纹样丰富，可以自然逼真地充分表现各种图案效果。织造妆花织物，一般要由两名机工在花楼提花机上操作，即使两人配合默契，一天也仅能织二寸左右，可见妆花是一种耗时费工、技术繁杂的织造工艺。不过妆花产品精美，使其呈现较高的艺术观赏性，明清两代官办织局都是不惜工本大量织造。定陵出土的妆花，成衣和匹料中都可看到，有妆花缎、妆花纱、妆花绸、妆花罗四个品种，其中匹料中有一半多都是妆花。在妆花料中有一织金妆花缎龙石肩通袖直身袍料，其满妆花不露地，分前后襟肩通袖、接袖、大襟和衣领等十二部分。其上的龙纹，威武庄严，与其他金翠彩纹交相辉映，将皇家颐指气使至高无上的气派彰显得一览无余。

在存世的绘画文物中也经常可以看到明清丝绸的盛景。辽宁博物馆藏有一幅乾隆间院画派画家徐扬风俗画《盛世滋生图》(图33，又称《姑苏繁华图》)，从中可以看到当时苏州市内丝绸商业相当兴旺。在此画的画面上，街道商家鳞次栉比，市招林立，有丝绸店铺14家，

图 33 《盛世滋生图》局部

棉花、棉布业23家，染料染业4家，蜡烛业5家，酒业4家，凉席业6家，油漆、漆器业5家，衣服鞋帽手巾业14家，书字画文化用品业10家，灯笼业5家，竹器业4家，窑器瓷器业7家，粮食业16家，钱庄典当业14家，酒店饭馆小吃等饮食副食业31家，医药业13家，烟草业7家，南货业5家，洋货业2家，柴炭行3家，皮货行1家，麻行1家，猪行1家，果品业2家，乐器店1家，船行3家，茶室6家，澡堂1家，客栈业3家，其他行业11家，完整地再现了古城苏州市井风貌。其中丝绸业所张市招分别是：绸缎庄、绵绸、富盛绸行、绸缎袍挂、山东茧绸、震泽绸行、绸庄、濮院宁绸、绵绸老行、湖绉绵绸、山东沂水茧绸，发客不误，上用纱缎、绸缎、纱罗、绵绸，进京贡缎、自造八丝、金银纱缎，不误主顾，绸行、缎行、纱行、选置内造八丝贡缎发客，汉府八丝、上贡绸缎，本号拣选汉府八丝、妆蟒大缎、宫绸茧绸、毕吱羽毛等货发客，本店自制苏杭绸缎纱罗等绵绸梭布发客。从画面上看，这些店铺门面规模宏大，说明各店的资金都非常雄厚，经营的丝绸商品数量庞大。从它们各店上述所标示的丝绸名称看，经营的丝绸品种相当多。

十五、典籍中的明清丝绸

明清时期，由于棉花的普遍种植，蚕桑丝绸生产整体呈下滑的趋势，不过全国许多地方，尤其是一些地区的官私丝绸手工业仍保持着很好的发展势头。

明代官府丝绸手工业极为庞大。据《明会典》记载，朝廷在中央和地方设立众多的官营织染机构。中央直属的有四个织染局，北京设有一个，称外织染局，有"掌印太监一员，总理签书等数十员"，专门掌染御用及宫内应用缎匹、绢帛之类。南京设有三个，其中一个隶属工部，称内织染局，有织机300余张，军民工匠3000余名，生产供皇室使用的丝绸。另两个隶属司礼监，规模均不大，称神帛堂和留京供应机房。神帛堂有织机40余张，食粮人匠1200余名，生产的丝绸主要供祭祀和犒赏之用。留京供应机房主要是从内织染局取料加工。京师以外设置的织染局有21个，计有：浙江的杭州府、绍兴府、严州府（今建德梅城）、金华府、衢州府、台州府（今浙江临海）、温州府、宁波府、湖州府、嘉兴府，福建的福州府、泉州府，南直录的镇江府、苏州府、松江府、徽州府（今安徽歙县）、宁国府（今安徽宁国）、广德州（今安徽广德），山东的济南府。设置布政司的有：江西布政司、四川布政司、河南布政司。这些外设置织染局规模，以苏州织造局和杭州织染局为大。史载，嘉靖年间，苏州织造局有房屋245间，内织作87间，机杼共计173张，掉落作23间，染作14间，打线作72间，各色人匠计667名。永乐年间（公元1403年—1424年），杭州织染局有房屋120余间，分为织、罗二作坊。

官营工场规模如此之大，每年生产的丝绸当然也是相当多的。据《明史·食货志》记载，明初，苏、杭、松、嘉、湖五府造有常额。天顺四年（公元1460年），遣中官往苏、杭、松、嘉、湖五府于常额外增造彩缎7000匹；正德元年（公元1506年），令应天、苏、杭诸府造17000余匹；隆庆年间（公元1567年—1572年），添织渐多，苏、松、杭、嘉、湖岁造之外，又令浙江、福建、常、镇、徽、宁、杨、广德诸府分造缯万余匹。万历年间（公元1573年—1620年），频数派造，岁至十五万匹，相沿日久，遂以为常。另据记载，万历七年（公元1579年），苏州、松江水灾，地方财政窘迫，给事中顾九思等人请示朝廷召回监督织造局的内臣中官，让百姓休养生机。明神宗最初不允，后经大学士张居正竭力陈述灾情，明神宗才勉强答应，但不久又派中官催督。张居正死后，朝廷除向江南五府索取定额以外的丝绸外，又令福建、安徽诸府增造万余匹。万历三十三年（公元1605年），皇帝用袍、缎16000余套、匹，又婚礼缎9600余套、匹。该年，内府新派改缎18万匹。

清代丝绸官局数量远不及明代，仅设有四个，即北京的内织染局，江南的江宁局、苏州局、杭州局。虽然数量少，但江南三局规模远远胜过任何一个明代官局。

北京的内织染局在清代四个丝绸官局中是最小的一个，隶属内务府。最初有织机32架，织绣匠、挽花匠、纺车匠、织匠、染匠、画匠、屯绢匠等825人。乾隆十六年，织机增至60架。所织皆为御用缎品，康熙四十七年（公元1708年）"岁造缎纱三十八匹，青屯绢二百匹"。雍正七年（公元1729年）"改织暗花屯绢、宁绸、官绸、八丝缎袍挂各料"。道光二十三年（公元1843年）裁撤。

江宁局创设于顺治初年，主要织造供宗庙祭祀、封赠之用的缣、帛、纱、縠等丝织品。最初织机数量不是很多，史载，顺治八年（公元1651年）设神帛机30张，年织帛400端。康熙时，织机数量骤增，有诰机35张、缎机335张，部机230张，年织帛额定也变为2000端。雍正三年（公元1725年）时，有缎机365张，部机192张。乾隆十年（公元1745年）时，有织机600张，机匠及其他役匠2547名。乾隆四十三年（公元1778年）时，江宁局原额定生产的2000端缣帛，已远远不能满足各坛庙陵寝祭祀及衣用之需，遂又改为每年由礼部核定数目，由江宁局如数织造。

苏州局建于顺治三年（公元1646年），分为南北两局。南局名总织局，亦称织造府或织造署，现藏苏州博物馆的苏州织造局碑，记录了南局规模，碑文云："按姑苏岁造，旧时散处民间，率则塞责报命，本部深悉往弊，下车之后议以周戚畹遗居，堪为建局。具题得合旨，今创总织局前后二所，大门三间，验缎厅三间，机房一百六十九间，处局神祠七间，绣缎房五间，染作房五间，灶厨菜房二十余间，四面围墙一百六十八丈，开沟一带，长四十一丈。厘然成局，灿然可观。亟图立石，以垂永久。"北局名织染局，以明织染局旧址改建。顺治、康熙年间，苏州局有缎机420张，部机380张。雍正三年时，有缎机378张，部机332张。乾隆十年时，有织机663张，机匠及其他役匠2175名。织造的产品分为上用和官用两种，系龙衣、采布、锦缎、纱绸、绢布、绵甲及采买金丝织绒之属。康熙二十三年（公元1684年），在织造署西侧建行宫，作为皇帝"南巡驻跸之所"。（图34）

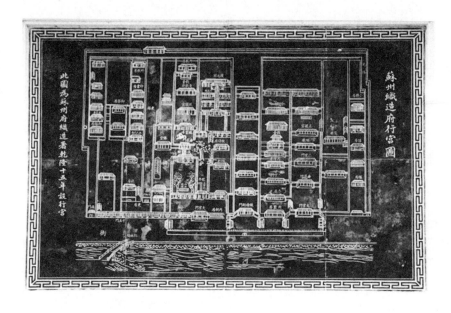

图34 苏州织造府行宫图

杭州局是顺治四年（公元1647年），由工部右侍郎陈有明在明代杭州织造局旧址上督造重建的。新织局有"东西二府，并总织局机、库房三百零二间，修理旧机房九十五间"。顺治初有"食粮官机三百张，民机一百六十张"。康熙时，有缎机385张，部机385张。雍正三年时，有缎机379张，部机371张。乾隆十年时，有织机600张，机匠及其他役匠2230名。顺治初年主要织造皇帝及皇室成员的礼服，康熙四年（公元1665年）又织造仿丝绫、杭紬等项。

　　江南三局重建之初，督理织务的织造官员，曾一度由太监担任。顺治三年改以工部侍郎一员总理织务，选派内务府郎官管理。织造官的权限和地位颇为特殊，虽名曰织造，实为皇帝的耳目，不单单负责向朝廷提供锦缎，还要经常向皇帝报告当地官员和平民的动向，故织造职位一直由皇帝亲信担任。以江宁织造局为例，雍正以前，江宁织造一直由曹姓家人曹玺、曹寅、曹颙、曹頫把持。康熙六次南巡，五次以曹寅织造府作为行宫，四次指令曹寅接驾，由此可见皇帝宠信曹家的程度非同一般。另据红学专家考证，曹寅是曹雪芹的祖父，《红楼梦》中所描写的众多人物关系，很多是出自"江南三织造"，如曹雪芹的舅祖李煦曾担任苏州织造之职，曹寅的母亲孙氏，来自杭州织造孙文成的孙家。"江南三织造"同是包衣之家，又是亲戚关系。三大织造的关系基本定位了《红楼梦》中曹家的人物。

　　江南三局经费的来源，完全靠工部和户部指拨的官款，其中工部拨款占55%，户部占45%。实际费用每年增减不一，从总体看，雍正至道光年间呈逐年递减的趋势，如雍正三年江南三局的实际费用为21万余两，嘉庆十七年（公元1812年）仅为14万两，咸丰元年（公元1851年），江宁局和苏州局因织造停减而不曾用掉的额定经费有20余万两。递减的缘由，是内务府和户部两处的缎匹库存达饱和状，不论是上用缎匹和赏赐缎匹都已过剩，其中仅以积存的杭紬一项，就足支百年之用。太平天国以后则呈逐年递增的趋势。递增的缘由，一是江南三局先后受到战争破坏，生产不能正常进行，江宁局甚至停产了很长一段时间；二是朝廷在战争中大量支出，入不敷出，库存消耗殆尽。在光绪三十年（公元1904年），清政府终因财力不支，不得不将江宁织造局裁撤。江宁局的消亡，标志着清代官办手工业的衰落。苏州、杭州两织局则随着清亡而终结。

江南三局中的各色匠人来源有两种方式。一种是织局按照额定编制人数招募而来。这类工匠雇募到局应差后，织局提供口粮，如不被革除，不仅可以终身从业，而且子孙可以世袭。不过他们不能随意与织局解除雇佣关系，如有过失往往还要遭受鞭刑，已非完全自由的劳动者。一种是织局占用民间资源，将民间大批机户、机匠划归自己管理的"领机给帖"方式。所谓的"领机"是指由织局拣选民间熟谙织务的机户、机匠，承领官局的织机；"给帖"则是承领者将姓名、籍贯和领用的机子类型、台数在织局造册存案后，织局发给官机执照。机户、机匠一经拿到执照，即成为织局的机匠，又称"官匠"，每月可以从织局领取工银和口粮。每年朝廷织造任务下来后，织局预先买好原料，令下属的机匠向织局领取，同时让告诉机匠交纳成品的时间。雇工进局使用官机，既简化了管理，又保证了官局织造任务的顺利完成。

明清时期民间丝绸手工业的重点产区，北方基本上只有山东一地，南方则有江苏、浙江、福建、广东等地。

当时山东地区丝绸生产情况，据万历《山东通志》记载"洛阳以东，泰山之阳为兖……膏壤千里，宜禾、黍、桑、麻，产多丝绵布帛"，表明当时山东的蚕桑生产面积是比较大的。入清后淄博的周村成为"天下之货聚焉"的大镇，进一步带动了周边地区的蚕桑丝绸生产。光绪《临朐县志》记载，"农勤耕桑，习织纴（rèn），赋税乐输"，"绢、山绸、绵绸皆织自土人杼轴……织之利最大……一机可赡数人。境有千机，民无游手矣"。《临朐续志》载："邑人养蚕，其来甚久，种桑之田，十亩而七，养蚕之家，十室而九。"可见鲁中一带乡民一年之需多仰仗于蚕桑丝绸。

当时南方地区的丝绸生产，尤以江浙最盛。

江苏重要的丝绸产区是环太湖一带的区域。据顾禄《清嘉录》卷四记载："环太湖诸山，乡人比户蚕桑为务……三四月为蚕月……自陌上桑柔提笼采叶……小满乍来，蚕妇煮茧，治车缫丝，昼夜操作……茧丝既出，各负至城，卖与郡城隍庙前之收丝客。每岁四月始聚市，至晚蚕成而散，谓之卖新丝。"而位于这个区域内的震泽镇则是闻名全国的蚕桑丝绸生产重镇。乾隆《震泽县志》卷四载：震泽的"绫绸之业，宋元以前，惟郡人为之。至明（洪）熙、宣（德）间，邑民始渐事机丝，犹往往雇郡人织挽。成（化）、弘（治）以后，土人亦有精其业者，相沿成俗"。于是镇泽镇及其附近各村居民，"乃尽逐绫绸之利"。同书卷二五载：震泽在"元时村镇萧条，居民数十家，明成化中至三四百家，嘉靖间倍之，而又过焉"。到明末时，这里变成"货物并聚，居民县二三千家"的丝绸业名镇。《皇朝经世文编》卷三七唐甄《惰贫》载"震泽之蚕半稼"，表明震泽镇的蚕桑丝绸业在明代时有了很大的发展，到清代前期时，当地养蚕收入与种植谷物的收入相当。

浙江的丝绸产区以杭州、湖州、嘉兴三地为重点。史载，其时的杭州地区，"桑麻遍野，茧丝棉苎所出，四方咸取给焉"。蚕桑生产之普遍，甚至连乔司观音堂的和尚"亦在开田栽桑"。以致康熙三十五年（公元1696年）时，康熙在《桑赋》序中有这样的感慨："朕巡省浙西，桑林被野，天下丝缕之织，皆在东南，而蚕桑之盛，惟此一区。"其时的湖州地区，"宜桑，新丝妙天下"，"湖民以蚕为田，故谓胜意则增饶，失利而坐困"，"尺寸之堤必树之桑……富者田连阡陌，桑麻万顷……田中所入，与蚕桑各具半年之资"。"丝……（湖州府）属县俱有，惟出菱湖、洛舍为第一。"归安之"诸乡统力农，修蚕绩，极东乡业织，南乡业桑菱……菱湖业蚕，捻棉为紬尤工"。"丝出归安，德清者佳……况湖所产莫珍于丝绵。""湖丝惟七里者尤佳，较常价每两必多一分。""细丝，今归安乡村处处有之，不独七里也。"乌程之地"桑叶宜蚕，县民以此为恒产，傍水之地，无一旷土，一望郁然"。蚕桑生产之盛，对湖州人影响之深，如唐顺之在《荆川先生文集》卷一五里所述："湖俗以种桑为业，而（茅）处治生喜种桑，则种桑万于唐家村上。"这些记载表明，当时湖州不少地方所产的蚕丝不但量多，而且质优。另据史载，其时的嘉兴地区，"地利树桑，人多习蚕务者，故较农为差重"，"近镇村坊，都种桑养蚕"，"以蚕代耕者什之七"，"蚕桑组绣之技，衣食海内"，表明当时嘉兴地区种桑面积很大，绝大多数人都从事蚕桑生产。以康熙时嘉兴石门县为例，当时"石邑六乡官民及抄没桑共计六万九千四百余株，迩来四郊无警，休养生息，民皆力农重桑，辟治荒秽，树桑不可以株数计。"由于种桑树多，养蚕也随之增加，当时"石邑田地相埒，故田收仅足支民间八月之食，其余月类易米以供。公私仰给，惟蚕息是赖，故蚕务最重"。由于石门县蚕桑业发达，濮镇成为远近闻名的蚕丝贸易中心，该镇蚕丝贸易兴旺景象，在胡琢《濮镇纪闻》卷首"总叙"里有描述："于五月新丝时……亟富者居积，仰京省镳至，陆续发卖，而收买机产……俱集大街，所谓永乐市也。日中为市，接领踵门。"

浙江的杭、嘉、湖三地所产的茧丝还行销全国各地。康熙《石门县志》卷二引《万历县志》记载，石门县"地饶桑田，蚕丝成市，四方大贾，岁以五月来贸丝，织金如丘山"。张瀚《松窗梦语》记载，杭州"茧、丝、绵等之所出，四方咸取给焉，虽秦、晋、燕、周大贾，不远千里而求罗、绮、缯、帛者，必走浙之东也"。另据朱国桢《涌幢小品》记载，明代时湖丝声名鹊起，"唯'七里'尤佳，较常价每两必多一分。苏人入手即织，用织帽缎，紫光可鉴。其地去余镇（南浔）仅七里，故以名"。汪日桢《南浔镇志·物产》记载，南浔镇"每当新丝告成，商贾辐辏，而苏、杭两织造，皆至此收焉"。湖丝是指环太湖周边的江苏和浙江一些地区所产的蚕丝的统称，湖丝不但产量很多，而且质量较佳，其中尤以"七里丝"最为有名，所以外地许多地方不少商人都到湖丝产地采购，运到其他地方去销售。关于这方面的情况，除了上面的文献所记，还见于其他文献。例如，徐献忠《吴兴掌故集》记载：吴兴"蚕丝物业，饶于薄海，他郡邑借以毕用"。《岭南丛述》引《广州府志》记载：广东产的粤缎"必用吴蚕之丝"，所产的粤纱"亦用湖丝"。乾隆《赣州府志》卷三"物产"记载：江西会昌安远的名产"葛布"，是在织造时"以湖丝配入"而织成。乾隆《潞安府志》卷三四"艺文续"记载：潞州名产潞绸，所用蚕丝原料都是从四川购买的蚕丝和从江浙购买的湖丝。光绪重刊《嘉庆江宁府志》卷十一"风俗物产"则说："江宁本不出丝，皆买丝于吴越"，亦说明南京官办织局所用丝织原料是从浙江买来的湖丝。在王世懋的《闽部疏》、弘治《八闽通志》卷二五"福州府"和周之琪《致富奇书》里，均曾提到福建漳州、福州所产倭缎、纱绢等丝绸名产，所用之蚕丝"独湖丝耳"。此外，在周之琪《致富奇书》中有这样的记载："苏州之丝织原料，皆购自湖州。"崇祯《松江府志》卷六中有这样的记载："松江织造上贡吴绫等之原料，浙产为多。"

从上述文献记载中，可以看出明代环太湖周边的江苏和浙江的一些地方所产的湖丝既多又好，也反映出当时这些地区蚕桑业之兴盛和在全国蚕桑生产中的重要地位。

历代麻、毛、棉纺织生产篇

在元代以前，棉花除西南和新疆等边陲地区有利用外，各地均不出产棉织品。称为"布"的纺织品，主要是指前文说的麻类织物，所以《尔雅》中有"麻、紵、葛曰布"之说。我国利用麻类纤维纺织的历史要比养蚕织帛更为久远，而且由于麻织布是庶民日常穿用的布料，与广大人民生活有着密切的关系，所以往往又把庶民称为"布衣"。而在明代以前，动物的毛纤维是仅次于丝、麻纤维的重要纺织原料。棉花则是因其具有许多优异的纺织性能，在宋元以后，才取代了葛麻纤维，成为和蚕丝一样重要的大宗纺织原料。麻、毛、棉的纺织生产，在古代很长时期中对国民经济和民众物质生活产生了举足轻重的影响。

一、麻类纤维纺织的起源

我国原始社会早期用于纺织的植物纤维原料，主要是人们随意采集的野生植物茎皮纤维。到了新石器时代中期，随着原始农作、畜牧技巧和手工技巧的出现，人们对蔽体御寒有了更高的质量要求，进而产生了对野生植物纤维的原始优选和人工种植的倾向，逐步更多地选用或种植某些优良品种，作为主要的植物纤维纺织原料。一些考古出土的文物提供了这方面的佐证。

从考古发掘资料看，我国早期纺织植物纤维原料主要有大麻、葛藤、苎麻、苘麻等植物茎皮纤维。例如，1975年在浙江余姚河姆渡一处距今7000年以前规模相当大的新石器时代文化遗址中，发现苎麻绳和苘麻绳以及一些无法详细鉴定其科属的某些野生植物纤维制成的绳头和草絚（gēng）。1981年—1987年，在郑州荥阳青台仰韶文化遗址中，发现麻纱、麻布和麻绳。又如，1958年在浙江吴兴钱山漾良渚文化遗址中，发现用苎麻材料搓成的双股和三股的粗细麻绳。这三处文化遗址出土的用植物韧皮制成的绳索，说明我国在新石器时代，人们选用的制绳原料仍是较多地利用比较容易采集到的各种野生植物的茎皮纤维。而且考古发掘资料同时证实，这个时期不仅用麻制作绳索，衣着原料也已开始大量选用葛藤、大麻、苎麻等植物茎皮纤维。1984年，甘肃东乡马家窑文化遗址出土的大麻实物，经鉴定，已与现代栽培的大麻相似。这是迄今发现最早的大麻标本。1972年—1975年，江苏吴县草鞋山马家浜文化遗址出土了3块距今6000年的残布片。经鉴定，这些残布是用野生葛织造而成，属于纬线起花朵罗纹织物，其密度为每厘米经线10根，纬线罗纹部分26—28根，地部13—14根（图35）。这是我国目前发现最早的纺织品实物。此外，在前述浙江吴兴钱山漾良渚文化遗址中还出土了距今5000年前的几块粗细不同的苎麻布片，这些布片组织采用平纹，粗者每平方厘米经纬线各有24根，细者经线31根、纬线20根，其密度与现在的细麻布相近。这是目前我国发现最早的苎麻织品实物。

图35　江苏省吴县草鞋山出土的葛纤维织物

这些考古发掘资料表明，早在五六千年前，我国黄河流域和长江流域一些地区，都出现了原始的麻纺织生产。

二、古代麻纺织生产区域

商周时期，大麻、苎麻和葛已普遍由野生利用变为人工种植。

其中大麻的人工种植在黄河中下游地区最为普遍，该地域的麻纺织以大麻为主。当时的人们对大麻雌雄异株现象已有较深的认识，而且能较好地区别雌株和雄株，这可在文献中得到印证。《诗经》《尚书》《周礼》《仪礼》《尔雅》中所说的麻、枲、苴、黂（fén）等均与大麻有关。麻是雌麻、雄麻的总称。枲是雄麻,《仪礼·丧服》:"牡麻者,枲麻也。"但有时也和麻通用。苴是雌麻,蕡是麻籽。蕡可以食用,是古代的九穀之一。《仪礼·丧服》:"苴绖(dié)者,麻之有蕡者也。"孙氏注云:"蕡,麻子也。"这些书能将大麻如此细分,亦说明当时对大麻雌雄纤维的纺织性能、麻籽的功用都有了较深的认识。并且也了解雄麻纤维的纺织性能优于雌麻,知道用质量好的雄麻纤维织较细的布,质量差的雌麻纤维织较粗的布。另外需要说明的是,古代文献中所言及的麻通常都是指大麻。此外,周代政府还专门设有一"典枲"的官吏负责大麻生产,《周礼·天官》:"典枲。下士二人,府二人,史二人,徒二十人。"

苎麻主要分布在长江流域和黄河中下游地区。当时称苎为"纻",战国以后才开始用"苎"。在《禹贡》《周礼》《诗经》《礼记》《左传》等古籍中,都可以找到它的踪迹。《禹贡》说纻是豫州主要贡品之一,谓:豫州"厥贡漆、枲、絺、纻"。《周礼·天官冢宰下》将纻纳入"典枲"官的管辖,作为颁功受齎(jī)之物,谓:"典枲,掌布、缌(sī)、缕、纻之麻草之物,以待颁功而受齎。"这时期的苎麻织品已制织得非常精致,有的甚至可与丝绸等价。吴国和郑国大臣就曾以本国之特产纻衣和丝缟互赠。《春秋左传》记载:襄公二十九年(公元前544年)吴季礼"聘于郑,见子产,如旧相识,与之缟带,子产献纻衣焉"。杜预注:"吴地贵缟,郑地贵纻,故各献己所贵,示损己而不为彼货利。"孔颖达疏:"缟是中国所有,纻是南边之物。非土所有,各是其贵。"

葛主要分布在长江流域和黄河中下游地区。当时葛织品非常流行,据统计，仅《诗经》三百篇中谈及葛的地方就有40多处。细葛布是高档的夏季服装，《墨子·节用中》云："古者圣王制为衣服之法，曰：冬服绀緅之衣，轻且暖。夏服絺绤之衣，轻且清，则止。"不少地方都将它作为贡品，《史记·夏本纪》中有青州"厥贡盐、絺"的记载。《禹贡》说豫州："厥贡漆、枲、絺、纻。"细葛布可以制织得很稀疏，以至于不能不加罩衣而入公门，必须外加罩衣，故《礼记·曲礼》有"袗絺绤，不入公门"；《论语·乡党》有"袗絺绤，必表而出之"之说。葛的种植和纺织是当时重要的生产活动之一，周代设有专门的"掌葛"官吏负责管理，《周礼·地官》记载：掌葛"掌以时徵絺、绤之材于山农，凡葛征徵草贡之材于泽民"。当时所用葛纤维有野生的，也有人工种植的。《诗经·唐风·葛生》："葛生蒙楚，蔹蔓于野……葛生蒙棘，蔹蔓于域。"《诗经·周南·葛覃》："葛之覃兮，施于中谷。"这些都是说野葛。春秋之时，葛的种植及利用在南方地区日趋兴盛。《越绝书·外传》记载："葛山者，勾践罢吴，种葛。使越女织治葛布，献于吴王夫差，去县七里。"这段内容真实反映了其地人工种植葛藤的情况。《吴越春秋·勾践归国外传》则有大规模采集野葛的记载："越王曰：吴王好服之离体。吾欲采葛，使女工织细布，献之，以求吴王之心，于子如何？群臣曰：善。乃使国中男女入山采葛，以作黄丝之布……越王乃使大夫种索葛布十万。"动用国中男女，织出葛布十万，可见当时葛的生产规模之大，亦可见当时种葛技术有了提高。而且自此以后，葛布又开始称为葛越，《广东新语》云："葛越，南方之布。以葛为之，以其产于越，故曰葛越也。"越是中国南方江、浙、粤、闽之地的泛称。

秦汉时期，大麻和苎麻的种植地域比以前大为增加，而葛的种植地域则开始大幅萎缩。据文献资料，有据可考的大麻产地除了黄河中下游地区，湖南、四川、内蒙古、新疆等地也都成为主要大麻产地。此时，湖南所产大麻，纤维质量已相当出色，说明当时的选种和栽培技术已达到相当高的水平。四川所产大麻布，以品质佳享誉各地。《盐铁论》中有"齐阿之缣，蜀汉之布"之赞美。内蒙古草原土地丰饶，但汉以前没有大麻种植，崔寔出任五原太首后，看到民众冬月无衣，为取暖，积细草而卧其中，见官时则裹草而出，深感震惊。他于是筹集资金购买纺织机具，教民引种大麻和纺绩，解除了民众的寒冻之苦，从此大麻的种植和纺绩也在内蒙古草原扎下了根基。新疆地区大麻的种植也非常普遍，《后汉书·西域传》记载："伊吾地，宜五谷、桑麻、葡萄。"另外，有据可考的苎产地则有河南、山东、山西、湖北、湖南、广西、云南、海南岛等。其中，海南所产苎布主要供当地民众作衣料。河南、湖北所产苎布较为精细，是当地的主要贡品之一。云南哀牢山区少数民族所产苎布最具特色，所产"阑干细布，织成文章如绫锦"。所谓"阑干细布"，即细苎麻布，可与绫锦媲美。此时的葛产地虽大幅萎缩，但在北方的豫州和青州（今河南、山东）等地，南方的吴越（今江苏、浙江）等地，都还有高质量葛织物的生产，而番禺（今广东）则是一个较有影响的葛布集散地。越地生产的葛布深受皇室偏爱，《后汉书·独行列传》载："（陆续）祖父闳……喜着越布单衣，光武见而好之，自是常敕会稽郡献越布。"马皇后也曾一次就赏赐诸贵人"白越三千端"。因生产量大幅度萎缩，挺括、凉爽、舒适的夏季服装衣料——葛布，已是奢侈品，只有有钱人才能享用。东汉王符在《潜夫论》中就曾以葛织物为例，贬责京城的浮侈之风，云："今京城贵戚，衣服、饮食、车舆、文饰、庐舍，皆过王制，僭上甚矣。从奴仆妾，皆服葛子升越。"

隋唐时期，植麻区域涵盖了全国，不仅黄河和长江流域普遍植麻，西南的云南、广西，西北的新疆地区，麻的种植面积也非常可观，最盛时全国每年总收入苎麻布和大麻布达100多万匹。

唐代天下分十道，即关内道、河南道、河东道、河北道、山南道、陇右道、淮南道、江南道、岭南道、剑南道。其时各地区麻类纤维的生产情况在文献中多有记载，据《新唐书·地理志》云：关内道"厥赋布、麻"；河南道"厥贡布、葛席"；陇右道"厥贡布、麻"；淮南道"厥贡布、纻、葛"；江南道"厥赋麻、纻""厥贡蕉葛"；剑南道"厥赋葛、纻""厥贡丝葛"。此外《唐六典》《通典》《元和郡县志》等书也详细记载了各道中以布、麻、纻、葛、蕉葛赋税和纳贡的州府名。由于各书的成书时间不同，唐朝贡赋前后又有较大变化，所载的内容有些是一致的，有些却是有出入的，但可互为补充。

从上述各书的记载来看，尽管北方地区的麻、苎生产仍很普及，但已远不如南方兴盛，大规模种植和生产基本分布在长江流域及其以南地区。文献所记产地大多在这一范围可以为证，如《唐六典》卷二记载，唐代州郡纻产地分八等：一等，复；二等，常；三等，扬、湖、沔；四等，苏、越、杭、蕲、庐；五等，衢、饶、洪、婺；六等，郢、江；七等，台、括、抚、睦、歙、虔、吉、温；八等，泉、建、闽、哀。州郡大麻产地分为四等：一等，宣、润、沔；二等，舒、蕲、黄、岳、荆；三等，徐、楚、庐、寿；四等，沣、朗、潭。州郡贳布产地分九等：一等，黄；二等，庐、和、晋、泗；三等，绛、楚、滁；四等，泽、潞、沁；五等，京兆、太原、汾；六等，褒、洋、同、歧；七等，唐、慈、坊、宁；八等，登、莱、邓；九等，金、均、合。上述记载也说明以自唐代开始，南方苎麻产量逐渐超过大麻，麻类织物贡品也是以苎麻织品为主。

由于全国各地普遍种植麻、苎，故布的产量非常惊人，导致其大众化织品价格远不如丝、毛织品。杜荀鹤《蚕妇》诗句"年年道我蚕辛苦，底事浑身着苎麻"，颇能说明麻织品价格之低廉。另以敦煌地区为例，当地生产的纺织品，丝、麻、毛、棉纤维均有，但产量却以麻纤维织品最多。《新五代史·夷附录》说：回鹘所居之甘州和西州宜黄麻。敦煌位于甘州、西州之间，其时亦宜黄麻（此黄麻即大麻，非今日所说之黄麻）。在敦煌民间借贷文书中，丝、毛、棉织品均有出现，唯独没有发现麻类织品的字样，可能也是因其价格太低。

而此时的葛，种植和生产日渐式微。文献记载，汉代除南方外，黄河中下游的豫州和青州尚有葛的生产。而在唐宋期间，葛织品的生产基本集中在长江中下游一带，是作为贡品和特产而生产。在《唐六典》卷二中规定的绢、布分等名目中甚至未将葛织品绤和绤列入其中，葛的生产只是局限在淮南道、江南道、剑南道的一些偏僻山区。葛的衰落在一些文学作品中也得到反映。李白《黄葛篇》诗："黄葛生洛溪，黄花自绵幂……闺人费素手，采缉作絺绤。缝为绝国衣，远寄日南客……此物虽过时，是妾手中迹。"鲍溶《采葛行》诗："春溪几回葛花黄，黄麝引子山山香。蛮女不惜手足损，钩刀一一牵柔长。葛丝茸茸春雪体，深涧择泉清处洗。殷勤十指蚕吐丝，当窗袅袅声高机。织成一尺无一两，供进天子五月衣。"葛纤维生产衰落的主要原因是葛藤生长周期长且产量低，种植、加工也比大麻和苎麻耗工费时。

宋元时期，大麻和苎麻的产区有了较大变化，黄河中下游地区基本上都是种植大麻，苎麻已很少见，以至元司农司在编《农桑辑要》时增加了"栽种苎麻法"，旨在扩大推广北方地区的苎麻种植。而长江中下游及以南地区则广为种植苎麻，大麻渐趋减少，故《王祯农书》有"南人不解刈麻（大麻），北人不知治苎"之说。这话固然有些夸大，但大体上反映出南方大麻栽培大幅度减少的趋势。而葛的种植自唐代衰退后，此时已不再是纤维作物，只有广东、广西、江西、海南岛等地的偏僻山区有少量种植。其时北方大麻的主要产地，据《宋史·地理志》记载，有冀、豫、雍、梁、坊、真等州，其中尤以冀、雍二州最多。其地种植大麻的情况，可从《宋史·河渠志》中所记苏辙一段上疏内容窥知一二。苏辙说："恩冀以北，涨水为害，公私损耗。臣闻河之所行，利害相半。盖水虽有败田破税之害，其去亦有淤厚宿麦之利。况故道已退之地，桑麻千里，赋役全复。"所云虽是水患利弊，却亦道出当时麻田占用土地之多。在宋代，岁赋之物分为谷、帛、金铁、物产四大块，麻织品是其中的重要一类。《宋史·食货志》中有以麻充税数量的记载，云："匹妇之贡，绢三尺，绵一两。百里之县，岁收绢四千余匹，绵三千四百斤。非蚕乡则布六尺，麻二两，所收视绢绵倍之。"南方苎麻的主要产地，据《太平寰宇记》载，有潭州、道州、郴州、连州、郎州；《宋史·地理志》载，有扬州、和州；苏颂《本草图经》则云："今闽、蜀、江、浙多有之。"当时的广西也是以苎麻作为经济作物，广为种植。《宋史·食货志》载："咸平初，广南西路转运使陈尧叟言，准诏课植桑枣，岭外唯产苎麻，许令折数。"所出苎麻织品如柳布、象布、练子，更是久负盛名。

元以后，我国纺织原料结构和产地发生了很大变化。首先，在南宋末年至元代初年期间，棉花从南北两路大规模传入内地，黄河和长江中下游流域棉花种植地区和种植面积迅速扩大。元代中期到明代初期，棉花完全取代了几千年来一直在纺织纤维中占最重要地位的麻纤维，成为最重要的纤维原料，麻纤维轮为次要的纤维原料。其次，在北方地区除了陕西、河南部分地区，苎麻已很少见，基本都是种植大麻，南方地区则基本种植苎麻，并主要集中在长江流域各省和福建两广地区，形成"北大麻、南苎麻"的生产格局。

三、典籍中的先秦麻纺织

商周时期，因大麻布是最重要的服装用料，因而受到统治者的高度重视。在西周时期确立的冠服制度中，严格规定了不同地位的人所穿的相应衣服。按此规定，奴隶和罪犯只能穿7升到9升的粗布做成的衣服，一般平民可以穿10升到14升的麻布做成的衣服，15升以上的细麻布专供社会上层身份地位高的人做衣料。王室公卿在不同礼仪场合，所穿麻衣也有不同形式、颜色，如祭祀有吉服，朝拜有朝服，丧葬有凶服。《诗经·曹风》"蜉蝣掘阅，麻衣如雪"诗句中的麻衣，据郑玄笺："麻衣，深衣。"此"深衣"，据传起源于虞朝的先王有虞氏，是把衣、裳连在一起包住身子，分开裁但是上下缝合，因为"被体深邃"，因而得名。它是古代诸侯、大夫等阶层的家居便服，也是庶人百姓的礼服。其剪裁所用布料，据《仪礼·士冠礼》郑玄注："朝服者，十五升布衣而素裳也。""深衣者，用十五升布，锻濯灰治，纯之以采。"这种麻布料经线密度每厘米约24缕，相当于现代绢的密度的一半，是比较精细的。最精细的30升大麻布，曾被用来做诸侯的弁冕（一种官员礼帽），这在文献中也有记载。《仪礼·士冠礼》爵弁服郑玄注："爵弁服，冕之……其布三十升。"

在宗教意识不甚发达的古代中国，祭祀等原始宗教仪式并未像其他民族那样发展成为正式的宗教，而是很快转化为礼仪、制度形式来约束世道人心，《仪礼》便是一部详细的礼仪制度章程，告诉人们在何种场合下应该穿何种衣服以及什么样的礼仪行为。以前人们说这书是周公姬旦做的，不大可信，《史记》和《汉书》都认为出于孔子。礼仪也好，礼俗也好，历史传承性是毋庸置疑的。现实生活中长辈去世亲人和子孙披麻戴孝的习俗，追根溯源也是与这个时期制定的丧服制度有关联的。当时丧服所用布料则是根据服丧者与死者的亲疏和地位尊卑关系分为五种，即斩衰、齐衰、大功、小功、缌麻。这五种丧服合称"五服"，其中斩衰是丧服中最重的一种，服期为三年，服丧范围是诸侯为天子、儿子为父亲、妻妾为丈夫、没有出嫁或出嫁后因某种原因返回娘家的女儿为父亲服丧等。斩衰需用三升或三升半粗麻布制作，麻布纤维未经脱胶，且制作时不缝边，让断了的线头裸露在外边。齐衰是丧服中的第二等，服期一般为一年，服丧范围是儿媳为公婆、丈夫为妻子、儿子为母亲、孙子为祖父等。齐衰需用四升粗麻布制作，麻布纤维没有脱胶但缝边，制作上比斩衰稍微精细一些。大功是丧服中的第三等，服期为九个月，服丧范围是公婆为长媳，已嫁女为兄弟等。大功需用八升或九升牡麻布制作，麻布纤维经稍微脱胶处理。小功是丧服中的第四等，服期为五个月，服丧范围是外孙为外祖父母、为伯叔祖父母等。小功需用十升或十一升麻布制作，颜色比大功麻布略白，纤维选用和加工也比经大功略精。缌麻是丧服中最轻的一种，服期为三个月，服丧范围是女婿为岳父母、外甥为舅舅、儿子为乳母等，需用细如丝的麻纤维制作而成。《仪礼·丧服》记载："缌者，十五升抽其半，有事其缕，无事其布，曰缌。"郑玄注："缌，治其缕，细如丝。"这说明这种麻布精细程度已与朝服相同，不过密度减半，以辨别凶服和吉服。此外，还有一种不在"五服"之内，比缌麻等级更轻的、名"锡衰"的丧服。这种丧服布料是在缌麻布料基础上进一步精练加工而成，手感更加轻滑柔顺。

先秦时期生产的大麻布实物，在多处同时期墓葬中有所发现。如1978年，在福建武夷山白岩崖洞墓船棺中，发现距今约3500年的三块大麻布残片，属平纹组织，经线密度为每厘米20—25根，纬线密度为每厘米15—15.5根，相当于12—15升布，是比较细的大麻布品种。1973年，在河北藁城台西村商代遗址和墓葬中，出土两块大麻平纹织品，其中一块经线密度为每厘米14—16根，纬线密度为每厘米9—10根；另一块经线密度为每厘米18—20根，纬线密度为每厘米6—8根，相当于10升布。1978年，在江西贵溪鱼塘公社的崖墓中，发现了春秋时代的三块大麻布残片，有黄褐、深棕、浅棕三色，经线密度为每厘米8—10根，纬线密度为每厘米8—14根。

先秦时期苎麻布的产量虽不及大麻布，但精细程度远远超过大麻布，《周礼·天官冢宰第一》郑玄注："白而细疏曰纻。"纻有苎麻和苎麻布两个含义，这里应是指苎麻布，是说苎麻布是一种精细的麻布。另外，从"子产献纻衣为报"事例，可以看出缟是吴国的名产，纻衣是郑国的名产，也说明当时郑国以盛产苎麻织品而闻名四方。

这个时期生产的苎麻布实物也多有出土，如福建商代武夷山船棺中，曾发现一块经纬线密度为每厘米20×15根的棕色平纹苎麻布。陕西宝鸡西高泉一号墓葬中，发现有麻织品，经北京纺织科学研究院分析鉴定，确认是苎麻织品，经线密度为每厘米14根、纬线密度为每厘米6根。长沙战国墓出土的苎麻织物，经线密度为每厘米28根、纬线密度为每厘米24根，细密程度超过了15升布。河北省定县战国时期中山国墓葬中，出土的器皿盖下保存有洁白如新的蒙布，经北京纺织科学研究院分析，该蒙布系苎麻产品，经线密度为每厘米20根、纬线密度为每厘米12根。

四、典籍中的汉唐麻纺织

精细的苎麻布在战国时称为繐布，据文献记载，汉代的南阳邓州一带是繐的著名产地。到了汉代，又称精细的苎麻布为"絟（quán）布"，《急就篇》云："荃，细布，本作絟。"极精细的苎麻布则称为疏布，《急就篇》云"紵，织紵为布及疏之属也"，唐代颜师古注——"疏亦作綀"。紵与苎同是指苎麻。这说明汉代称为疏布的极精细苎麻布，在唐代开始称为"綀"。

另据《汉书》记载，张骞"在大夏时，见邛竹杖、蜀布，问安得此？大夏国人曰：吾贾人往市之身毒（今印度）"。这种"蜀布"便是一种精细的苎麻布，说明四川在西汉初年已有"蜀布"出口到印度、阿富汗等国。

此时少数民族地区苎麻布也已织造得非常精细。《后汉书·南蛮西南夷传》记载："哀牢……宜五谷蚕桑，知染采文绣，罽㲲帛叠，兰干细布，织成文章如绫锦。"文中所说的哀牢即今之云南，所说的罽是指毛织品，帛叠是指棉布，兰干细布是指苎麻细布，这些织品可与绫锦（丝织高级织品）相提并论，说明它们是极精细的。另外在《汉书·西南夷传》中，还有关于湘西地区少数民族进贡"兰干"布的记载。据宋代周去非所著的《岭外代答》卷六记载分析，西汉时期湘西少数民族进贡的"兰干"布，实际上可能就是宋代湘西地区苗族和土家族生产的织锦。而据宋代朱辅所著的《溪蛮丛笑》一书中对"蘭干"（同"兰干"）的考证，它就是"獠言紵也"，是"绩织细白苎麻，以旬月而成，名娘子布。按布即苗锦"。朱辅在这里所说的"苗锦"，应该不仅是指苗族织锦。因为古代所称的苗是指"三苗"，湘西地区的苗族和土家族与"三苗"有族源关系，故朱辅在这里所指的"苗锦"应是指湘西地区少数民族西汉时期生产的"兰干"布，而他认为这种兰干布是一种细白的苎麻布。

汉唐时期，随着麻纤维加工技术的进步，高档苎麻织品产量有了较大幅度的增加。南朝乐府中有不少关于白紵舞的歌词，如吴兢《乐府古题要解》释《白苎歌》曰："古词盛称舞者之美，宜及芳时为乐。其誉白苎曰：质如轻云色如银，制以为袍余作巾，袍以光躯巾拂尘。"《晋书》记载，东晋初年平定苏峻之乱后，东晋国库空虚，"惟有練数千端"。練是极精细苎麻布的名称。当时苎麻的主要产区在南方，大麻的主要产区在北方。在国库空虚的情况下"練数千端"，说明朝廷每年在南方征收精细苎麻织品的数量是非常惊人的。另据记载，唐代所产麻布，花色品种相当多，比较有名的，有细白麻布、班布、蕉布、细布、丝布、绉布、弥布、白苎布、竹布、葛布、绉练布、麻赀布、紫绉布、麻布、青苎布、楚布等几十种。从这些麻布的名称看，苎麻产品占了多数。

长沙马王堆一号汉墓中曾出土三块质量精致、保存完整的苎麻布。经分析鉴定，编号为N29-2的大麻布，纤维投影宽度约22微米，截面面积153平方微米，断裂强度为4克强，断裂伸长为7%。上述指标，除了断裂强度稍差，均与现代大麻纤维相近。另从经线密度看，这三块苎麻布约合21—23升布，精致程度可与丝绸相媲美。其幅宽，有汉尺九寸和二尺二寸两种。其中的468号苎麻布（絿子）的表面有灰色的光泽，放在显微镜下观察时，可看到表面的灰黑结构，形状呈扁平状，与现代苎麻织物经过轧光加工的表面结构形态非常相似，说明在西汉时期，在织造苎麻布工艺中已采用轧光整理技术。

此外，在甘肃敦煌莫高窟，曾发现有北魏太和十一年（公元487年）的一幅刺绣佛像残段，它的面料是两层绢中间夹着一层麻布，此层麻布是属于比较精细的苎麻布。在新疆吐鲁番阿斯塔那墓葬中曾出土过两块上面写有"婺州兰溪县脚布"和"宣州溧阳县调布"字样的唐代苎麻布，经检验分析，其纤维投影宽度分别是22.43微米和28.67微米，纤维截面面积分别是352.59平方微米和295.96平方微米，支数分别是1878公支和2238公支，断裂伸长分别是2.24%和2.38%。这些指标除了断裂伸长，其他与现代苎麻纤维相差不大，有的指标甚至好于现代苎麻纤维。

五、典籍中的宋元麻纺织

宋元时期，大麻产地集中在北方，苎麻产地集中在南方。据《陵川文集》记载，北方大麻品种有大布、卷布、扳布等。南方苎麻生产尤以广西为盛，曾出现过"（广西）触处富有苎麻，触处善织布""商人贸迁而闻于四方者也"的情况。桂林附近生产的苎麻布因经久耐用，一直享有盛誉。周去非在《岭外代答》中对此布的生产过程和坚牢原因作了总结："民间织布，系轴于腰而织之，其欲他干，则轴而行，（或）意其必疏数不均，且甚慢矣。及买以日用，乃复甚佳，视他布最耐久，但其幅狭耳。原其所以然，盖以稻穰心烧灰煮布缕，而以滑石粉膏之，行梭滑而布以紧也。"广西邕州地区出产的另一种苎麻织物——練子，也非常出色，用来做成夏天的衣服，轻凉离汗。据周书记载，練子是由精选出的细而长的苎麻纤维制成，精细至极，同汉代黄润布的织作效果有些相同。"邕州左右江溪峒，地产苎麻，洁白细薄而长。土人择其尤细长者为練子。暑衣之，轻凉离汗者也。汉高祖有天下，令贾人无得衣練，则其可贵，自汉而然。有花纹者，为花練，一端长四丈余。而重止数十钱。卷而入之小竹筒，尚有余地。以染真红，尤易着色，厥价不廉，稍细者，一端十余缗（mín）也。"文中的"一端"约合五丈，合今15米。南宋戴复古曾赞之云："雪为纬，玉为经，一织三滫手，织成一片冰。"既赞美它的轻细，又称誉它具有良好的透气性和吸湿性，适于夏季穿着。此外，江南地区生产的山后布和練巾也非常有名。据《嘉泰会稽志》记载，浙江诸暨生产的山后布，又称"皱布"，织造时将加过不同捻向的经纱数根交替排列，然后再行投纬，织成的布"精巧纤密"，质量仅次于蚕丝织成的丝罗。在用它做衣服之前"漱之以水"，由于经纱捻度很大，遇水后膨胀，使布面收缩，呈现出美丽的谷粒状花纹。山后布与丝织的绉相像，所以也叫作绉布，质量并不亚于用丝织的。

六、典籍中的明清麻纺织

明清时期麻产品虽多被棉产品取代，但由于苎麻布有质轻、凉爽、挺括、不粘身、透气性好、吸湿散热快等的优良性能是棉布所不及的，因此即使在棉花普及后，苎麻在南方仍有很多地方种植，苎麻布在这些地方仍是深受人们欢迎的夏季衣着用料。

据文献记载，广东、江西、四川、江苏、浙江、福建、湖南、安徽等地都有一些著名的麻纺织品种。嘉庆《潮阳县志》卷一记载，潮阳县（今汕头市潮阳区）的"苎布，各乡妇女勤织，其细者价格倍纱罗"。道光《鹤山县志》卷二下记载，鹤山县（今鹤山市）的"越塘、雅瑶以下，则多绩麻织布为业，布既成，又以易麻棉，而互收其利。其坚厚而阔大者，曰古劳家机"。屈大均《广东新语》卷一五和李调元《南越笔记》卷五记载，新会产细苎。络布，"新兴县最盛，估人率以棉布易之，其女红治洛麻者十之九，治麻者十之三，治蕉者十之一，养蚕作茧者千之一而已"。所产麻织品，细软可比丝绸，"络者言麻之可经可络者也，其细者当暑服之凉爽，无油汗气。练之柔熟，如椿椒茧绸，可以御冬"。乾隆《广州府志》引《嘉靖府志》记载，新会的苎布"甲于天下"。乾隆《石城县志》卷一记载,江西石城妇女"只以缕麻为绩"。嘉庆《石城县志》卷二记载,"石城以苎麻为夏布,织成细密,远近皆称。石城固厚庄岁出数十万匹,外贸吴、越、燕、亳间,子母相权,女红之利普矣"。同治光绪《荣昌县志》卷一六记载,四川荣昌县(今重庆市荣昌区)南北一带在乾嘉年间多种麻,"比户皆绩,机杼之声盈耳"。"百年以来,蜀中麻产,惟昌州称第一。""富商大贾,购贩京华,遍逮各省。"道光《大竹县志》卷一一记载,大竹高平寨也产夏布,"寨中多造夏布,琢帐,远商尝聚集于此"。《崇川咫闻录》记载,江苏通州治苎时,先"采皮沤去青面暴干,析理小片,始绩为缕"。织就后,"练和石灰……漂之河中……其粗厚者制为里服,亦可敛汗"。通州产本苎布,"出沈巷司机房"。乾隆《通州志》卷一七记载,江苏海门兴仁镇"善绩苎丝,或拈为汗衫,或织为蚊帐,或织为巾带,而手巾之出余东者最驰名"。金友理《太湖备考》卷六记载,在雍正时,太湖叶山中出"苎线,女红以此为业"。道光《元和唯亭志》卷二零记载,苏州有专业夏布庄经营夏布批发,"唯亭王愚谷业夏布庄,一日有山东客来坐庄收布,时当盛夏"。乾隆《杭州府志》载:"吴地出纻独良。今乡园所产,女工手绩,亦极精妙也。"又出一种粗麻布,"绩络麻为之,集贸于笕桥市,其布坚韧而软,濡水不腐……米袋非此不良,旁郡所用,索取给焉"。万历《泉州府志》卷三记载,泉州"府下七县俱产……苎布、葛布、青麻布、黄麻布、蕉布等,多出于山崎地方"。乾隆《福州府志》卷二六记载,福州府盛产"麻,诸邑有之","绩其布以为布,连江以北皆温之"。连江、福青、永福,"出麻布尤盛"。其中南平(今南平市)生产的一种类似纱罗的精美苎布远近闻名。嘉庆《南平县志》"物部"卷一记载，南平出"苎布，各乡多有。唯细密精致，几类纱罗，曰铜板，出峡阳者佳远市四方"。嘉庆《湘潭县志》卷三九记载："贩贸面省，获利甚饶。"当地"妇女纮绩成布，名夏布"。弘治《太仓州志》卷一"土产"记载，其地所产"苎布，真色者曰腰机，漂洗者曰漂白，举州名之，岁商贾货入两京各郡邑以渔利"。

另据文献记载，此时葛布的生产基本集中在广东一带，当地所产葛布以"女儿葛"和"雷葛"最为人称道。其中女儿葛因出自少女之手故名之，而雷葛的葛纤维产高凉碉洲而织于雷州故名之。明代屈大均《广东新语》记载："粤之葛以增城女葛为上，然恒不鬻于市。彼中女子，终岁乃成一匹以衣其夫而已。其重三四两者，未字少女乃能织，已字则不能，故名女儿葛。所谓北有姑绒，南有女葛也。其葛产竹丝溪、百花林二处者良。采必以女。一女之力，日采只得数两。丝缕以针不以手，细入毫芒，视若无有。卷其一端，可以出入笔管。以银条纱衬之，霏微荡漾，有如蜩蝉之翼。"从中不难想见女儿葛之精纤细美。可能正是由于女儿葛太过于精细，不能恒服，以致"不鬻于市"。与之相反，同书载：雷葛之精者"细滑而坚，色若象血牙。裁以为袍、直裰，称大雅矣"，市场价格高达"百钱一尺"，并谓之"正葛"。因粤地不同地方葛种和女工的差异，雷葛又分几个品种。同书载："其出博罗者曰善政葛。李贺《罗浮山父与葛篇》云'依依宜织江南空'，又云'欲剪湘中一尺天'，谓此。出潮阳者曰凤葛，以丝为纬，亦名黄丝布。出琼山、澄迈、临高、乐会者，轻而细，名美人葛。出阳春者曰春葛。然皆不及广之龙江葛，坚而有肉，耐风日。"

七、毛类纤维纺织的起源

可以想象，最初人们只是将狩猎获得的带毛兽皮，不经加工或仅经简单加工，直接用于人体的防寒遮体，后来随着实践经验的积累，学会了将兽毛从兽皮上取下进行原始的纺纱织布。

在原始社会，人们使用的动物毛羢种类应是比较多的，可能凡是能够得到的各种禽畜的毛羢，皆在采用之列。由于毛纤维易腐蚀，在地下很难长久保存，在历年的考古发掘中，早期的实物尚未发现，当时究竟使用过哪些动物毛羢，我们无法判定，不过就采集的难易程度而言，较多使用当时已被人类驯化的动物毛羢，似乎是最容易的。所有的纤维在纺纱前都要进行一些准备工作，动物毛羢也不例外，但较之植物纤维要简单得多，毋须劈分、脱胶，仅进行清洁和理顺纤维即可，当时能做到这点应是没有疑问的。

当时被人类驯化的动物中不乏一些毛羢具有良好纺织性能的动物，如羊、牦牛等。据考古资料，羊一直是北方居民的主要肉食对象，北方的遗址中发现的家羊遗存较南方为多。山西临汾县旧石器时代晚期至中石器时代的遗址曾出土很多羊骨。甑皮岩、裴李岗、磁山、大地湾等新石器时代遗址也曾出土大量的羊、猪、狗的骨骼。其中河南省新郑县（今新郑市）裴李岗遗址出土过一件陶羊头；陕西省临潼县（今西安市临潼区）姜寨遗址出土过一件呈羊头状的陶塑器盖把纽；西安市半坡遗址出土过羊骨骼；河北武安磁山出土的羊骨，经研究是家养绵羊。在南方，最早的发现是浙江省余姚市河姆渡遗址的陶羊，其形态属于家羊。看来，至少在7000年前，羊的驯化已经成功。宁夏中卫县（今中卫市）钻洞子沟有一人牧三羊的岩画，展现了原始先民养羊的场景。家养羊骨头和岩画的发现，说明我国驯化绵羊的历史之悠久。青海海南藏族自治州贵南县拉乙亥乡新石器时代遗址曾出土过一块牦牛骨。关于牦牛被驯化的时间，有学者研究得出这样的结论：世界上驯化牦牛最早的是西藏，在公元前2500年就已存在。由于毛织物在地下不易保存，因而在历年的考古发掘中，年代较早的毛纤维织物的实物发现不多，但是还是有所发现的。如在青海都兰诺木洪原始社会晚期遗址曾出土过一些毛织物残片，这些毛织物残片，经线密度约为每厘米14根，纬线密度为每厘米6—7根，经纬纱投影宽度平均约1毫米，最细0.8毫米。

上述资料证明，人们是从随意采集动物毛纤维做纺织原料开始，以后才逐渐过渡到从所饲养的动物中采集动物毛制取纺织原料。

八、典籍中的先秦毛纺织

先秦期间，动物毛纤维在纺织原料中占有相当大的比例。根据《列女传》所载春秋时楚国人老莱子之妻所云"鸟兽之解毛，可绩而衣之"来看，当时选用的动物毛纤维种类仍比较多，可能凡是能够得到的较细动物毛毳皆在选用之列。古时称毛织物为织皮，先秦史料中相关记载颇多。如《禹贡》"雍州"条说："织皮崑崙、析支、渠搜，西戎即叙。"孔传云："织皮，毛布。"孔颖达疏："四国皆衣皮毛，故以织皮冠之。"也就是说这四国皆服"织皮"。毛织品有粗细之分，细者曰毳布，粗者曰褐。毳布是毳毛织成的精细毛织品，褐是较粗的毛织品。

新疆哈密商代遗址曾出土一批毛织物，组织除了平纹，还有斜纹及带刺绣花纹的产品，织物的经纬密度也比以前显著增加，其中一块平纹刺绣毛罽，经纬密度为每厘米16—20根；一块双色毛罽，组织为斜纹，经纬密度为每厘米10—30根；一块山形纹罽，组织为斜纹，经纬密度为每厘米20—24根。吉林市星星哨周代晚期墓葬出土过一块毛布面衣，该毛布面衣织制得相当细致，每平方厘米的经纬纱均为20余根。经纬密度的大幅度增加和斜纹组织的普遍利用，表明当时毛纺织技术已达到相当高的水准。这时期，不仅边疆地区有毛纺织生产，在中原地区的纺织生产中毛纺织生产也占有一定的比重。据西周时期铸成的一件青铜器上的铭文记载：有个名叫周师的贵族，曾经赏给他一个叫守宫的下属"枲幕（即用大麻的雌麻纤维织的帐幕）五、苴幂（雌麻织的苴布）二、毳布三"。《诗经》中有"毳衣如璊（mén）"的记载，据《说文解字》对这句话所作的解释，毳衣即是毛织物裁制成的吉服。至于民间日常所穿着的，也不断见于秦以前的著作。在《孟子》中曾有许行"与其徒皆衣褐"的记载。褐是比较粗的毛织布，许行是"农家者流"，以不辞艰辛、躬亲劳苦为治学行事之宗旨，所以他与其徒皆以褐为衣。在《诗经》中，有慨叹岁晚天寒，"无衣无褐，何以卒岁"的诗句，说明褐在当时是被众多下层人民所倚重的，是他们借以御寒过冬的主要衣着材料。

当时毛纤维除了用来织布，还被广泛用于制毡。《周礼·天官·掌皮》记载："共其毳毛为毡。"毡是利用毛纤维外表的鳞片层，遇热膨胀软化，经加压加温搓揉，使鳞片相互嵌合而成的无纺毛织物，可用于遮风挡寒、铺地防潮。由于毛纤维易腐蚀，在地下很难长久保存，在历年的考古发掘中，发现的不是很多。商周时期的毛织品，出土地点都是在气候特别干燥的地区。如距今约3800年的新疆罗布泊古墓沟和罗布泊北端铁板河一号墓出土的毛织品及毛毡帽；商代末期的新疆哈密五堡遗址出土的素色和彩色毛织品；周代早期的青海都兰县诺木洪古遗址出土的毛织品。这些墓葬中出土的毛纤维，据分析，除大多为绵羊毛，有黑花毛、青海细羊毛、西藏羊毛外，还有山羊绒、牦牛毛（绒）、驼毛绒等。商周毛织品的出土，印证了动物毛纤维在当时的纺织原料中已占有相当大的比例，并说明人们已开始更多地选用羊毛等纺织性能较好的毛纤维。

九、典籍中的汉唐毛纺织

汉唐期间，羊毛纤维已成为最主要的动物毛纤维原料，羊的饲养数量更是不可计数。仅以汉代为例，《汉书·匈奴传》记载：汉武帝元朔二年（公元前127年），卫青"击胡之楼烦（今雁门关北）白羊王于河南（指黄河以南，今河套地区），得胡首虏数千，牛羊百余万"。一次战争就获得"百余万"的牛羊，可想见楼烦之地养牛羊数量之多。《史记·货殖列传》载：边塞的开拓，使一个叫桥姚的人得以经营牧业，他有"马千匹，牛倍之，羊万头，粟以万钟计"。《汉书·叙传》载：秦朝末年，班壹避难于楼烦，开始牧养马、牛、羊。至汉孝惠高后时，班壹饲养的这三种牲畜达数千群，成为当地的首富，史书说他"以财雄边，出入戈猎，旌旗鼓吹"。《后汉书·马援传》载：马援私自释放有重罪的囚犯，怕朝廷追究责任，遂弃官亡命北地。遇赦后，便留在当地牧畜，"至有牛、马、羊数千头，谷数万斛"。像桥姚、班壹、马援这样的富户人家，他们每年的畜牧收入甚至超过千户侯。

虽然史书没有明确记载此期间毛织品生产的具体数量，但下面几件事颇能反映当时的情况。据《太平御览》记载，汉宣帝甘露二年（公元前52年），匈奴呼韩邪单于入京，一次就带来了"积如丘山"的毛织品。《三国志·魏书》记载，魏景元四年（公元263年），魏将邓艾和钟会率大军征蜀，在偷渡剑阁一带尽是悬崖峭壁的阴平道时，遇到险坡，邓艾便"自裹毛毯，推转而下"，众将看后，争先恐后地各自拿出随身毛毯依样"鱼贯而进"，军队顺利到达目的地。《晋书·张轨传》记载，晋怀帝永嘉四年（公元310年），京师洛阳地区严重"饥匮"，凉州（今甘肃）刺史张轨派参军杜勋往京师输送毛织品三万匹。《资治通鉴》记载，北周武帝保定四年（公元564年）农历正月初，元帅杨忠领大军行至陉岭山隘时，看到因连日寒风大雪，坡陡路滑，士兵难以前进，便命士兵拿出随身携带的毯席和毯帐等物铺到冰道上，使全军得以迅速通过山隘。这说明防风、隔潮、保暖性较好的毛织品和毛毯已成为军队必不可少的军用物资之一。《唐六典》记载，以毛织品为贡赋的有贝、夏、原、会、凉、宁、灵、宥、蒲、汾等州。其中原州和会州的复鞍毡、宁州的五色复鞍毡、灵州的靴鞡毡颇为著名。毡使用之普遍在唐诗亦有反映，如白居易的诗句"两重褐绮衾，一领花茸毡"，李瑞的诗句"扬眉动目踏花毡，红汗交流珠帽偏",杜甫的诗句"才名四十年,坐客寒无毡"。

在20世纪的考古发掘中,多次发现汉唐毛织物实物。英国人斯坦因在新疆古楼兰遗址发现了一件东汉缂毛织物,这块织物采用通经迴纬的方法织制,用深浅不同的红、黄、绿、紫、棕等色缂织出生动的奔马和细腻的卷草花纹。斯坦因说它"很奇异地反映出中国同西方美术混合的影响,显然是中亚出品。在这里边缘部分的装饰风格,明明白白是希腊罗马式,此外还有一匹有翼的马,这是中国汉代雕刻中所常见的"。新疆民丰东汉古墓群曾出土了大量毛织物,其中的人兽葡萄纹罽、龟甲四瓣花纹罽、毛罗和紫罽,皆系羊毛纤维织成。羊毛来源有土种羊、新疆羊以及河西羊。纤维投影宽度21.73微米—32.83微米;纤维支数942公支—2170公支。新疆巴楚脱库孜萨来遗址曾出土两块属于北魏时期的缂毛毯。这两块缂毛织物比较厚实,所用毛纱比较粗,尤其是所用的经纱。其经纱灰白色,纬纱有黄、红、深蓝、天蓝、深棕和淡蓝色六种颜色,经线密度为每厘米4根,纬线密度为每厘米12根。新疆巴楚脱库孜萨来遗址曾出土过三块缂毛残片以及一些毛褐。经鉴定,这三块缂毛织物都比较精细;而毛褐则比较粗糙,经纬密度大多约为每厘米10根,只有个别品种的经纬密度达到每厘米15根。新疆若羌米兰曾出土的几何兽纹挂毯,它采用斜纹组织和纬纱显花工艺,用蓝色、紫色、黄色及原色等多种颜色的纬纱织制而成,相当精致。

此期间利用其他动物毛纺织的情况也见于记载。《世说新语》载:东晋谢万和谢安有一次晋见简文帝,戴白纶巾着鹄氅。《南齐书·文惠太子传》载:太子使工"织孔雀毛为裘,光彩金翠,过于雉头远矣"。古时称鹤为鹄，亦有称天鹅为鹄者，野鸡为雉，用孔雀或野鸡毛织制的织物非常华贵，所谓"物华雉毳，名高燕羽"，即指这种高档羽毛织物。《唐书·地理志》载，贡兔织品的地方有扬州广陵郡、常州晋陵郡、宣州宣城郡。《唐国史补》载，宣州的兔毛褐质量好，特点鲜明，仅"亚于锦绮"，有的商人为获取高额利润，还用蚕丝仿制。《新唐书·五行传》载：唐安乐公主"使尚方合百鸟毛织二裙，正视为一色，傍视为一色，日中为一色，影中为一色，而百鸟之状皆见"，"又以百兽毛为鞯面，韦后则集鸟毛为之，皆具其鸟兽状，工费巨万"。贵臣富室见后争相仿效，致使"江岭奇禽异兽采之殆尽"。

十、典籍中的元、明、清毛纺织

毛织品中的毡、毯，由于其既具有保温祛湿，又兼备抗风透气等特点，长期以来一直是我国北方等少数民族游牧生活中的必需品。蒙古族入主中原后，仍保留他们传统生活习惯，诸如铺设、屏障、庐帐、蒙车、装饰等物均用毡、毯，因而官方对毡、毯生产非常重视，不仅每年毡、毯产量之高远超前朝历代，毡、毯的品种也大为增加。

元代官修政书《皇朝经世大典》"工典篇"中"毡罽目"的遗文——《大元毡罽工物记》，记载了元代官办毡毯生产机构、皇室所用毡毯名目、生产毡毯所用各种物料以及所耗工料的数量，几乎涉及元代官办毡毯生产的方方面面，反映了当时毡毯生产的真实面貌。其中所记官办毡罽生产机构有：工部系统、将作院系统、大都留守司系统、斡耳朵系统及地方政府管理的官手工业。所记的毡、毯品种,按原料可分为白羊毛、青羊毛、驼毛及绒毛(羊毛或驼毛下的细毛)四类。其中白羊系绵羊种;青羊系山羊种,亦称为羖羊;驼毛系骆驼毛;绒毛系羊毛或驼毛下的细绒,即长粗毛根部的一层薄薄的细绒。所记的毡类品种计有:入药白毡、入药白矾毡、无矾白毡、雀白毡、脱罗毡、青红芽毡、红毡、染青毡、白靴毡、白毡胎、大毡、毡帽、毡衫、胎毡、帐毡、毡鞍笼、绒披毡、白羊毛毡(内有药脱罗毡、无药脱罗毡、里毡、扎针毡、鞍笼毡、裁毡、毡胎、好事毡、披毡、衬花毡、骨子毡)、悄白毡(内有药脱罗毡、无药脱罗毡、里毡、杂使毡)、大糁白毡(内有脱罗毡、里毡、裁毡、毡胎、披毡、杂使)、熏毡、染青小哥车毡、大黑毡(内有布荅毡、好事毡)、染毡(内有红、青、柳黄、绿、黑、柿黄、银褐)、掠毡(内有青、红色)、白厚五分毡、青毡、四六尺青毡、苦宝簟毡、幪鞍花毡、制花掠绒染毡、海波失花毡、妆驼花毡等。所记仅泰定元年到五年(公元1324年—1328年)期间所耗费羊毛数量就约为15538公斤,生产毡、毯约为31469平方米。

各官办系统生产毡罽单幅面积之大令人瞠目,元成宗皇宫内一间寝殿中铺的五块地毯,总面积即达992平方尺,用羊毛千斤左右制成,有些地毯长达三丈以上。而且不仅单幅面积大,质量还非常高。蒙古人的帐幕,大者里面往往有许多柱子,特别是皇室帐幕内的柱子修饰非常讲究。《大元毡罽工物记》载:泰定四年(公元1327年)十二月十六日,宦者伯颜察儿、留守剌哈岳罗、鲁米只儿等奉旨,制作二十脚柱廊,每个"柱廊胎骨上下板用绢裱之,上画西番莲,下画海马，柱以心红油而青其线缝龙"。元代曾任翰林侍制兼国史院编官的柳贯，在《观失剌斡耳朵御宴回》一诗中曾对超大型帐幕有过生动描述，云："毳幕承空柱绣楣，彩绳亘地挐文霓。辰旒忽动祠光下，甲帐徐开殿影齐。芍药名花围簇坐，蒲萄法酒拆封泥。御前赐酺千官醉，恩觉中天雨露低。"自注云："车驾驻跸，即赐近臣洒马奶子御筵，设毡殿失剌斡耳朵深广，可容数千人。"文中"失剌斡耳朵"，系蒙古语，汉意为黄帐，也称金帐，为皇帝行宫。其外施黄毡，内以黄金抽丝与彩色毛线织物为衣，柱与门以金裹，钉以金钉，冬暖夏凉，深广可容数千人，极其华贵宽阔，是为蒙古帐幕之极致。前述《大元毡罽工物记》所载"泰定五年（公元1328年）二月十六日，随路诸色民匠都总管府奉旨，造上都棕毛殿铺设地毯二扇"之"棕毛殿"，被马可波罗称为"竹宫"，即是失剌斡耳朵式的大宫帐，其"外墙用木、竹制成，用毡覆盖，帐顶饰以织金锦缎"。当时到过蒙古汗国的不少外国人对失剌斡耳朵都极为称奇，如《柏朗嘉宾蒙古行纪　鲁布鲁克东行纪》对大汗宫殿的描述："当我们到达那里时，人们已经搭好了一个很大的紫色帆布帐篷，这个帐篷大得足可以容纳两千多人。四周围有木板栅栏，木板上绘有各种各样的图案。"《克拉维约东使记》对汗帐的描述："汗帐之内，四壁饰以红色彩绸，鲜艳美丽，并于其上加有金锦。帐之四隅，各陈设巨鹰一只。汗帐外壁复以白、绿、黄色锦缎，帐顶之四角各有新月银徽，插在铜球之上。"

另外，在很多人的印象中，各官营生产机构生产的产品主要是为皇室和官僚使用，不是为了盈利，而是为了追求产品的精致和豪华，以致生产时往往不惜浪费材料。实际情况和人们的印象有些出入，朝廷对生产有一套严格的管理制度，各官营生产机构的生产也并非不用考虑成本随意进行，他们所需生产用料的数量是被严格控制的，往往要经审核后方能得到。元代的审核部门就是《大元毡罽工物记》中出现的"覆实司"，其职责是"总和顾和买、营缮织造工役、供亿物色之务"。以染色用柴为例，一般为"验羊毛一斤，用硬柴一斤半"。

明清时期的毛纺织品，以甘肃和陕西所产绒褐最为有名。陈奕禧《皋兰载笔》卷五记载，"兰州所产，惟绒褐最佳……在明盛者，公卿贵人每当寒月风严……莫不以此雅素相向，自下贱者流，不敢潜被于体也。逮后，趋利附货，众咸窃效……作者虽夥，面值斯下矣"。《明孝宗实录》卷六十记载，永乐年间，设置陕西驼羯织造局，屡令陕、甘织造驼羯。弘治年间，"令陕西、甘肃二处……彩妆绒毼曳撒数百事"。《明史》"食货志"记载，嘉靖年间，又令"陕西织造羊绒七万四千有奇"，以后"遂沿为常例"。因这两地多产绒褐而少布，有心计的商人遂买布入陕换褐牟利，在陆粲《说听》中便记述了这样一件事情："洞庭叶某，商于大梁……叶遂将金去，买布入陕，换褐，利倍。"此外，西南地区所产毡衫也较为有名。《明太祖实录》卷一六二记载，洪武时，"乌撒岁输……毡衫一千五百领，乌蒙、东川、芒部皆岁输八千石，毡衫八百领"。乌撒者，蛮名也，旧名巴凡兀姑，今曰巴的甸，所辖乌撒乌蒙等六部，后乌蛮之裔尽得其地，因取远祖乌撒为部名，至元十年始附，十三年立乌撒路，在今云南镇雄县、贵州威宁县、赫章县境内。

从明开始，中原内地和边疆生产的毛毯销往国外的数量大增。据

《新疆图志》"实业志"记载，当时仅我国新疆和田地区"岁制绒毯三千余张，输入俄属安集延浩罕、英属阿富汗、印度等处者千余张"。而其他"小方绒毯、坐褥、鞍毡之类，不可胜也"。此外，西藏地区生产的氆氇（pǔ lu）等毡毯也是当地内销和外销的主要产品。

十一、元以前棉纺织生产区域

棉花种植最早出现在印度河流域文明中，其时间至少可追溯到公元前3000年。约公元前5世纪，棉花经过西亚两河流域北部进入地中海地区。此时，尼罗河流域的人对棉花也有了认知，因为在希罗多德（约公元前485年—前425年）和普林尼（公元23年—79年）的作品中均提到过棉花。大约在秦汉时期棉花传入中国，其时的广西、云南、新疆等地区开始采用棉纤维作纺织原料，不过在中原地区棉织品尚未出现。据文献记载，汉代时西南地区生产的一种叫"广幅布"的棉布，由于幅宽质优，很受人们的欢迎，并被汉王朝大量征调。《后汉书·南蛮西南夷传》记载了这样一件事：汉武帝后元年间，珠崖太守孙幸对辖地所产广幅布征收过度，激起了当地人民包括汉族在内的强烈不满，引发了人民起义。愤怒的人群攻占了太守府，杀掉了孙幸。另外，此书"哀牢夷"条记载了云南哀牢山区和澜沧江流域的棉纺织生产情况，书中写道："（哀牢山）土地沃美，宜五谷蚕桑，知染采文绣，罽毲帛叠，兰干细布，织成文章如绫锦。有梧桐木华，绩以为布，幅广五尺，洁白不受垢污。"帛叠即是白叠，梧桐木华即是棉花。能利用各种染料，印染出斑斓多彩貌似织锦的棉质花布，说明当时云南少数民族地区的棉纺织技术业已相当发达，并且已有相当长的历史。

1959年发掘的新疆民丰东汉合葬墓中，发现有蓝白印花棉布、粗棉布男裤、粗棉布女用手帕等棉织品，其中有一块蓝白印花布残片长89厘米、宽48厘米，组织为平纹，经线密度为每厘米18根，纬线密度为每厘米13根，仅比目前的市布稍稍厚一些。证明1700多年前新疆就已有了棉织印染业了。当时新疆生产的精细棉布还流入了中原地区，并以鲜洁闻名于世人，魏文帝曹丕曾说，山西黄布以细，乐浪练帛以精，江苏、安徽太末布以白出名，但其鲜洁程度都比不上新疆的棉布。

南北朝时期，海南、新疆等地棉花生产已颇为繁荣，兼之与内地的交往日渐频繁，流入内地的棉织品逐渐增多。据《梁书·海南诸国传》记载，仅南海的林邑、阿单罗、于陀利、婆利、中天竺等小国，每年贡给中央王朝的棉织品，数量就相当可观。又《陈书·姚察传》记载：姚察"自居显要，甚励清洁"，其门人送姚察"南布一端"，被姚察拒绝，并明言："吾所衣著，止是麻布蒲綀（shū），此物于吾无用。"姚察当时在南朝为官，而此布又称"南布"，则其必是来自比南方更南边的海南诸国的棉布，因其来自远方，非本国所产，故其门人视为珍品而送之。由此可见当时南朝帝王大臣穿着棉布衣服者也开始多起来。1995年中日尼雅遗址学术考察队在考古发掘过程中发现一处魏晋前凉时期新墓地，据发掘简报称，该墓地出土了一件长7.5厘米、宽5厘米的棉布方巾。由于该项发掘取得了重大收获，还被评为当年全国十大考古发现之一。在吐鲁番阿斯塔那还发现过公元6世纪借贷棉布和银的契约。从这份契约，可以看到一次借贷棉布达60匹之多。这些出土的实物，印证了当时新疆地区棉植业之普及。

在唐代，随着"丝绸之路"的畅通，西北地区生产的棉织品流入中原的数量更是惊人。唐肃宗年间（公元760年—761年），高昌地区为支援唐王朝平定"安史之乱"，曾以赊放的方式收集了大批军需叠布运往中原。唐代末年，岭南地区出现了棉织业。《太平广记》记载：文宗时，有一个叫夏侯孜的人，着"桂管布"衫上朝，文宗看了奇怪，问他什么布这么粗涩，他说是桂布，并说此布粗厚可以防寒。看到皇帝关注桂布后，满朝官员也纷纷购置此布做服装，桂布因此身价倍增。这种"桂管布"就是棉布，因产于广西桂管地区而得名。白居易"桂布白似雪，吴绵软于云""吴绵细软桂布密，柔如狐腋白似云"的诗句，即指此布而言。

两宋期间，广西、广东、福建、海南岛棉花种植渐盛，江南部分地区也始见棉花种植。而在新疆、甘肃、陕西等地亦有了更多种植。此时有关棉花的记载比以前也多了起来。

关于闽广和海南棉花生产的情况，当时很多文献都有记载。如庞元英《文昌杂录》载："闽岭以南多木棉，土人竞植之，有至数千株者，采其花为布，号吉贝布。"数千株棉树足以成林，可以想见当时植棉规模之大，而且棉花很可能已是当地主要的纺织原料。王象之《舆地纪胜》载：广西宾州"俗多采木棉、茅花，揉作絮棉，以御冬寒"。可知在广西棉花已是老百姓冬季常用的御寒之物。李焘《续资治通鉴长编》载：元丰七年（公元1084年）陈绎知广州时，其子陈彦辅"役禁军织木棉非例，受公使库馈送及报上不实也"。王明清在

《熙丰日历》中也记载了这件事,云:"从使广州军人织造木棉生活。"从中可想见当地棉花种植之普遍,产量之可观,棉布需求之旺盛。而且陈彦辅役使军人织造的棉布,很可能不只满足广州市场,还贩销外地。《宋史·崔与之传》载:"琼人以吉贝织为衣衾,工作皆妇人。"这表明织造棉布已是岛上妇女最主要的日常工作,棉纤维制成的衣衾已是岛上最普遍的日常服饰。

关于江南棉花生产的情况,苏轼《格物粗谈》上记有:"木緜(mián)子,雪水浸种耐旱,鳗鱼汁浸过不蛀。"诗有"江东贾客木棉裘"。雪水和鳗鱼汁浸种均可以防棉虫,雪水的作用与今天利用低温杀红铃虫的科学方法很吻合。《资治通鉴·梁纪十五》记有:"上……身衣布衣,木绵皂帐一冠三载,一被二年。"史炤"释文"解释为:"木棉,江南多有之。以春二三月下种,既生,一月三薅,至秋生黄花结实,及熟时,其皮四裂,其中绽出如绵。土人以铁铤碾去其核,取如棉者,以竹为小弓,长尺四五寸许,牵弦以弹绵,令其匀细,卷为小甫,就车纺之。自然抽绪如缫丝状,不劳纫缉,织以为布。"二三月下种,说明江南是把棉花当成冬灌春耕的一年生作物来栽培。此外,张择端《清明上河图》中绘有棉花店,显然当时汴京已有棉花买卖。苏轼、司马光、张择端是北宋人,史炤是两宋间人。他们文中或图中对棉花、棉织物的描述,大概不可能是仅仅依据传闻而得。值得注意的是在上述几条有关江南植棉为数不多的史料中,居然已提到棉花的下种时间和为提高棉种质量采取的方法,而同时期有关南部边疆的棉花史料,对此均未谈及,说明棉花自传入江南后,很快便改为一年一种了。

而在甘肃、宁夏、陕西等西部地区，其时不仅开始大量种植棉花，所产棉织品还上贡朝廷，《宋史·外国传·回鹘》载：宋天圣二年（公元1024年）五月，甘州回鹘遣使十四人来"贡马及黄湖绵、细白氎（dié）"，《太平寰宇记》卷三十载：关西道凤翔府"土产：龙须草贡、蜡烛贡、麻布、棉布、胡桃"。这两地所产棉布能被列入贡品和土产名录，说明质量上乘。河西走廊地区用棉布做服装的情况在当地普遍选用的造纸原料中也得到反映。宁夏贺兰拜寺沟方塔曾出土数十种西夏文献，有学者从中抽取了7件纸样做了分析，发现有2件纸样的纸浆系棉、麻破布浆，其他5件为麻浆和构皮浆。我们知道中国古代造纸选用的原料有木、竹、麻等纤维，为降低成本，古人往往用废弃的织物打浆制纸。7件纸样中有2件的纸浆系棉、麻破布浆，所占比率之大，绝不会出于偶然，只能说明当地人用棉布做衣服已非常普及。

自南北朝至唐宋，虽然有关棉花、棉布的文献记载很多，但由于我国中原地区和江南大部分地区还没有种植棉花，人们对棉花形状的认识，都是得自传闻，所记都不甚确切。有的书将棉花写成高大的树，有的又将棉花写成一种草，分不清棉花究竟是草本植物还是木本植物。如《梁书》"林邑传"记载：西南地区有一种叫吉贝的树，开的花如鹅之毳毛，抽其绪织成的布，洁白与纻布不相上下。该书"高昌传"还记载：吐鲁番地区有一种草，结的果实像内地的蚕茧一样，从里面抽出的丝叫白叠子，当地人用它织布。甚至有人将攀枝花误作为棉花，如西晋张勃《吴录》记载："交州永昌，有木绵树，高过屋，有十余年不换者，实大如杯，中有绵如絮，色正白，破一实得数斤，可为缊絮。"文中交州永昌，乃今云南与越南接壤之地。木棉树即攀枝花。由此可见内地人对棉的知识是相当贫乏的。其实棉花分粗绒棉和细绒棉两大类（后者质量优于前者）。粗绒棉属于亚洲棉或非洲棉系统，棉纤维粗而短；细绒棉属陆地棉或海岛棉系统，纤维细长，它们均非我国原产。从《梁书》对吐鲁番所产棉花形状的描述可推知，当时新疆地区种的棉花是经中亚传入的一年生非洲棉。而西南地区种植的棉花，古称"古贝"或"吉贝"；有人认为是从印度阿萨姆经缅甸的北部传入的多年生亚洲棉。

中国以前也没有"棉"字，只有"绵"字，凡所谓绵，不是指今天所称的"棉"而是指丝绵。随着棉织物的日益增多，为了同蚕茧的"绵"相区别，在公元6—11世纪，才演变出现今天的"棉"字。日本的棉花是由中国传去的，因而日语中把棉花写作"木绵"，棉布写作"绵布"。

十二、典籍中的元、明、清棉纺织

因棉花"比之桑蚕，无采养之劳，有必收之效。埒之枲苎，免绩缉之工，得御寒之益，可谓不麻而布，不茧而絮"的优良特性，愈来愈被人们认识，棉花的种植地域业已扩展到长江和黄河流域的许多地区。据《王祯农书》载，当时"诸种艺、制作之法，骎骎北来，江淮川蜀既获其利。至南北混一之后，商贩于北，服被渐广"。《元史·食货志》载，元成宗元贞二年（公元1296年）诏：江南"夏税则输以木棉、布、绢、丝、绵等物，其所输之数，视粮以为差"。可见种棉织布不仅已广泛传播到长江和黄河流域各地，而且江苏、浙江、安徽、福建、湖南、湖北等省已成为主要产棉区，并由朝廷设立的木棉提举司，专门负责征收棉布，而且棉花、棉布被列为正式纳税物资，每年的征收定额也提高到50万匹。元以后，棉花彻底取代了麻类纤维，成为和蚕丝一样重要的大宗纺织原料。可以说，元代是棉花在中国得以大发展的一个非常重要的转折点。

明清时期，全国的棉产区大致分为三大区域：一是长城以南、淮河以北的北方区，包括河北、山东、河南、山西、陕西五省；二是秦岭、淮河以南、长江中下游地区，包括南直隶、浙江、湖广、江西数省；三是华南、西南地区，包括两广、闽、川、滇等省。

据典籍记载，在河北地区，百分之八九十的农户都种棉。《御制棉花图》载："每当新棉入市，远商翕集，肩摩踵错，居积者列肆以敛之，懋迁者牵车以赴之，村落趁虚之人，莫不负挈纷如，售钱缗，易盐米，乐利匪独在三农也。棉有定价，不视丰歉为增减。"在山东地区，棉花"六府皆有之，东昌尤多，商人贸于四方，民获以利"。山东各地不但普遍种棉，而且山东境内不少地方植棉的面积都相当大。明初时，山东棉花的产量曾一度位居北方产区的前列，《明太祖实录》记载：洪武二十五年（公元1392年）十二月辛未，"彰德、卫辉、广平、大名、东昌、开封、怀庆七府"，当年所收棉花1180万余斤。其中东昌府属山东；彰德、卫辉、开封、怀庆属河南；大名和广平府属北直隶。另《明太祖实录》载：洪武二十九年（公元1396年）二月庚子"北平都司布六十万匹，棉花三十四万斤，辽东都司布五十五万匹，棉花二十万斤，俱以山东布政司所征给之"。这个数量是当时河南、山西起运的两倍。在河南地区，棉花也是遍地种植。主要产棉地区南阳，甚至出现了专门靠植棉聚敛财富的大地主。张履祥《杨园先生全集》中便有如是记载：南阳李义卿"家有广地千亩，岁植棉花。收后，载往湖湘货之"。到了明中叶时，广植棉花的河南地区，棉花产量超过了山东地区，《正德明会典》载，弘治十五年（公元1502年），河南起运棉花约13万斤，山东起运棉花62000斤，河南起运棉花的数量比山东的多将近一倍。河南所产棉花之所以大量销往南方，其缘由如《皇朝经世文编补》卷三六尹会一《敬陈农桑四务疏》所载："今棉花产自豫省，而商贾贩于江南，豫省民家有机杼者百不得一。"这就导致"北土吉贝贱而布贵，南方反是；吉贝则泛舟而鬻诸南，布则泛舟而鬻诸北"的现象。不过北方人不善织的状况，在明晚期时得到改变，出现了一些以棉织闻名的郡县，如肃宁一邑，所出布匹已有松江的十分之一，且细密几乎与松江之中品相近。

江南的几个重要棉花产区，尤以松江、上海、昆山、太仓等地的棉花种植面积最大。史载：松江自元开始，不种桑、不养蚕，只栽种水稻和种植棉花，官、民、军、灶垦田，大半种棉，当不止百万亩。上海土高水少，农家树艺、粟菽、棉花参半，木棉种植之广可与粳稻等，"人民生计，尽在木棉"。昆山三区亦因物产瘠薄，不宜五谷，而多种木棉。太仓则是"郊原四望，遍地皆棉"。嘉定种稻之田只是棉田的1/10。南翔镇仅种木棉，以棉织布，以布易银。宝山种稻之处十仅二三，而木棉居其七八。

在闽赣产区，福建的福安种棉比种稻多，以至万历人陈晓梧在

《怨妇吟》中有这样的感触："生作贫家主，不如富家仆。夫佣半亩园，种棉换新谷。"江西人遍植棉花，所产一半销往外地。广东则因棉花"不足十郡之用"，所以多靠外地供应，其中惠州地区的棉花仰仗江西输入达到一半。

清代的棉织业在鸦片战争以前，一直是以传统的手工生产为主，不但规模相当大，产量也很高，曾出现多个拥有织机千台、工人数千的大型工厂。所产棉织品除了自足还大量出口，仅19世纪30年代，从广州出口到欧洲、美洲、东南亚等地的棉布，每年达100万匹之多。公元1819年是我国棉布出口量最多的一年，竟达330万匹。当时英国东印度公司在采购中国棉布时，特别指定要南京附近出产的紫花布，定货量从最初的2万匹迅速增加到20万匹。所谓"紫花布"具有天然的棕色（非染色所得），是用开紫花的棉花手工纺纱织制的，并因此棉所开花色而得名。这种布当时在英国风行一时，如今人们在伦敦博物馆看到的19世纪30年代英国绅士的时髦服装，正是中国这种紫花布裤子和纺绸衬衫。

十三、黄道婆的贡献

公元13世纪末，长江中下游地区的棉花加工技术得以迅速发展，虽然与当时的历史背景和棉花自身的优点是分不开的，但一位被人称为道婆的黄姓妇女，在江南棉业兴起过程中所起到的重要作用也是不容忽视的。

黄道婆的生卒年月及名字已无从查考，"道婆"两字无疑是后人对她的尊称，而且从这两字来看，她可能是信奉道教的出家人。关于黄道婆的生平事迹，最早见于成书于元末的陶宗仪所著《南村辍耕录》（简称《辍耕录》）卷二十四中，其后的一些笔记、诗文杂著中也略有提及，不过内容大多相同。据《南村辍耕录》和与陶宗仪同时代人王逢《梧溪集·黄道婆祠并序》所记，黄道婆系松江乌泥泾人，年轻时不知什么原因远离故乡漂泊到海南的崖州（今海南省三亚市），元成宗元贞年间（公元1295年—1297年），遇海船自崖州返回故里。

另据《辍耕录》说，在黄道婆回乡前，乌泥泾一带土地硗（qiāo）瘠，人民贫困，当地虽已有棉花种植，但棉纺织技术极为原始，"无踏车、椎弓之制，率用手剖去子，线弦竹弧置案间，振掉成剂，厥功甚难"。崖州是中国最早的植棉地区之一，当地黎族人民早已创造出包括轧、弹、纺、织、染等一整套棉纺织生产工具和生产技术。黎族人民织造的"花被""缦布""黎幕"等产品均极精致而享有盛名。黄道婆在崖州时掌握了这套棉纺织技术，回乡后不久即结合内地的纺织工艺加以改造，革新出一套新的棉纺织技术，而后传授给乡人，改变了家乡棉纺织生产的落后状况。

黄道婆的慷慨施教，不仅使此前生计困苦的乌泥泾人"竞相作为，转货他郡，家既就殷"，还惠及周边的嘉定、昆山、太仓等地，对棉织业在上海地区的日后繁荣起到很大的推动作用。黄道婆逝世后，松江府地区很快成为全国植棉业的中心，赢得了"松郡棉布，衣被天下"的赞誉。

《辍耕录》说黄道婆在家乡"乃教以做造捍弹纺织之具。至于错纱配色，综线挈花，各有其法。以故织成被褥带帨，其上折枝团凤，棋局字样，粲然若写"。这表明黄道婆对棉纺织捍、弹、纺、织四项工艺在技术上都做了革新。黄道婆所传棉纺织工具的具体结构，《辍耕录》没有细谈，但从其文内容不难窥知一二。

改良的捍、弹机具

《辍耕录》说在黄道婆回乡前"无踏车、椎弓之制，率用手剖去子，线弦竹弧置案间，振掉成剂"，而且明言黄道婆"教以做造捍弹纺织之具"。可见是黄道婆教给乡人制作踏车、椎弓之法。所制踏车结构应与《王祯农书》所载搅车相近，也是利用两根直径不等、速度不等、回转方向相反的辗轴相互辗轧，使棉籽和棉纤维分离。所制弹弓也较以前大得多，并用木椎（或称槌）往来敲击。

改良的纺车

在黄道婆回乡之前，松江一带的纺车都用来纺麻纱，因带动锭子旋转的绳轮直径偏大，纺棉纱时往往因牵伸不及或捻度过高使纱线崩断，不堪利用，当地多用纺坠纺棉，效率极低。黄道婆凭借多年纺棉纱的经验，适当缩小了麻纺车上的绳轮直径，让锭子旋转速度减缓，使之变成适宜纺棉纱的棉纺车，从而大大提高了纺棉纱的效率。

改良的织造工艺

黄道婆把江南先进的丝麻织作技术运用到棉织中，并吸收了黎族棉织技术的优点，总结出一套错纱、配色、综线、挈花的工艺。她与家乡妇女运用这套工艺织制的被、裙、带、手巾等产品，由于上面的折枝、团凤、棋局、字样等纹饰，如同画的一样鲜艳，具有独特的风格，因而风行一时。所织"乌泥泾被"享誉各地，当时的上海、太仓等县都加以仿效。

黄道婆生活在中国纺织业以丝、麻为主要原料转变为以棉花为主要原料的时代。她顺应了时代要求，推动了这个重要转变，为棉花在全国范围的推广和棉织业技术水平的提高作出了不可磨灭的贡献。黄道婆去世后，当地人把她尊奉为"先棉"，并公推一赵姓乡宦为首，为之建立祠院。此祠于至顺三年（公元1332年）建成。建成后不久即遭战火毁坏，在至正二十七年（公元1367年）由一张姓乡宦重新建造，其香火一直绵延不断。元代诗人王逢曾作诗一首以记之："前闻黄四娘，后称宋五嫂。道婆异流辈，不肯崖州老。崖州布被五色缫，组雾紃云灿花草。片帆鲸海得风归，千轴乌泾夺天造。天孙漫司巧，仅解制牛衣。邹母真乃贤，训儿喻断机。道婆遗爱在桑梓，道婆有志复赤子。荒者唐元万乘君，终缅长衾共昆弟。赵翁立祠兵火毁，张君慨然继绝祀。我歌落叶秋声里，薄功厚飧当愧死。"元以后，尊奉黄道婆的祠院又相继建了几处。清代上海县城一处黄道婆专祠碑文记有："天怜沪民，乃遣黄婆，浮海来臻。沪非谷土，不得治法，棉种空树。惟婆先知，制为奇器，教民治之。踏车去核，继以椎弓。花茸条滑，乃引纺车。以足助手，一引三纱。错纱为织，灿如文绮，风行郡国。昔苦饥寒，今乐腹果。"碑文真实反映了黄道婆革新棉织技术的功绩和对当地经济发展的深远影响。现在上海市南区犹有一座奉祠黄道婆的先棉祠；上海豫园内有一座跋织亭，系清咸丰时布业公所建造，亦为供奉黄道婆之所。封建社会，非达官贵人是很少有资格建立专祠的，黄道婆这位名不见经传的劳动妇女，竟有专祠多处。由此可见自元以来松江一带人民对她的尊敬和怀念是何等深厚。中华人民共和国成立后，上海人民为表彰黄道婆的功绩，于1957年在东湾区为她修建墓园，立碑纪念（图36）。

图36 黄道婆纪念邮票

十四、棉花取代麻类纤维之缘由

从一堆堆雪白的棉花到一匹匹光洁细密的白布，要经过初加工、纺纱、织造等工序。其纺纱、织造方法和我国已行之数千年的丝、麻纺织相近。为什么棉纺织生产在宋以前的一千余年的时间里，始终仅局限在边疆，而未在黄河和长江流域广泛传播呢？为什么在宋元之交时棉花生产才得到迅猛发展，最终超越麻、苎成为最重要的纺织纤维？归纳起来主要有以下几方面原因。

第一，社会原因。宋代人口大幅增多。据记载，唐代户口最盛时为天宝元年（公元742年），户数为8525763，口数为48909800。北宋户口最盛时是大观三年（公元1109年），户数为20882438。就户数而言，北宋最高户数是唐代最高户数的两倍多，因此，北宋人口较唐代有大幅度提高。南宋户口最盛时是淳熙五年（公元1178年），户数为12976123，比唐代也有较大的提高。这说明宋代人口的增加是相当可观的，原有的丝、麻、毛等纺织纤维材料已不能满足需要，人们被迫寻找一种新的、更廉价的纺织纤维。人口的增加为已在闽广地区普遍种植的棉花北上奠定了社会基础。

第二，棉花自身的优点。《王祯农书》说，棉花比之桑蚕，无采养之劳，有必收之效；比之麻类韧皮纤维，免绩缉之工，所以生产成本较低。另外，植棉比之植麻，对土壤条件要求不高。据近代科学测定，苎麻损耗土地肥力是棉花的16倍，在当年没有化学肥料来补充地力的情况下，苎麻不是什么样的土地都可以栽种的。而棉花则可在各种性质的土地上种植，为不适合种植粮食和其他经济作物的地方带来了发展机会，如松江地区就是靠植棉发展起来的，陶宗仪《南村辍耕录》所载："闽广多种木绵，纺绩为布，名曰吉贝。松江府东去五十里，曰乌泥泾，其地土田硗瘠，民食不给，因谋树艺，以资生业，遂觅种于彼"，便是一例。

第三，棉花绒密轻暖，棉布质柔不板，有优异的御寒功能，可做成棉袍、棉被，替代裘皮毛毯，这是葛麻织物所不具备的。

第四，棉花播种方式的改变以及植棉技术的进步。棉花生产之所以在很长时间仅局限于边疆地区，其原因如《农桑辑要》"论苎麻木棉"一文所言：当时往往是因为"悠悠之论，率以风土不宜为解"，但实际上是"种艺之不谨者有之，抑种艺虽谨，不得其法者亦有之"，即原本是热带、亚热带作物的棉花，向北移植到地处温带的内地，必须在栽种上有一套适应新环境的技术方法。江南地区自引种多年生棉花后，很快便改为一年一种了。据《王祯农书》载：棉花"不由宿根而出，以子撒种而生"，"其种本南海诸国所产，后福建诸县皆有"。这说明元代大部分地区所种棉花确系南疆传入的多年生棉种，而且经过多年的选种培育，其品种基本已呈一年生草棉状了。棉花种植方式的改变，对棉花的大普及和多年生树棉品种的蜕变，意义深远。每年撒种，当年生长的棉花植株自然比多年生长的棉花植株低矮许多，使多年生树棉具备了密植和畦作的条件。密植可提高棉花单位面积的产量；畦作既便于田间管理，又便于采摘，而且人们每年还可以刻意选留植株低矮、棉铃饱满的棉种。每年撒种棉花，采用密植和畦作的方法，使棉花单位产量大幅度提高，并促进了多年生棉花向一年生棉花的转化，为棉花在全国范围的普及，取代麻、苎纤维成为最主要的纺织原料奠定了生产基础。可以说每年撒种种植棉花是中国棉纺织发展史上一个非常重要的转折点。

第五，棉花加工技术的进步。棉纺织本来可借鉴若干丝、麻纺织的先进技术来提高生产力，棉花首先要去籽，然后弹松，才能用于纺纱。早期轧花工具太落后，使加工棉纤维成本高，速度慢，远远不能满足后面拥有先进织机的织造工序的需求。而原有的丝、麻纺织，虽然技术很先进，却没有轧花这一工序，无可借鉴的工具，所以很久以来轧花这道工序严重阻碍了棉纺织生产的发展。宋末元初，轧棉车出现，使已具备纺车、织机的棉纺织手工机具配套起来，阻碍棉纺织发展的瓶颈被打碎，长期处于停滞状态的棉纺织生产有了突飞猛进的发展，迅速成长为一个巨大的产业。

机具篇

　　将加工处理好的各类纤维，制作成可堪穿着的布帛，都需要经过纺纱、织前准备和织造三大加工工序。其中，纺纱的目的是把动物或植物性纤维，运用加捻的方式，使其抱合成为连续性无限延伸的纱线，以便用来织成布，通用机具有纺塼、各式纺车等；织前准备一般包括络沙、定捻、卷纬、穿筘和整经等近十余道分工序，其质量好坏，直接影响到后面上机织造的效率、损耗、成本以及织物的质量，所以织前的准备是相当重要的，通用机具除了定捻的纺车，还有络车和经架；织造则是通过开口运动、引纬运动，将经纬纱交织在一起最终形成布帛的过程，通用机具有腰机、踏板织机和提花机等。这些工序的工艺方法和机具，是先人经过长时间的生产实践，从无到有，从简单至复杂，逐步积累和完善出来的。

一、从"弄瓦之喜"话纺塼

　　中国古代男女分工一直遵循男耕女织的方式，所以自古以来亲朋好友家生女时，看望的人往往有恭祝"弄瓦之喜"的说法。这个所谓的"瓦"，就是最早用于纺纱的工具，由纺轮和捻杆组成的纺塼。在已发掘的一些新石器时代中晚期遗址中，纺塼的主要部分——纺轮，曾大量出土，证明纺塼已是那时纺纱必不可少的工具了。不仅如此，在这些遗址出土的各类殉葬品中还有三个现象颇值得注意：其一，有些遗址出土的陶制生产工具只有纺轮一种；其二，在出土的各类生产工具中纺轮所占比重较大；其三，有些地区墓葬中的随葬器物安放有一定规律，即随葬品中有纺轮的墓，一般还会有石刀、石麻盘和陶器，没有石镞，随葬品中有石镞的墓，还会有石斧、石锛和陶器，没有纺轮。这三个现象，不仅反映出在早期的人类遗存中纺坠所占的重要地位，还表明当时纺织生产已分化成一种专门的生产活动和当时男子已主要从事狩猎及农耕、女子已主要从事家务及纺织的明确劳动分工。由此可见，纺坠的出现不仅给原始社会的纺织生产带来了巨大变革，对早期人们社会生活的影响亦极为深远。出土纺轮的材质有陶质、石质、骨质和玉质等，形状有圆形、球形、锥形、台形、算珠形、齿轮形等。新石器早期的纺轮，大多用石片和陶片打磨而成，外形厚重不规整，制作粗糙，大多是根据所选用材料，稍加切割打磨而成。晚期的纺轮，大多是用黏土专门烧制，外形规整且趋于轻薄，侧面呈扁平或梭子的形状。其变化原因，与纺坠的工作原理和所加工的纤维有关。

纺塼的工作原理是利用其自身重量和旋转时产生的力偶作功，因而纺塼的作功能力与纺轮的外径和重量密切相关。外径和重量大的，旋转速度快，转动惯量大，可纺粗硬刚度大的纤维；轮径适中，重量较轻，可纺较柔软刚度小的纤维。早期要捻纺的纤维，都是一些只经过简单加工处理、没有经过很好脱胶的植物纤维，刚度较大；而后期，因分解、劈绩、脱胶技术的提高，要捻纺的纤维刚度变小。故早期的纺轮较厚重，后期的纺轮较轻薄。此外，在加工双股或加粗纱线时，用较重的纺轮可以取得更好的匀称性或更大的强度。

纺塼有单面插杆和串心插杆两种形式（图37）。比较早的轮杆皆为直杆，战国以后，出现了顶端增置铁制曲钩的轮杆。操作时，单面插杆纺坠大多采用悬空式。纺纱时先将要纺的散乱纤维团放在高处或用一手握住，从中抽捻出一段，缠在轮杆上端。用另一手拇指、食指捻动轮杆后，放开纺坠，让纺塼在空中不停地向左或右旋转，同时用手不断地从纤维团中再抽引出一些纤维，纤维在纺塼的旋转和下降过程中得到牵伸和加捻。锭子在下垂旋转摆动时，锭盘作为保持自旋的重量。待纺到一定程度后，把纺坠提起，用手把已纺好的纱缠在轮杆上。如此反复，直

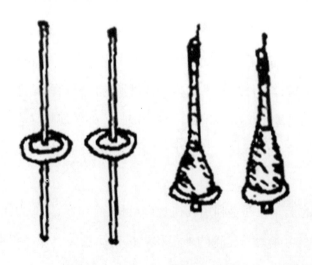

图37　单面插杆和串心插杆纺坠示意图

到纱缠满轮杆为止。这种方法可制成很好的平滑的线。串心插杆纺塼大多采用搓转式。因串心插杆纺坠的轮杆较长，纺轮又位于轮杆中部，使用时可将纺塼倾斜倚放在腿上，从握于手中或堆放一旁的纤维团中抽捻出一段，缠在轮杆上后，用另一只手在腿上搓转轮杆，使之作功。待纺到一定程度后，用手把已纺好的纱缠在轮杆上。这种纺塼的出现应早于单面插杆纺塼，从它的操作中很容易看出它是如何发展为单面插杆的。

纺塼的出现，给原始社会的生产带来了巨大变革，是纺纱工具发展的起点。近代的中国农村，虽现在仍可看到使用防坠纺纱的妇女，但实际上早在战国时期，纺车就取代纺塼成为主要纺纱工具，纺塼基本变成了妇女闲暇之余的纺纱工具（图38、图39）。

图38　清代李诂《滇南夷情汇集》中纺　　图39　少数民族妇女在街道边用纺塼纺纱
　　　塼纺纱版画

二、汉画像石中的纺车

用纺塼纺纱时，由于人手每次搓捻轮杆的力量有大有小，使得纺塼的旋转速度时快时慢，纺出的纱线极不均匀。而且用手搓动轮杆一次，纺塼只能运转很短的一段时间，纺出很短的一段纱，生产效率很低。随着织造工序对纱线需求的骤增，纺塼效率低的缺陷越来越明显，使得人们不得不创造新的纺纱工具来替代，于是在人们生产实践中，纺车便应运而生了。

古时纺车也称为軖车、纬车或繀（suì）车，这除了与各地方称呼不同，主要与纺车的不同用途有关。关于纺车的最早出现时间，现在还无法确定。长沙曾出土过一块战国时代的麻布，其经线密度为每厘米28根、纬线密度为每厘米24根，比现在每厘米经纬线密度各为每厘米24根的细棉布还要紧密。这样细的麻纱，用纺塼是纺不出来的，只有在纺车出现之后才有可能。据此推测，纺车大约在战国时期就已出现。

迄今能看到的最早文献记载和形制图像都是汉代的，所以纺车的真正普及和推广应是在秦汉时期。汉代有关纺车的记载见于《说文解字》，是书释軖车为："軖。纺车也。"段注云："纺者，纺丝也，凡丝必纺之而后可织。纺车曰軖。"释繀车为："著丝于筟车也。"《通俗文》谓："织纤谓之繀，受纬曰筟。"《方言校笺》则云："赵魏之间谓之轣（lì）辘车，东齐海岱之间谓之道轨，今又谓之繀车。"汉代纺车的形制图像在山东滕县龙阳店、滕县宏道院、江苏铜

山青山泉、铜山洪楼、江苏泗洪县曹庄等地出土或收藏的汉代画像
石上都可看到。此外在1976年山东临沂银雀山西汉墓出土的一块帛
画上也绘有纺车图像。上述汉代纺车图像除江苏泗洪县曹庄外，皆
为手摇纺车。

　　手摇纺车大致系由车架、锭子、大绳轮、小绳轮、曲柄和纡管
等部件组成（图40、图41）。曲柄装在绳轮的轮轴一端，绳轮和锭
子则是靠绳弦相连，纡管则套插在锭子上。锭子大多置于纺车的底
架上，远低于大绳轮轮轴的水平高度，这样设置是有一定道理的。
因为手摇纺车除了用于并合加捻，主要作用是对短纤维进行牵伸，
也就是将纤维条抽长拉细纺成均匀的纱。短纤维不同丝纤维，上纺
车前只是一团散乱的纤维团，不可能直接用于织造，只有用纺车牵
伸拉细纺成纱后才行。而丝纤维在上纺车前已被加工成可直接供织
造之用的单股纱缕了，再用纺车进一步加工，目的是将单股纱并合

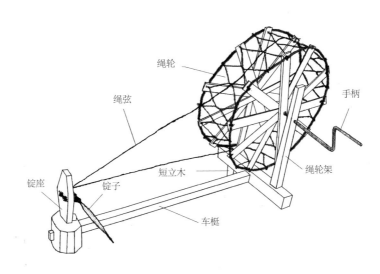

图40　手摇纺车结构示意图

图 41　手摇纺车纺纱实景

加捻成双股或多股的纱线。具体操作过程是：纺工坐在小凳上，纤维团放在地上，先用手从纤维团中捻出一段纱缕，将纱头缠绕在锭子上后，一只手转动曲柄，使绳轮带动锭子旋转，使纱缕得到牵伸和加捻；另一只手引导纡管上的纱线。待纺到一定长度，就停止片刻，握持已纺好的一段纱线，反绕到套在锭端的纱管上。如此反复。由此过程也可知牵拉纱缕的工作是靠手和锭子，一小段一小段相互拉扯完成的。利用曲柄转动纺车是纺纱机具的一大进步，著名英国科学史学家李约瑟在他的著作中说："在一切机械发明中，曲柄的发明可能是最重要的，因为它使人有可能最简单地实现旋转运动和往复运动的相互变换。"

江苏泗洪县曹庄东汉画像石上的纺车，形制较为别样（图42）。从该纺车图来看，纺轮是置放在一低矮平台框架上，纺轮的回转轴上似有一偏心凸块，而平台上又有一横木，其一端与偏心凸块联结，另一端穿入平台上的托孔中。图上是否绘有锭子，看不清楚。对这架纺车究竟是手摇还是脚踏，过去曾有不同看法，但该纺车平台框架上横木的安置方式与后世脚踏纺车的踏板极为相近，联想汉代脚踏织机普遍使用的情况，因此现在一般认为它应是脚踏纺车。纺车上部还挂着5个丝籰（yuè），似乎正在用其并线加捻。曹庄画像石是现在能看到的、有关脚踏纺车的最早图像资料，它的发现说明脚踏纺车至迟在东汉即已出现，并被广泛运用在丝的加捻合线中。

图42　江苏泗洪县曹庄东汉画像石

脚踏纺车的结构可分为纺纱和脚踏两部分。纺纱机构由绳轮、锭子和绳弦等机件组成。这些机件的安装方式与《女孝经图》所画手摇纺车相同（图43），绳轮安装在机架的立木上，锭子则安装在绳轮上

图43 《列女传》中的脚踏纺车

方的托架上。锭子的数量可以1到5枚不等。一般来说，纺麻的可以为5枚，纺棉的至多为4枚。脚踏机构有两种类型。一类是由踏杆、曲柄、凸钉三部分组成。曲柄置于轮轴上，末端由一短连杆与踏杆相连，而凸钉则置于机架上，顶端支撑踏杆。为避免操作中踏杆从凸钉上滑落，踏杆在与凸钉衔接处有一凹槽。这种结构运用了杠杆原理。在纺纱时，纺妇的两脚分别踩在凸钉支撑点两侧的踏板上。当双足交替踏动踏板后，以凸钉支撑点为分界的踏杆两边便沿相反方向作圆锥形轨迹转动，并通过曲柄带动绳轮和锭子转动。另一类则没有利用曲柄。踏杆一端被直接安放在绳轮上的一个轮辐孔中，轮辐孔较大，踏杆可在孔中来回抽伸。踏杆另一端也架放在车后的一个托架或凸钉上。采用这种脚踏结构的纺车，绳轮必须制作得重一些，以加大绳轮的转动惯量。在纺纱时，纺妇也不需用双足踏动踏杆，只需用一足踏动，利用绳轮转动时产生的惯性，使其连续不断地旋转（图44）。

图44 《王祯农书》中的木棉纺车

　　操作手摇纺车时，因需一手摇动纺车，一手从事纺纱工作，难以很好地控制细短纤维，为避免纤维相互扭结，成纱粗细不匀，操作中只能以牺牲纺纱速度为代价，时刻小心以防止这种情况出现。而操作脚踏纺车则没有这种顾虑，在整个纺纱过程中，纺工的双手都能从事控制纤维运动的工作。据现有资料看，在纺车上以脚替代手，可能是受脚踏升降综片织机的启发，但将脚踏往复运动转变成绳轮圆周运动的机械结构，却是首先始于脚踏纺车，这是汉代机械制造史上一个颇为重要的发明。

纺车比之纺塼，纺纱质量和效率大为提高。用纺塼纺纱，用手搓捻纺塼一次，最多不超过20转。而用纺车纺纱，通常绳轮转动一周，锭子可转动50—80转，按1分钟轮轴转30转计算，锭子每分钟的转数可多达1500—2400转。二者相比，纺车锭子的转速比纺塼快10—16倍，而且用纺车卷绕纱线也要比纺塼快得多，故其总的生产能力比纺塼高15—20倍。另外，纺车的锭子因靠绳轮带动，转速较均匀，速率易控制，不似纺塼初始转速与末转速相差那样大，故纺出纱的均匀度较好，且可根据不同用途纱线的工艺要求，较轻松地进行强捻或弱捻的加工。

我国从汉代已普及的纺车，欧洲直到公元13世纪末才出现。迄今所知，欧洲关于纺车的最早介绍，是在公元1280年左右出版的德国斯佩那尔的一个行会章程，其间接提到了纺车。李约瑟认为，在欧洲，纺车以及与纺织品有关的其他机械，是元代由从中国归来的意大利人传入的。

三、适宜规模化生产的多锭大纺车

唐宋时期，由于社会经济和商品贸易有了较大的发展，社会对纺织品需求量大大增加，出现了许多脱离农业生产而专门从事手工纺织生产的劳动者。用原有的手摇纺车和脚踏纺车纺纱已经不能满足市场需要和专业化生产，如何提高纺纱生产率成为社会提出的一个亟待解决的技术问题，于是在各种传世纺纱机具的基础上，逐渐产生了一种有几十个锭子的纺麻大纺车。这种纺车的起源及创制情况，在古文献中缺少明确的记载，它的形制直到元代才被收录在《王祯农书》里。应该指出的是，古代一项技术从产生到广泛应用，一般都要经过一段相当长的时间，从王祯所说"中原麻苎之乡"皆使用大纺车的情况来看，它的出现时间可能在南宋或更早一些。另外，这种纺车本有大小两种规格。最先出现的，是规格较大的一种，较小的一种则是根据较大者仿制出的。王祯也曾明确谈到这一点："又新置丝绵纺车，一如上（大纺车），但差小耳。"

大纺车的结构可分为加捻卷绕、传动和原动三大部分。

加捻卷绕部分，由车架、锭子、摆纱竿和纱框等机件构成。机架是一个长约二丈、宽约五尺，下部着地的长方形木架。锭子的数量有32枚，它外观、尺寸、贮纱及置放方式与一般常见的纺车纱锭完全不同。其形状为一中空的木筒，在《王祯农书》中被称作"䌥"。䌥，也写作櫎，系用木车成的筒子。长一尺二寸，直径亦一尺二寸，竖置在机架底部的长木座上。从《王祯农书》的附图看，锭子似乎是横置，很容易引起误解。不过《王祯农书》在文字中却交代得非常清楚，"次于前地拊上，立长木座。座上立臼，以承䌥底铁篾"。"座上"和"臼""承"几个字，其含义很明显，"座上"无疑是指木座的顶面；"臼"的口一般也是向上，而"承"字则是以下受上之谓，可见所有的纱锭一律是竖置的。贮纱方法也不是缠在纱锭杆上，而是把绩好的麻条盘成纱卷，放于木筒之内。大纺车上锭子置放和贮纱形式的变化和创新非常重要，竖立的纱锭比横卧的纱锭更便于导出纱缕，而且出纱快捷，不易乱缕。现代纺纱机的纱锭都是竖置的，也说明这个变化对后世纺纱机的演变影响之深远。摆纱竿是一根能做间歇摆动，使纱框卷纱均匀，不致重叠，较机架略长的细竿。它横担于机架两侧横撑的前半部，并与机架正面的上半部接近。摆纱竿前还横安有一排用以控制纱线位置（分勒绩条）与纱锭等量的小铁叉。纱框由6根横木条和1根略长于机架的长轴构成。由于纱框很长，为便于将纱框上已卷绕的加捻后的麻缕顺利卸下，纱框一角横梁辐撑是活络的，可让一根横梁在退缕时内收。整个加捻卷绕行程是：鼗内引出的纱缕，每缕经过一个小铁叉，通过摆纱竿的摆动，均匀卷绕在纱框上。

传动部分，包括两个系统：一个是转动位于机架下部的纱锭；一个是转动位于机架上部的纱框。传动纱锭的系统，由位于车架左右的二轮、皮弦、变向轮及张力轮构成。皮弦贯通左右两轮，下皮弦通过固装于车架下部的变向轮改变方向，从位于车架前部的锭轮外侧通过。锭子的旋转则是靠皮弦对锭轮的摩擦。由于纱锭是垂直排列的，所以皮弦无疑也是按直线运动方式切过各个锭轮外侧的。传动纱框的系统，由一根绳弦及几个变向旋鼓组成。绳弦直接缠于主动轮轴，并自主动轮轴引出后，经变向滑轮绕于纱框上。

原动部分，既可用人力或畜力驱动，也可利用水力驱动。用人力驱动，只要在车架一侧轮轴上装一曲柄即可。此轮作为主动轮，利用人力加以摇转。由于大纺车锭子数目甚多，为了省力，此轮直径通常要大一些。用畜力驱动，应是采用类似畜力碾磨的方法。宋元以前，畜力碾磨便已有相当久远的使用历史，技术上已颇为成熟，因此在大纺车上使用这些技术绝非难事。用水力驱动，采用水轮与车架一侧大轮同轴的驱动方式，把水轮发出的力最大限度地用在大纺车上。这种同轴驱动的方式，在水磨、水碾上经常可以看到。王祯说水转大纺车的水轮"与水转碾磨工法俱同"，印证了水转大纺车的动力确是借鉴了水磨、水碾的技术（图45）。

图45　水力大纺车

　　与普通纺车相比，大纺车功效如何？做一简单换算即可明了。直观地看，32锭的产量相当于32架单锭纺车，5.4架5锭纺车。实际上，并不仅止于此。我们知道一般纺车在进行加捻和卷绕时，纺工需手持纱缕一端，让纱缕的另一端绕于锭杆前端，即被纺纱缕的两端处于手和锭杆的控制中，也就是在加捻过程中，这段纱线两端的位置是固定的。锭子旋转，纱线被加捻后，依靠锭子的反转，让绕于锭杆前端的纱缕退绕下来，再转动锭子，把加过捻的纱缕用手送绕在纱管上。显然锭子的工作一会儿是加捻，一会儿是卷绕，加捻和卷绕是分开交替进行的。大纺车则不是这样，它把加捻和卷取糅合起来一并进行。大纺车的锭子专门负责加捻，卷绕则由纱框完成。运转前，需要将纱缕预先绕在纱管上，并将纱缕头端绕上纱框。运转时，锭子与纱框同时转动，锭子转速比纱框快得多，纱缕在被卷上纱框的过程中被加捻。由于加捻与卷绕的速度有固定的速比，且是无间歇的连续运转，大纺车的加捻卷绕速度和质量自然比一般纺车要快和均匀。如再加上连续工作，即加捻、卷绕同时进行而争取的有效时间，其产量比前述的还应提高1/3。难怪王祯说："昼夜纺绩百斤，或众家绩多，乃集于车下，秤绩分纑（lú），不劳可毕……大小车轮共一弦，一轮才动各相连。机随众轆方齐转，纑上长纤却自缠。可代女工兼倍省，要供布缕未征前。"原来一架纺车每天最多纺纱3斤，而大纺车一昼夜可纺100来斤，纺绩时需集中足够多的麻才能满足它的生产能力。在使用大纺车的地方，许多农户都将绩好的麻送到大纺车作坊，请其代为加工，以节省大量劳力。

一项技术是否得到普遍运用，其意义之重大，并不逊于这项技术的发明。《王祯农书》只是说水利大纺车在"中原麻苎之乡，凡临流处多置之"，似乎仅是中原一带在普遍使用水利大纺车。实则不然。根据学者研究成果，元代后期的都江堰一带，乃是当时中国使用水力纺纱机最集中、最充分的地区，也是世界上第一个在纺纱业中建立起水力推动机器生产体制的地区。

元以后，由于大纺车只能对纤维进行加捻和卷绕，不具备牵伸功能，无法完成牵伸引细纱条的任务，不适于棉纺的需要，所以在棉花逐渐向全国普及，麻布在平民衣着中的主要地位开始被棉布取代的情况下，麻纺织生产大幅度萎缩，用者始渐减少，致使具备了近代多锭纺纱机械雏形，适应大规模生产的纺麻大纺车，逐渐退出了纺织生

产舞台。而比它车型稍小的纺丝大纺车，经改进结构和增加锭子数
量后，在元以后丝织生产发达的地区，仍然继续大显身手，甚至直到
20世纪70年代，在湖北江陵仍可看到。

纺丝大纺车有水纺和旱纺两种类型。对这两种类型，卫杰在《蚕
桑萃编》一书中都有所论述，并附有图谱（图46、图47）。据此书
说：江浙丝织业使用的都是水纺型，亦称为"江浙式"；四川丝织业

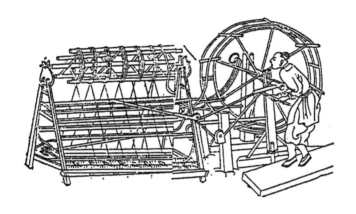

图46 《蚕桑萃编》中的江浙水纺车

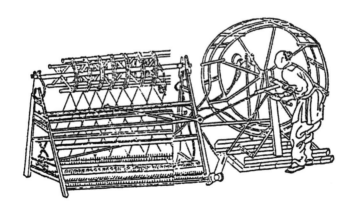

图47 《蚕桑萃编》中的四川旱纺车

使用的都是旱纺型，亦称为"四川式"，并说江浙丝和四川丝之所以精美，都与使用这种纺车有关。实际上这两种类型纺车的使用范围，并非像卫杰所说的那样绝对，在这两地是相互通用的，只是在使用比例上，江浙用水纺的多，四川用旱纺的多。

水纺车和旱纺车的结构基本相同，都是由机架、出纱、绕纱和传动四部分组成。其差别就在于它们的加湿附加装置，即《蚕桑萃编》所说水纺车的水鼓辘和压水柱及旱纺车的水淋竹和搅丝竿。水鼓辘和压水柱位于机架前后两面的地附上，系两个竹槽及两根竹竿，长度均略长于机架。竹槽中满贮清水，压水柱横置于水槽之内；水淋竹和搅丝竿是两片竹和两根竹竿，亦均略长于机架。水淋竹上覆盖用水浸过的湿毯，搅丝竿压于水淋竹之上，分位于水鼓辘相同的部位。这两种装置的用途显然完全相同，都是为了去除丝线表面的灰尘和增加丝线的湿润度，就如《蚕桑萃编》所言：

（水纺车）纺以水名，重淘洗也。因潮重风燥，水性带泥，浊尘易沾，故倒经必过水盆，摇经必过水鼓，所以倒洗三次，摇洗亦三次。是纺中洗经则易净，经必湿纺则愈紧。色自鲜亮。

（旱纺车）纺而曰旱，用水少也。因天气温和，水不加泥，室不起尘。以细毡片泡水，搭于水淋竹上，令经丝擦过，所以去尽污浊，而求纯洁。愈湿愈净愈紧练也。色自鲜亮。

　　《蚕桑萃编》还记载了大型丝纺车的使用情况，该书卷十一云：
"纺丝之法，惟江、浙、四川为最精。东、豫用打丝之法，山、陕、
云、贵亦习打丝法，以一人牵，一人用小转车摇丝而走。"可见当时
纺丝大纺车只是在江苏、浙江、四川等少数几个丝织业发达的省份，
其他地方都是用露地桁架来合线。究其原因，应与全国各地普遍种植
棉花有关，因为当时"北至幽、燕，南抵楚、越，东游江淮，西及秦
陇，足迹所经，无不衣棉之人，无不宜棉之土"。江苏、浙江、四川
丝纺织业的规模虽然亦大不如前，但仍是全国传统丝纺织品的主要产
区，其丝织技术一直处于全国领先的地位，并且涌现出不少专以蚕织
生产为主的城镇，兼之这些地区还设有许多专门织作高档精美丝织产
品的官营织染局。正是由于规模化生产需要高效率的丝加工机具，所
以丝纺织业专用的大型丝纺车才在这些地区广为应用。

　　与前代纺麻大纺车相比，纺丝大纺车有下面几个进步：一是车
架的形状由长方形框架体变为梯形框架体。上狭下阔，纺车稳定性
更好。且车架一侧的导轮直径大大缩小，使操作更为省力。二是纱
锭由中空的木筒状改为实心的锭杆状，变竖直排列为横卧排列，克
服了竖锭因摇摆造成丢转导致纱线加捻不匀的缺陷。三是锭子由单
面排列变为双面交叉排列，使锭子数量又增加了许多。以前的大纺
车每台锭子数为32枚，纺丝大纺车锭子数增加到50或56枚。锭
子数的增多使每台车的生产效率相应地提高了很多。四是导纱方式
更加完美。纺麻大纺车是靠"小铁叉"完成导纱，纺丝大纺车是靠
"交棍竹"完成导纱，小铁叉只能导，交棍竹既能导，又能摆动使丝
线分层卷绕。五是增加了给湿定型装置，既可提高丝线张力，防止

加捻时丢转，又可稳定捻度和涤净丝条。

四、张丝于柅的络车

缲、纺之后得到的纱缕往往含有一些诸如粘连、不匀、断头等影响上机的疵病，必须消除这些疵病后，纱缕才符合上机要求。络纱的过程就是把缲、纺后的纱缕，通过络车倒到篗子上，并在这个倒纱的过程中，整理、去除发现的各种疵点。而不同的织物对经纬线的粗细、有捻无捻、捻度大小等也有不同的要求，这就需要在络纱之后，再通过纺车进行并线和加捻。

古代通用的络车有南北之分（图48、图49）。关于络车的记载，

图48 《农政全书》中的南络车

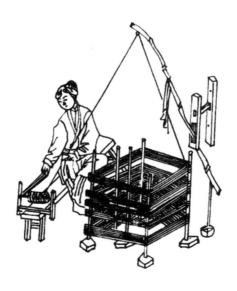

图 49 《蚕桑萃编》中的北络车

汉代《方言》有"河济之间，络谓之绐"。郭璞注"所以转籰给事
也"。《说文解字》有"车枘为柅"、《通俗文》有"张丝曰柅"的解
释。这里的"柅"南北络车通用，是张丝绞的装置，由竖立地面上的
四根木棍，或者由每两根一组下装底座的木棍组成。《王祯农书》对
北络车的构造和用法记载得比较详细，其文译成白话是：将缫车上脱
下的丝胶，张于柅上，柅上作一悬钩，引丝绪过钩后，逗于车上。其
车之制，是以细轴穿籰，放于车座上的两柱之间。两柱一高一低，高
柱上有一通槽，放籰轴的前端，低柱（上有一孔）放籰轴的末端。绳
兜绕在籰轴上，手拉绳一引一放，则籰轴随转，于是丝就络在籰上
了。宋应星《天工开物》则对南络车的构造和用法记载得较具体，其
文译成白话是：在光线好的屋檐下，把木架铺在地上，木架上插四根
竹竿，名叫"络笃"。丝套在四根竹上。络笃旁边的立柱上八尺高处，

斜安一小竹竿，上面装一个月牙钩，丝悬挂在钩内。手拿籰子旋转绕丝，以备牵经卷纬时用。小竹竿的一头坠石，成为活头，接断丝时，一拉绳小钩就可落下。对比两书记载，南北络车都用张丝的"柅"和卷绕丝线的"籰"，但丝上籰的方式两者却大不相同。北络车是用右手牵绳掉籰，左手理丝，绕到籰上；南络车则是用右手抛籰，左手理丝，绕到籰上。由于北络车转籰动作采取了机械方式，丝籰旋转速度快而稳，所以它的生产效率和络丝质量远较南络车为优，古人所谓"南人掉籰取丝，终不若络车安而稳也"的评论，正是对此而言。

籰子在汉代《方言》中叫作"䅟"。《说文解字》解释为"收丝者也"。《王祯农书》称为"籰"，解释为"必窍贯以轴，乃适于用。为理丝之先具也"。它的作用相当于现代卷绕丝绪的筒管，但两者的形制是完全不同的。其结构和用法是两根或两根以上竹箸由短辐交互连成，中贯以轴，手持轴柄，用手指推籰使之转动，便可将丝线绕于籰上。籰子虽是一种简单的机具，但它的发明大大提升了牵经络纬的速度（图50）。

图50　新疆阿斯塔那晋墓出土的籰子的示意图

五、牵拉经线的经架

整经是织造前必不可少的工序之一，其作用是将许多篗子上的线按需要的长度和幅度，平行排列卷绕在经轴上，以便穿筘、上浆、就织。古代整经用的工具叫经架、经具或绖（zhèn）床，整经形式分经耙式和轴架式两种。

根据将出土文物与民族学资料对照进行分析研究，有学者认为我国原始的整经是直接在织机上进行或通过地桩进行。我国彝族地区近代仍保留直接上机整经工艺和地桩整经工艺，有的学者认为河姆渡新石器时代的整经工艺应与此相似。到了春秋时期，地桩整经工艺发展成经耙式整经工艺。在江西贵溪仙水岩春秋战国崖墓中发现的文物里，有残断齿耙三件，耙面为一排小竹钉，相距2厘米；另有经轴一件，与齿耙外形相近，轴面两侧各有一椭圆孔，中间是长方形浅槽，现长80厘米。经分析研究，这些出土文物器具都是用作整经的工具。尽管它出现的年代较早，但有关的图文记载却是在元代及以后才有。根据这些记载，经耙式牵经工具的整体结构大致是由溜眼、掌扇、经耙、经牙、印架等几部分结合而成（图51）。溜眼为竹棍上穿的孔，作导丝用；掌扇为分绞用的经牌，也称"扇面"；近似现代的分绞筘；经耙为钉着竹钉或木桩的牵经架子；经牙为架子上的竹钉，它的数量多寡，视整经长度而定，经轴上经线卷绕长度长，经牙就要多；印架为卷经用的架子。整经时，首先排列许多丝篗于"溜眼"的下面，把丝篗上的丝分别穿过"溜眼"和"掌扇"，而总于牵经人之

图51 《天工开物》中的经耙图

手。理掭就绪，再交给另一个牵经人，该人来回交叉地把丝缕挂于经
耙两边经牙上，直至达到需要的长度后，将丝缕取下，卷在印架上。
卷好以后，中间用竹竿两根把丝分成上下两层，然后穿过梳箅与经轴
相系。如要浆丝，就在此时进行，如不浆丝，就直接卷在经轴上。古
代这种经耙式整经方式与近代分条整经十分相似，很可能就是分条整
经的前身。

　　轴架式整经工具始见于楼璹《耕织图》中，尽管楼图过于简单，
但表明至晚在南宋时就已普遍使用这种整经工具了。其后元代的《农
书》、明代的《农政全书》、清代的《豳风广义》等一些书籍记载得
较为详尽，使我们可以知道它的全貌。根据这些记载，轴架式整经是

将丝篗整齐排列在一有小环的横木下，引出丝绪穿过小环和掌扇绕在经架上（经架的形制是两柱之间架一大丝框，框轴处连一手柄）。一人转动经架上的手柄，一人用掌扇理通纽结经丝，使丝均匀地绕在大丝框上后，再翻卷在经轴上（图52）。这种经具与经耙式相比，不仅产量高、质量有保证，而且对棉、毛、丝、麻等纤维都适用，故一直习用至近代。它的工作原理与近代大圆框式的自动整经机完全一致。

图52 《王祯农书》中的经架图

六、从"手经指挂"到原始织机

远古时是以"手经指挂"来完成"织纴之功"的（《淮南子》）。所谓"手经指挂"，是将一根根纱线依次绑结在两根木棍上，再把经两根木棍固定的纱线绷紧，用手或指像编席或网那样进行有条不紊的编结。后来由于纤维加工技术有了显著进步，加工出的纱线日渐精细，再用"手经指挂"的方法编结，不但费工而且柔软的纱线极易纠缠在一起，给操作带来困难。于是我们的祖先又发明出具有开口、引纬、打纬三项主要织造运动的原始织机。1975年，在浙江余姚河姆渡新石器遗址第四文化层中，除了出土木制和陶制的纺轮，还出土了许多原始织机的机件，如打纬的木刀、骨刀、绕线棒及大大小小用于织造的木棍，印证了我国在距今6000多年前就已经使用原始织机的事实。

原始织机的具体形制目前还缺乏更多的实物依据，但是根据余姚河姆渡出土的原始织造工具，参照少数民族保存的同类型的原始织造方法，我们不难推测出这种织机的大体构造和使用方法。原始织机的主要组成部件有：前后两根相当于现代织机上卷布棍和经轴的横木，一把打纬刀，一个引纬的纡子，一根直径较粗的分经棍和一根较细的综杆。在织造时，织工席地而坐，将经纱的两端分别绑在两根横木上，其中一根横木（卷布轴）系在腰间，另一根由脚踏住，靠腰背控制经纱张力，利用分经棍形成一个自然梭口，用纡子引纬，砍刀打纬。织第二梭时，提起综杆，使下层经纱变为上层，形成第二梭口，立起砍刀固定梭口，纡子引纬，砍刀打纬。织造就是这样不断交替循环往复进行的。

　　在云南晋宁石寨山遗址出土的一个贮贝器盖上，铸有一组古代少数民族妇女用原始织机织布的塑像。像中妇女身着对襟粗布衣，席地而织。她们有的正在捻线；有的正在提经；有的正在投纬引线；有的正在用木刀打纬，塑像形态十分逼真，我们从中可形象地看到用原始织机织布的全过程（图53）。

图53　云南晋宁石寨山遗址出土的贮贝器盖上的织妇示意图

　　原始织机虽然简单，只有那么几根木棍，却包含了近代织机的几项主要运动，并能成功地织造出简单布帛。它的出现不仅使原始织造技术得到重大改进，也为后世各种织机的出现奠定了基础，因此可以说它是现代织机的始祖。

七、织机中的大智慧

在汉代刘向撰写的《列女传·母仪传·鲁季敬姜》里，有这样一段记述：

> 文伯相鲁。敬姜曰：'吾语汝，治国之要，尽在经矣。夫辐者，所以正曲枉也，不可不强，故辐可以为将。画者，所以均不均、服不服也，故画可以为正。物者，所以治芜与莫也，故物可以为都大夫。持交而不失，出入而不绝者，梱也。梱可以为大行人也。推而往，引而来者，综也。综可以为关内之师。主多少之数者，均也。均可以为内史，服重任，行道远，正直而固者，轴也。轴可以为相。舒而无穷者，摘也。摘可以为三公。

这段文字是记述文伯受教的故事。鲁季敬姜是文伯的母亲，她用一台织机来比喻一个国家，把对经丝的处理来比喻治理国家，把织机的各部件功用比作国家对各级官吏的职守和要求。鲁季敬姜所处的时代是春秋时期，她所说的织机，不带踏板，应该是春秋时期仍在使用的一种从原始织机过渡到踏板织机的有架织机。

据研究，鲁季敬姜所说的织机不仅有机架，还包含如下构件：织机上有经纱或经面，即文中所提到的"经"；有用以保持织物面平挺的辐撑，即文中所提到的"辐"；有用做清理经纱上疵点、便于寻找断头作用的工具，即文中所提到的"物"（此"物"就是又被称为"茀"的草刷）；有用作引纬和打纬的工具，即文中所提到的"梱"；有卷布轴，即文中所提到的"轴"；有经轴，即文中所提到的"摘"。文中提到的"画"，是指织物的边线，在织造过程中边线必须绷紧，使整个经丝保持均匀整齐；文中提到的"综"，是指用手提起的单叶上开口综，没有综框，上面有一根木棍，下连用细绳绕制成的综丝，提起时便形成梭口；文中所提到的"均"，是指定幅箍，像梳形，它起到控制经纱密度和梳理经纱的作用。（图54）

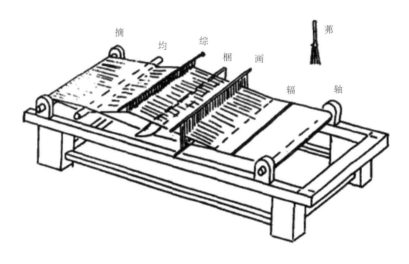

图54　复原的敧姜织机

八、画像石中的踏板织机

踏板织机是带有脚踏提综开口装置纺织机的通称。织机采用脚踏板提综开口是织机发展史上一项重大发明，它将织工的双手从提综动作解脱出来，以专门从事投梭和打纬，大大提高了生产率。

在迄今可以见到的文物中，有关踏板织机最早图像资料都是汉代的。如各地发现的众多画像石中，有九块画像石上面刻有踏板织机。其中江苏铜山洪楼和江苏泗洪曹庄发现的两块画像石中都有"曾母投杼"故事图（图55）。其内容是讲春秋时孔子的学生曾参幼年时遇到的一件事。有一天曾参的母亲正在织布，有人进屋告诉她曾参杀了人，曾母起初不信，但后来经不住人们接二连三地告知，于是误信了，并生气地将手中的杼子掷在地上教训儿子。图中坐于织机内、转身做训斥状的人即为曾母，拱手跪丁落杼旁的是曾参。再如2013年成都老官山汉墓出土了四部带踏板的织机（图56）。据考证，这四部织机时间在西汉的景武时期。与织机模型同时出土的还有15件彩绘木俑，木俑或立或坐，手臂的姿势也各不相同，根据木俑形态来推断，整个状态再现了一幕纺织工劳作的图景，甚至其中还有一

图55　江苏铜山洪楼发现的东汉画像石

名"监工"正在监督工作。此外，在其他地方的汉墓中也曾发现陶制织机模型。这些难得的、刻有经典故事的汉代装饰石砖和实物踏板织机，是我们了解古代家庭纺织生产情况及早期踏板织机结构极为重要的资料。

图56　老官山汉墓出土的织机

关于踏板织机最早出现在什么时候，目前尚缺乏可靠的史料说明。以往论述中国纺织史的著作，大多根据是《列子·汤问篇》中"纪昌学射"的记载——"偃卧其妻之机下，以目承牵挺"，考证"牵挺"即为蹑。实际上应在这之前，织机上可能已经出现了蹑。因为蹑的早期名称除了"牵挺"，还叫作"疌"。此字在今本《说文解字·止部》中分作"峟"和"疌"。谓："峟，机下足所履者"，"疌，疾也"。从两字结构看，基本相同，原本只是一字，既用于织蹑，也用于表示敏捷，后为便于区分，遂于"疌"字上加一"入"字，作蹑的专用词，所以《说文系传》训解"鑫"字时，始有"鑫，机下所履者"，以及"疾也"之说。可见"疌"字是古人专门为蹑造的会意字，其上半部之"ㄓ"，与织作直接有关，下半部用踏综的足与上半部有关，合起来即为蹑。《说文解字》所言"从止，从又"即此之谓。而以足踏蹑的过程，短而且快，引申之，所以又有疾速之意。再进一步，而又有胜克之意，并挛乳出捷、健等字。"疌"这个字早在战国之前即已行用，现仍可在文献中找到一些材料。如《诗经·郑风·遵大路》："遵大路兮，掺执子之袪兮，无我恶兮，不寁古也。""遵大路兮，掺执子之手兮，无我魗兮，不寁好也。"寁即疌，亦即鑫，《经典释文》："寁，本又作疌。"从宀，从广，古例可通作。《尔雅·释诂》："寁，疾也。"《毛传》："寁，速也。"据《诗》小序说："遵大路"是讽刺郑庄公之诗，恐误。此二句肯定成于春秋或以前，但不一定是郑庄公之时，亦非讽刺之作。郑风间有咏及男女情爱者，此亦其类。乃是女子留恋男子而又怨之的词。"不寁古也"乃责其不加速旧有的情愫，"不寁好也"用意亦同，亦责其不加速美好的情愫，都有侧重寁字所具的疾速之意。我们知道文字的产生和构成，是人类社会生活和意识的反映。从《诗经》中出现寁等字，可以判定中国传统织机开始加挂踏板的时间，大致可上推至西周及至春秋。

汉以后，通用的踏板织机有双蹑单综机、单蹑单综机、双蹑双综机几种等型制。踏板织机主要构件有：机身、马头（或鸦儿木）、蹑、复、滕、综、筘等，其中综、蹑、马头系织机的提综装置（马头或鸦儿木因其外观形状酷似所言而得名）。筘的作用是用来控制经密、布幅和打纬，筘在织机上有两种安装方式：一是将竹筘连接在一个较重摆杆上，借助摆杆的重量打纬；二是将竹筘用绳子吊挂在两根弯竹竿下，借助弯竿的弹力打纬。

单蹑单综机则是以一块脚踏板控制一片综的提升，综亦只起提经作用（图57）。单蹑单综机的机架，左右两边立柱分别装有与"马头"作用相似的"鸦儿木"。鸦儿木的前端系着综片，后端与踏脚板相连。两鸦儿木的偏后端相连的横棍，实即压经棒。当踏脚板被踩下时，鸦儿木上翘提起底经，压经棒下沉将面经下压，形成梭口。当踏脚板被放开时，鸦儿木和综框靠自重恢复到原来的位置，梭口也恢复到初始状。

图57　单蹑单综机

　　双蹑单综机是以二块脚踏板控制一片综的提升，综只起提经作用。汉画像石中出现的斜织机即为此机型（图58）。其机架左右两边立柱分别装有一个提综用的马头。马头的前端系着综片，中后端则装有二横杆，中间的作为中轴和"压交"之用，后边的作为"分交"之用。机座下的两根踏杆，一根与一提综杆相连，提综杆又与马头相连；另一根与综片下端相连。当与提综杆相连的踏杆被踩下时，提综杆使马头前倾上翘，连系底经的综片将底经提升，同时中轴也相应地向下压迫面经，形成一个三角形梭口。当与综片相连的踏杆被踩下时，综片下降，底经也随之下降，底经和面经恢复成初始梭口状。

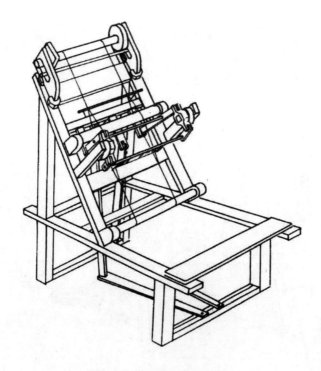

图58　汉画像石中出现的斜织机

　　双蹑双综织机是以二块脚踏板分别控制两片综的提升，每片综均兼有提经和压经的作用，它们轮流一次提经，一次压经。踏板与综的连接有两种方式：一种是两踏板分别与机架上的两杠杆一端相连，两杠杆的另一端分别与两片综的上部相连。在南宋梁楷的《蚕织图》、王祯的《王祯农书》、卫杰的《蚕桑萃编》中均载有这种机型（图59）；一种是两踏板分别与两片综的下端相连，两综片的上端则分别连在机架上方一杠杆的两端。当一个踏板被踩下时，与此相连的综片下降，而另一综片因杠杆的作用被提升，形成一个较为清晰的梭口。当踏动另一踏板时，亦然。卫杰的《蚕桑萃编》所载织绸机，即为这种机型。

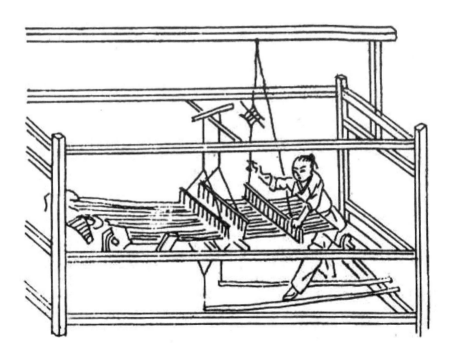

图59 《蚕桑萃编》中的双蹑双综织机

九、敦煌壁画中的立织机

织机可根据经面角度分成不同机式，中国古代主要采用水平或倾斜两式，但也曾出现过立织机，只不过它的使用远不如斜织机和水平织机普遍。立织机的经纱平面垂直于地面，也就是说形成的织物是竖起来的，故又称竖机。古代有关立织机的记载不是很多，现在能看到的最早记载是在敦煌遗书收录的契约文书里。这些契约文书的年代约在唐末五代之间，其上记载了不少立机织品的名称和数量，从上面提及的"立机""好立机""斜褐""立机绀"等名目以及敦煌莫高窟五代壁画中出现的立机图像来看，这段时间新疆地区已普遍使用立机织制地毯、挂毯、绒毯等毛织品和一些粗纺棉织品。宋元时期，立织机传入中原地区，山西省高平县（今高平市）开化寺宋代壁画的立织机图像，元代薛景石《梓人遗制》所载山西立机图制，说明立机在山西境内的某些地方是很常见的。明清时期，立机因其经轴位于织机上方，更换不便，不能加装多片综织造，只能用于生产一些平纹织品，不能织制花色织物，打纬做上下运动，较难掌握纬密的均匀度等缺陷，不但没有得到进一步普及，就是在一些曾经使用的地区也逐渐被淘汰了，基本上只是用于织毯手工业中。

《梓人遗制》一书中不仅绘有立机零件图，还有总体装配图，每个零件也都详细说明了尺寸大小、制作方法和安装部位，是目前所见最为完整的古代立机资料。从书中记载和附图看，这种织机是直立式的，上端顶部架有"滕"（经轴），经纱从上向下展开，通过豁丝木

（即分经木，有分经开口的作用）。机架上方两旁形似"马头"的吊综杆，由吊综线连接于综框，再由下综绳连于长短踏板。织造时，织工双脚踏动两根踏板，牵动"马头"上下摆动，形成交换梭口，然后用梭引进纬线，用筘打纬。这种立织机具有占地面积小、机构简单、容易制造等特点，多用于织制结构简单的毛、麻、棉等大众化织品（图60）。

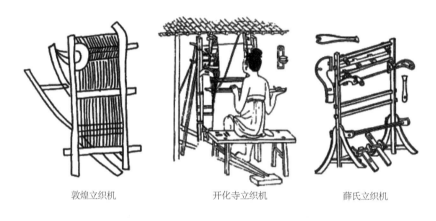

敦煌立织机　　　　　开化寺立织机　　　　　薛氏立织机

图60　古代的立机

十、织造小循环花纹的多综多蹑纹织机

多综多蹑纹织机是一种用于制织比较复杂几何花纹织物的织机，实际上也是一种踏板织机，其特点是机上有多少综片，便有多少脚踏杆与之相应，一蹑（踏板）控制一综，综、蹑数量可视需要随意添减。

关于多综多蹑纹织机的出现时间，现众说不一。有的学者根据湖北江陵马山一号楚墓出土的大量楚锦实物，认为在战国时期多综多蹑纹织机即已被广泛应用，有的学者则认为这种织机是在战国时期出现，战国至秦汉时期逐渐发展、推广。迄今所见最早记载出现在汉代刘歆的《西京杂记》中："霍光妻遗淳于衍蒲桃锦二十四匹，散花绫二十五匹，绫出巨鹿陈宝光家。宝光妻传其法，霍显召入其第，使作之。机用一百二十镊，六十日成一匹，匹值万钱。"1972年，湖南省长沙马王堆汉墓出土的茱萸纹锦、鸣凤纹锦、孔雀纹锦、夔龙纹锦和游豹纹锦等多种织锦，经分析均由多综多蹑纹织机织造。另外，在其他一些地方先后出土的东汉绫锦丝织物，经分析，其中也有不少是用多综多蹑纹织机织造的。

多综多蹑纹织机的结构与近代四川省成都市双流区沿用的丁桥织机大同小异，不同的可能仅是整体外观尺寸或某些机件尺寸。

丁桥织机的名字来自它脚踏板上的竹钉，这些竹钉状如四川乡下河面上依次排列的一个个过河桥墩"丁桥"，故而得名。其结构如下图所示（图61）。1—9系机架部分的机件、10—22系开口部分的机件、23—28系织箍部分的机件、29—33系经轴部分的机件、34系分经棍、35—39系卷布部分的机件、40系座板。这种织机的综片分为两种，机前1—8片是专管地经运动的伏综，又称占子。踩下踏板，通过横桥拉动占子的下边框下沉，使经丝随之下沉；松开踏板，机顶弓棚弹力拉动占子恢复原位，使经丝也随之恢复原位。除了伏综，其余综片皆为专管纹经运动的花综，又称范子。因踏板数量太多，为避免踏动时踩到相邻的踏板而影响综片的正确运动，相邻踏钉的安装位置是有差异的，一般是每隔几根安在同一位置。另外，在织花绫时，如所有踏板按控制花综和地综的，分开排列，幅度太宽，操作不便，可将控制地综的踏板放在控制花综的踏板中央。踏左部分时，左脚管花，右脚管素，踏右部分时，右脚管花，左脚管素。据调查，用它可生产出凤眼、潮水、散花、冰梅、缎牙子、大博古、鱼鳞杠金等几十种花纹花边以及五色葵花、水波、万字、龟纹、桂花等十几种花绫、花锦。这些产品纹样宽度一般是横贯全幅，纹样长度不等，但均不超过几厘米。生产时加挂综片和踏杆的数量，视品种花纹复杂程度而定，如生产"五朵梅"花边时，用综32片，用踏杆32根，老工匠平均每分钟投纬次数为110梭，一般工匠也可达每分钟80—100梭。

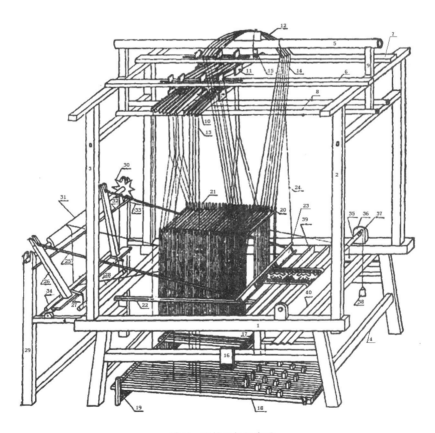

图61　丁桥织机示意图

十一、人间巧艺夺天工的花楼提花机

多综多蹑织机虽能织出比一般脚踏开口织机复杂得多的花纹织物，但仍局限于织造花纹循环数不多的对称型几何纹织物。当丝绸纹样向着大花纹发展时，如大型花卉和动物等纹样，花纹循环数大大增加，组织更加复杂，多综多蹑织机就难以胜任了。因此，在东汉时我国古代人民又在这种织机的基础上发明了一种花楼提花机。花楼提花机的最大特点是提花经线不用综片控制，改用线综控制，也就是说有多少根提花经线，就要有多少根线综，而且升降运动相同的线综是束结一起吊挂在花楼之上的。它突破了以往织机只能以综片提升经线的旧观念，使可灵活提升的经线数量大大增多，织制织物不再受织机综片数量束缚，能够随心所欲地设计织物花纹，代表了中国古代提花技术的最高水平。

东汉著名文学家王逸在《机妇赋》中曾对早期花楼束综提花机的形制和操作方法进行了生动形象的描述：

高楼双峙，下临清池。游鱼衔饵，瀺灂其陂。鹿卢并起，纤缴俱垂。宛若星图，屈伸推移。一往一来，匪劳匪疲。

其中"高楼双峙，下临清池"是说提花装置花楼的提花束综和综框上弓棚相对峙，挽花工坐在花楼上，口喝手拉，一边按设计的提花纹样来挽提花综，一边俯瞰由万缕光滑明亮的经丝组成的经面，好似"下临清池"一样；"游鱼衔饵，瀺灂其陂"是拿游鱼争食比喻衢线牵拉着的一上一下的衢脚（花机上使经线复位的部件）；"宛若星图，屈伸推移"是指花机运动时，衢线、马头、综框等各机件牵伸不同的经丝，错综曲折，有曲有伸，从侧面看有如汉代的星图；"一往一来，匪劳匪疲"，指的是织工引纬打纬熟练自如。

自汉以后，花楼提花机经六朝和隋唐几代的改进和提高，到宋元时已臻于完善，并被分化成小花楼提花机和大花楼提花机两种机型（图62）。两种花楼提花机的主要差异是：大花楼提花机可制织各种大型复杂的纹样，小花楼提花机制织的纹样相对来说则简单一些；大

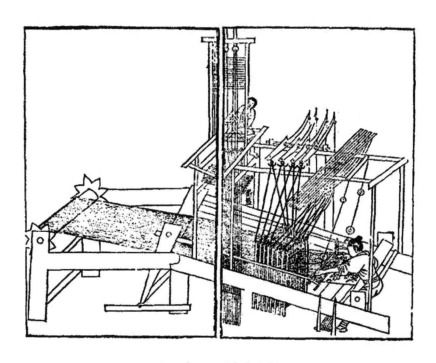

图62 《天工开物》中的花机

花楼提花机提花纤线多达2000根以上，小花楼提花机提花纤线则仅1000根左右；大花楼提花机因其花本太大只能环绕张悬，小花楼提花机的花本则只需分片直立悬挂。

使用花楼织机，必须以利用"装造系统"和"花本"为前提（图63）。

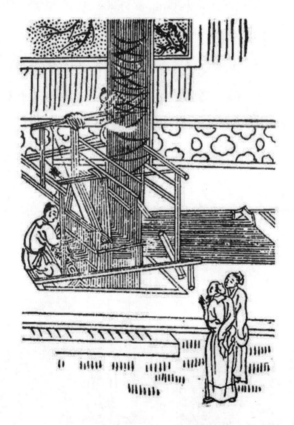

图63 《蚕桑萃编》中的攀花图

"装造系统"是由一套以竹木杆和股线为基干的部件组成，垂直地吊装在花楼之上，它自上至下包括通丝、衢盘、衢丝、综眼、衢脚。通丝又叫大纤，能使经丝产生单独升降运动。通丝数量根据花数循环确定，每根通丝可以分吊二到七根衢丝。按纹样设计要求，选择合适的通丝数量，分吊衢丝。综眼位于衢丝之中，所有准备提动的经线均须从综眼穿过（一根经线穿过一根综眼）。衢盘位于通丝的上部，起控制通丝导向，并防止其相互纠缠的作用。衢脚有一定长度和重量，悬于衢丝之下，具有使通丝垂直悬吊并控制其稳定的作用。

"花本"是把纹样由图纸过渡到织物的桥梁。我国古代的花本是在什么时间开始出现的，不见记载，但可以肯定汉代时确已使用，因为有花楼的织机则必用花本，是没有疑义的。它在现存古籍中的出现，已是一千多年后的明代。据资料描述，明代四川成都的市场上常有人专门出售这种物品。花本有花样花本和花楼花本两种。花样花本适用于经密较低、纹样变化较简单的纹织物，花楼花本适用于经密较高、纹样变化复杂的纹织物。它们的制作方法基本相同，都是以纹样设计图为依据。

在提花工艺中，装造系统和编结花本是相互配合的，二者缺一不可。而编结花本，尤具有关键意义。编结花本是提花技术中最难掌握的技术，必须准确地计算纹样的大小和各个部位的长度，以及每个纹样范围内的经纬密度和交结情况，不得稍有疏忽，否则便达不到提花的目的。我国历代织工深刻了解这一点，并且能充分地掌握和解决这个问题，因而才能不断地织出大量精美的纹织物。宋应星在《天工开物》中为此这样感叹："工匠结本，心计最精，天孙机杼，人巧备矣。"其意思是说编结花本是一件需要精密思考的工作，实在可以和天上织女的织作技巧相比。

花楼提花机是我国古代纺织技术史上水平最高、最具代表性的纺织机具，其技术成就和价值是多方面的，下面就重要的略谈几点。

第一，织机的设计有了质的飞跃。如以线综提升经线，突破了以往织机只能以综片提升经线的旧例，使可灵活提升的经线数量大大增多，织制织物不再受织机综片数量束缚，能够随心所欲地设计织物花纹。再如以花本存储提花信息、控制线综的方式，更是开创了用编排好的程序控制经丝运动的先河。

第二，推动了我国古代整体纺织技术水平的提高。由于花楼提花机提高了织机性能，兼之适应性较强，它的出现促进完善了织造工艺，带动了许多新织物品种的发展，为汉以后绫、缎、锦类织物的繁荣奠定了基础。

第三，对外国纺织技术的进步和20世纪计算机的诞生影响极为深远。11至13世纪，中国的提花技术传到欧洲，欧洲人受这些技术的启迪，而引发许多机械的革新。18世纪末，法国人贾卡（Jacquard）便是参照花楼提花机，制造出了用穿孔纹板代替花本的纹板提花机，使提花实现了自动化。19世纪末，美国人赫尔曼·霍勒里斯（Herman Hollerith）利用穿孔原理发明出电子制表机，这一发明使分析以前无法想象的大量数据成为可能，被认为是现代计算机数据处理技术的开端。

染印篇

　　染印是形成纺织物生产的最后一道工艺技术，它包括精练、染色和印花、后整理。在古代，精练称为练、湅（liàn）或漂，目的在于进一步去除纺织材料上的杂质，相当于对材料进一步地加工；染色和印花称为彰施，目的在于将事先设计好的花色及图案完美无缺地再现于白坯布上，从而使织物彰显生活情趣和富于艺术气息。所采用的基本施色方法可分为两种，即"染必以石"的石染和"凡染用草木者"的草染。"石"指矿物颜料；"草"指植物染料。石染和草染施色原理是大相径庭的。前者是用黏合剂将研磨成粉末状的矿物颜料涂于织物上，颜料不与织物纤维发生化学反应，只是黏附在其表面和缝隙间，所施之色经不住水洗，遇水即行脱落。后者则不然，在染色时其色素分子由于化学吸附作用，能与织物纤维亲和，而改变纤维的色彩，虽经日晒水洗，均不脱落或很少脱落，故谓之"染料"，而不谓之"颜料"。整理的目的则是改善织物外观和手感，增进实用性能和稳定尺寸。染印质量的优劣，对纺织品最终的使用价值和审美价值有着重要的影响。

一、需数日之功的丝、帛精练

蚕丝除了含有丝素和丝胶，还含有油脂、蜡质、碳水化合物、色素和无机物等。在缫丝的过程中，由于水温和时间的关系，只有部分丝胶溶解在水中，大部分丝胶仍保留在丝上。这种丝手感粗硬，被称为生丝，用它织制的绸，称为生坯绸。生丝和生坯绸与我们对丝之光润柔软之印象相距甚远，只有经过精练处理，生丝纤维上的丝胶和杂质才会被去除，生丝变成熟丝后，再经染色，丝纤维才会呈现出轻盈柔软、润泽光滑、飘逸悬垂、色彩绚丽等优雅的品质和风格。中国古代练丝、练帛的方法有多种，常用的有水练、灰练、酶练、捣练等几种。这些方法都能得到蚕丝精练的效果，而尤以酶练为佳。因为利用碱性物质练丝，虽能加速和较多地去除丝胶，但若用量过大，则可能损伤丝素。利用胰酶脱胶，可以得到相同的效果，而又不致使丝素受损，是较理想的方法。

水练和灰练无疑应该是最先出现的精练丝帛的方法。最早的文献记载见于《考工记》，其中关于练丝的是："湅丝，以涚水沤其丝，七日。去地尺暴之。昼暴诸日，夜宿诸井。七日七夜，是谓水湅。"大致意思是说，将生丝放在草木灰溶液中，浸渍七日，然后取出。白天将取出的丝置于距地面一尺处接受阳光暴晒，夜晚再将生丝放在井水中浸渍，如是交替七天七夜，便可得到熟丝。如是练丝的工艺原理概括起来有三点：一是在水中兑入草木灰以改变水的酸碱度，使练丝能在常温中进行，以节省时间提高功效；二是利用日光中所含紫外线照射，使得丝纤维中含有的丝胶溶解，色素降解，起到脱胶、漂白作用；三是利用昼夜温差和日光、水洗的反复交替产生的热胀冷缩，使丝纤维中残留的色素、丝胶和其他杂质析出并溶于水中；四是使用井水漂洗，是因为井水的水质、所含矿物质成分和微生物活动相对稳定，有利于丝胶、色素等杂质的分解，有利于提高丝纤维的白度和纯净度。关于练帛的是："以栋为灰，渥淳其帛，实诸泽器，淫之以蜃。清其灰而盏之，而挥之，而沃之，而盏之，而涂之，而宿之。明日，沃而盏之。昼暴诸日，夜宿诸井。七日七夜，是谓水涑。"大致意思是说，以栋木灰制成浓度较大的灰水，用其将整匹丝帛浸透。再放置于盛有蜃灰液（浓度较低）的光滑容器内充分浸泡后，清除沉淀物，过滤灰水。再浸泡、再沉淀、再涂蜃灰后放置，第二日再浸湿，再脱水。经以上工序后，胶质基本脱净。而后，水练七日七夜，练帛即告完成。如是练帛的工艺原理是：先利用浓度较大、呈较强碱性的栋木灰水，使丝胶迅速膨胀溶解脱胶。再利用浓度较小、碱性稍弱的蜃灰液浸渍，再行脱胶。最后利用水练缓和碱的作用，缓和脱胶。

练丝和练帛，两者就脱胶原理来说是相同的，区别仅表现在工艺条件和操作上。其原因是帛系已织就的织物，与丝胶相比，有一定的紧密度，在精练时，练液不易渗透均匀，需反复浸泡、漂洗，才能彻底脱胶，远较练丝费时、费工。而丝胶由一根根单丝组成，比较松散，练液易渗透，工艺较练帛温和。就成品丝的质量而言，其上残存丝胶过多，不仅影响品质，也不利于以后的染色，但一点丝胶都没有，就不可避免丝纤维在以后的织造过程中因摩擦受损。因此，对于以后无需染色的丝，练丝时不进行彻底的脱胶，往往还在丝纤维上适当地残留一些丝胶，以起到保护丝纤维的作用。可见采用不同的练丝和练帛工艺是基于一定的工艺要求而定的。

在古代，漂练丝帛是一项非常辛苦的工作，很多人以此为生计。韩信与漂母的故事，颇能反映这一史实。《史记·淮阴侯列传》记载，韩信为布衣落魄时，有一天在淮阴城下钓鱼，眼看已到中午吃饭的时候，他还没有地方可去。河边有很多老年妇女在漂洗棉絮，里面有位善良的老人看见韩信饥饿难耐，就把自己的饭菜拿出来给他吃，并且连着数十日如此。韩信非常感激，发誓以后定要报答这位老大妈。老人听了这话后，生气地说："大丈夫不能养活自己，我是可怜你才给你饭吃，根本没有指望你来报答。"对漂母的这种无私大爱，历代学者多有诗文咏颂，历朝官府也纷纷建祠立碑以示褒扬。至今，漂母墓、漂母祠仍屹立在淮安境内。

二、可增加缯帛光润色泽的酶练

酶练是用生物酶作练剂，此法出现在唐代。陈藏器《本草拾遗》云：猪胰"又合膏，练缯帛"。猪胰含大量的蛋白酶，而蛋白酶水解后的激化能力较低，专一性强。丝胶对蛋白酶具有不稳定性，易被酶分解，一般在室温条件下就能达到较高脱胶率，且不损伤纤维。孙思邈《千金翼方》记载了用猪胰制澡豆的方法："以水浸猪胰，三、四度易水，血色及浮脂尽乃捣。"澡豆是古代爽润肌肤的用品，作用同现在的肥皂。此制澡豆法，与明代刘基《多能鄙事》所载制备专门用于丝绸精练的胰酶剂方法很接近，差别是里面没有加入草木灰。这说明唐代酶练尚处于肇始阶段，但已发现在精练时加入猪胰酶，即可以得到较好的脱胶效果，缯帛的色泽也较佳。自宋以后，酶练工艺逐渐成熟，成书于元代的《居家必用》记载了用于练绢帛的胰酶剂制法，云："以猪胰一具，用灰捣成饼，阴干。用时量帛多寡剪用。"文中所言灰当为草木灰，其脱胶、脱脂作用是缘于其中含有的大量碳酸钾，它可以膨化胶质，皂化油脂，从而使这两者溶解。而猪胰中则含有多种消化酶，可以分解脂肪、蛋白质和淀粉。草木灰和猪胰合成的胰酶剂，功效毋庸多言，自然较单独用猪胰制成的胰酶剂高出许多。《多能鄙事》不仅有用胰法的记载，还介绍了一种猪胰替代品，云："如无胰，只用瓜蒌，去皮，取酿剉碎，入汤化开，浸帛尤好。"瓜蒌内含有丰富的蛋白酶，经发酵入练液可得到与猪胰练液相同的效果。现代生物酶制剂工业发展初期，酶来源于动物内脏和高等植物的种子果实，间接证明了元代用瓜蒌替代猪胰练帛的方法确实可行。《天工开物》中记载了一种在酶练中加入乌梅的方法，云："凡帛织就，犹是生丝，煮练方熟。练用稻稿灰入水煮。以猪胰脂陈宿一晚，入汤浣之，宝色烨然。或用乌梅者，宝色略减。凡早丝为经，晚丝为纬者，练熟之时，每十两轻去三两，经纬皆美好早丝，轻化只二两。练后日干张急，以大蚌壳磨使乖钝，通身极力刮过，以成宝色。"值得注意的是文中提及的乌梅和对蚕丝脱胶量的描述。乌梅与前述《多能鄙事》所载"用胰法"中的瓜蒌一样，含有丰富的蛋白酶，在精练丝绸时，其蛋白酶可对丝胶蛋白进行催化水解，使生丝脱胶。将它作为练剂使用，说明当时生物酶练剂的种类有所增加。早丝为一化性蚕丝，晚丝为二化性蚕丝，从所述练熟后两者丢失的重量看，前者丝胶含量低于后者，练后脱胶程度在20%—30%，这大致与现代练丝的练减率相符，说明当时对练减率的掌握是相当准确的。《天工开物》所记实质上是一种碱练、酶练结合的脱胶工艺。碱练是为了加快脱胶速度，提高脱胶效率；而酶练又具有减弱碱对丝素的影响、使脱胶均匀、增加丝的光泽等作用。

我国是世界上最早利用胰酶练丝的国家，西方国家直到1931年才开始利用胰酶练制丝织物，比中国至少晚了一千二百年。我国的这项发明在世界古代科学史上也是十分重要的发明。

三、双揎白腕调杵声的捣练

捣练出现在汉代，魏晋以来成为练丝和练帛的主要方式之一。曹毗在《夜听捣衣》诗中对捣练有生动描述："纤手叠轻素，朗杵叩鸣砧。"同时代的谢惠连在《捣衣诗》中写道："栏高砧响发，楹长杵声哀。微芳起两袖，轻汗染双题。纨素既已成，君子行未归。裁用笥中刀，缝为万里衣。"捣练时，要时刻审视丝、帛的生熟程度，否则褶皱处容易捣裂。王建在描述捣练整个过程的《捣衣曲》里就提到这个环节："月明中庭捣衣石，掩帷下堂来捣帛。妇姑相对神力生，双揎白腕调杵声。高楼敲玉节会成，家家不睡皆起听。秋天丁丁复冻冻，玉钗低昂衣带动。夜深月落冷如刀，湿著一双纤手痛。回编易裂看生熟，鸳鸯纹成水波曲。重烧熨斗帖两头，与郎裁作迎寒裳。""鸳鸯纹成水波曲"说明不仅平纹缯帛需要捣练，提花织品也需要。捣练丝帛的砧杵，有长、短两种。唐代多采用长杵。美国波士顿博物馆现存一幅宋徽宗赵佶临摹的唐人张萱《捣练图》画卷（图64）。

图64　张萱《捣练图》

画中右边有一长方形石砧，上面放着用细绳捆扎的坯绸，旁边有四个妇女，其中有两个妇女手持木杵，正在捣练，另外两个妇女作辅助状。木杵几乎和人同高，呈细腰形。形象逼真地再现了唐代妇女捣练丝帛的情景以及捣练时所用工具的形制。宋元以来则多采用短杵，由站立执杵改为坐着双手执双杵。从《王祯农书》记载来看，为便于双手握杵，杵长二三尺，且一头粗、一头细，操作时双手各握一杵。这样既减轻了劳动强度，又提高了捣练效率。捣练是在水中进行，在捣的过程中实际上也经过了水练，其优点是容易除去丝帛上的丝胶，缩短精练时间，精练出的丝帛手感和光泽俱佳。后世出现的用大槌捶打生丝的"槌丝"工艺和原理，实际上便是受捣练的启迪。

四、从"五服"话麻的精练

所谓"五服",是指中国儒学经典著作《仪礼·丧服》中所制定的五等麻纤维织成的丧服。"五服"由重至轻分别为斩衰、齐衰、大功、小功、缌麻,每一等都对应有一定的居丧时间。死者的亲属根据与死者关系亲疏远近的不同,而穿用不同规格的丧服,以示对死者的哀悼。何谓"不同规格"?实际上是指五等丧服中所用麻纤维的粗细程度。就工艺角度而言,粗细麻纤维的加工过程是不同的,尤其是较细的麻纤维都要经过进一步加工,也就是精练后才能得到。古时称麻的精练为"治",主要采用水洗、碱煮和机械搓揉处理。

在《仪礼·丧服》中,有对几种不同粗细大麻布精练方法的记述。据其中的一段记载："大功布衰裳，牡麻绖。"郑玄注："大功布者其锻治之功粗治之。"贾公彦疏："言大功者，斩衰章。"传云："冠六升，不加灰。则此七升，言锻治，可加灰矣，但粗沽而已。"可知斩衰、齐衰这两种丧服纤维，无须精练，仅经过水洗和槌击加工，而大功、小功、缌麻这三种丧服纤维，都需要经过精练加工。按"衰裳"即丧服，"牡麻绖"为雌麻纤维制成的麻带，服丧时束在头上或腰间。"锻"则是指槌击。"大功"是相对"小功"而言，两者加工方法是有区别的。大功布较粗劣，加工时用灰水洗，同时加以槌击。小功布则不然。据《仪礼·丧服》记载："小功布衰裳，澡麻带绖。"郑玄注："澡者，治去莩垢，不绝其本也，谓麻皮之污垢，濯治之，使略洁白也。"贾公彦疏："小功是用功细小精密者也……谓以枲麻又治去莩垢，使之滑净以其入轻竟故也。"可知小功加工时虽然也用灰水，但为使之洁白又不伤纤维，处理时间远较大功时间长，加工亦比较精细。缌麻是更细的一种麻布，纤维的纤度与当时的麻布朝服相同。《仪礼·丧服》郑玄注："谓之缌者，治其缕细如丝也。"《礼记·杂记上》云："朝服十五升，去其半而缌，加灰锡也。"郑玄注："缌精细与朝服同而疏也。"加工这种麻布比较复杂，须水洗、灰沤并结合日晒交替进行。

在宗教意识不甚发达的古代中国，祭祀等原始宗教仪式并未像其他民族那样发展成正式的宗教，而是很快转化为礼仪、制度形式来约束世道人心。《仪礼》便是一部详细的礼仪制度章程，告诉人们在何种场合下应该穿何种衣服以及什么样的礼仪行为。以前人们说这书是周公姬旦做的，不大可信。《史记》和《汉书》都认为出于孔子。显然在《仪礼》成书以前对大麻纤维进行精练的一整套工艺即已出现，因为礼仪也好，礼俗也好，都有很大的因袭性。出土的精练麻织物印证了这个史实。1973年，河北藁城台西商代中期遗址发现了迄今所见最早的精练麻织物实物。经过分析，这块大麻布的纤维呈单纤维分离状态，说明其在沤渍、缉绩后还做了进一步脱胶，毫无疑问是精练麻织物。春秋战国之后，对精细的苎麻织物也开始采用绩麻后的精练工艺，以便获得更均匀的精练效果。其工艺过程在元初编成的《农桑辑要》中有详细介绍："其织既成，缠作缨子，于水瓮内浸一宿，纺车纺讫，用桑柴灰淋下，水内浸一宿，捞出。每缠五两，可用一净水盏细石灰拌匀，置于器内，停放一宿，择去石灰，却用黍秸灰淋水煮时，自然白软，晒干。"桑柴灰和黍秸灰的水溶液均呈碱性，有很好的脱胶作用，故中国古代也把这种方法称为"灰治"。此外，在元代的《王祯农书》里，还载有一种类似的但又结合日晒的方法，先将麻皮绩成长缕并纺成纱，和生石灰拌和三五天后，放在石灰水煮练，然后再用清水冲洗干净，摊放在平铺于水面的竹帘上，半晒半浸，日晒夜收，直至麻纱洁白为止。这无疑是在前一种灰治的基础上发展而成的。半浸半晒，是利用日光紫外线进行界面化学反应产生臭氧，对纤维中的杂质和色素进行氧化，使色素集团变为无色集团，从而在精练的同时，又起到漂白的作用，从而更有利于织制高档的麻织品。

五、五方正色和五方间色

正色和间色是中国传统色彩最基本的构成。何谓正色？青、赤、黄、白、黑为"五方正色"。何谓间色？正色之间调配出的绿、红、碧、紫、骊黄（硫黄）为"五方间色"。对于正色，孔颖达疏引黄侃云："正谓青、赤、黄、白、黑，五方正色也。不正，谓五方间色也，绿、红、碧、紫、黄是也。"《考工记》记载了这十种色彩所象征的方位，以及《礼记·玉藻》所云："衣正色，裳间色，非列采不入公门。"均言明正色是色彩体系的构成骨架，与间色形成一种相互作用、互为主体的关系。同时也说明古时以正色为尊贵，以间色为卑贱，并十分看重衣之纯，贵一色而贱贰采。正色与间色以及正色的等级高于间色概念的提出，标志着对色彩进行人为等级划分的开始。从此，自然界的各种色彩被赋予贵贱、尊卑等不同意义。君王的建筑、衣冠、车辆等都必须用正色。

此外，正色和间色的尊卑关系还表现在施彩顺序及图案上。《考工记》"画缋"条即特别强调：不同季节皆配其色，分别是春青、夏赤、秋白、冬黑，季夏黄。布五色的次序是先东方之青，后西方之白；先南方之赤，后北方之黑；先天之玄，后地之黄。青与白相次，赤与黑相次，玄与黄相次。青与赤相间的纹饰叫作文；赤与白相间的纹饰叫作章；白与黑相间的纹饰叫作黼；黑与青相间的纹饰叫作黻。五彩齐备谓之绣。画土用黄色，用方形作象征，画天随时变而施以不同的色彩。画火以圜，画山以章，画水以龙。娴熟地调配四时五色使色彩鲜明，谓之巧。凡画缋之事，必须先上色彩，然后再以白彩勾勒衬托。孔颖达也曾释五色为："五色，五经行之色也。木色青，火色赤，土色黄，金色白，水色黑也。木生柯叶则青，金被磨砺则白，土黄，水黑，则本质也。"这种通过某种玄学观念创造出的、具有规范社会功能的完善色彩体系观念，显然是早期色彩最重要的社会属性。

其最具代表性的运用是在礼仪大典、帝和后的冠冕、绶带、出行时的各色仪仗、军队的旌、幡、旗和军服以及文武官员的朝服上。也正是因为色彩所表现出的视觉冲击，使礼仪大典的庄严、皇权的威严、军队的肃杀之气象尽现出来，从而让人们产生震撼以致敬畏之心。

以五色昭示礼仪，规范社会的功能，曾在一段时间严格执行。但在春秋以后，尤其是随着品官服色系统的确立，终使这一套附会于五德终始说的五方正色循环系统随之崩溃。其主要原因是国家构成上的质变，即贵族集团对于国家的重要性，慢慢地被以官吏为代表的管理集团所取代，品官服色充当了这一质变的符号化表现。《旧唐书》所载："三品已上服紫，五品已上服绯，六品七品以绿，八品九品以青。"这可以看作五色体系彻底崩溃的标志。再者是染色技术的发展，使大量新色彩出现，色彩的个人属性也越来越被人们重视。比如在历代诗词和笔记之中出现的大量色彩名称，很多都不是五方正色，而是间色。但对观者而言，在这些间色色彩名称里，往往充满许多文化意蕴，有的甚至已经远远超出色彩的范畴，并被多层面地演绎。历史上与此有关的典型例子相当多，其中最为人熟知的是春秋时齐桓公喜好紫色的故事。《韩非子》记载：齐桓公好服紫，导致一国尽服紫，风头最盛的时候，五件素衣都换不来一件紫衣。当齐桓公发现不妥三番五次予以制止，却仍然不起作用。直到管仲进谏，劝齐桓公自己不再穿紫衣，而且对穿紫衣入朝的臣僚说"吾甚恶紫衣之臭"，令他们退到后面。齐桓公采用这条计策后，紫衣的流行势头才被遏制。孔子也曾有感于当时礼崩乐坏，特别强调："君子不以绀（泛红光的深紫色）、緅（绛黑色）饰，红紫不以为亵服。"拿现代的话说就是绀、緅、红紫都是间色，君子不以之为祭服和朝服的颜色。对当时齐桓公好服紫而一国尽服紫的现象，孔子有"恶紫之夺朱"的评判，孟子有"正涂壅底，仁义荒怠，佞伪驰骋，红紫乱朱"的议论。这件事说明了一个道理，即在追随文化倾向和时尚风气时，色彩很多时候总是走在最前面，并直接反映出流行于那个时代的文化思潮和当时人们的处世哲学。

六、造化炉锤的石染颜料

矿物颜料是先人最早用于服装施色的材料，其渊源可追溯到旧石器时代晚期。而后随着植物染料的兴起，矿物颜料逐渐式微，仅作为以彩绘为特点的特殊衣着施色所需原材料。古代用于石染的矿物颜料主要有：赭石、朱砂、石黄、石绿、胡粉、蜃灰、石炭等。

赭石

赭石，即赤铁矿，在自然界分布较广，主要化学成分三氧化二铁，呈棕红色或棕橙色，用其涂绘，稳定持久，但色光黯淡。在北京周口店山顶洞人遗址中曾发现赤铁矿粉末和用赤铁矿着色的饰物，说明赤铁矿在旧石器时代晚期就已被利用。这种颜料因色泽黯淡，到春秋时用于织物的施色基本上只局限于犯人的囚衣。《荀子·正论》说："杀，赭衣而不纯。"杨倞注云："以赤土染衣，故曰赭衣。纯，缘也。杀之，所以异于常人之服也。"后来称囚犯为赭衣即缘于此。

朱砂

朱砂，又称辰砂或丹、丹砂等，主要化学成分为硫化汞。在青海乐都马家窑文化墓地一具男尸下曾发现朱砂，说明新石器晚期的人除了用它涂绘饰物，还出于对太阳、火或血液的崇拜，将它作为殉葬物放于墓中。由于朱砂具有纯正、浓艳、鲜红的色泽和较好的光牢度，且不易得到，历来被视为颜料珍品。《史记·货殖列传》载：秦始皇时"巴（蜀）寡妇清，其先得丹穴（徐广曰：涪陵出丹），而擅其利数世，家亦不訾。清，寡妇也，能守其业，用财自卫，不见侵犯。秦皇帝以为贞妇而客之，为筑女怀清台"。清是偏僻乡野的寡妇，能受到天子的礼遇，名显天下，一方面说明她"能守其业，用财自卫"，另一方面则反映了朱砂价格不菲，多用于高档饰物的着色。在长沙马王堆一号汉墓出土的大批彩绘印花丝织品中，有不少红色花纹都是用朱砂绘制的，如其中一件红色菱纹罗锦袍，尽管在地下埋藏了2000多年，其上面用朱砂绘制的红色条纹，色泽依然十分鲜艳。由于朱砂的研磨和提纯加工过程费时费力，致使产量很低，远远满足不了需要。西南少数民族便以朱砂作为贡品，进献给中原王朝，故《汲冢周书》有"方人以孔鸟，濮人以丹砂"来贡的记载。朱砂除了用于给织物着色，还用于画绘和书写。《范子计然》载："范子曰：'尧舜禹汤皆有预见之明，虽有凶年而民不穷。'王曰：'善。'以丹书帛置之枕中，以为国宝。"范子即春秋时越国大夫范蠡，丹即朱砂。人们出于对朱砂鲜艳颜色的喜爱，还常常用它来形容人的美貌，《诗经·终南》中赞美秦襄公的容颜像丹砂一样红润的诗句"颜如渥丹，其君也哉"，便是一例。

朱砂的加工分研朱和升朱两种方法，上等的朱砂矿采用研朱方法，即先把辰砂矿石粉碎，研磨成粉，然后经过水漂，再加胶漂洗。在水中，辰砂由于重力差异而分为三层，上层发黄，下层发暗，中间呈朱红。尤以中间的色光和质量为佳。次等朱砂矿采用升朱方法，即先炼出水银，再将水银升炼成朱砂。采用这种方法得到的朱砂，名曰银朱。据宋应星《天工开物》记载，其方法是或者用敞口的泥罐烧炼，或者是用一上一下的两口锅。每一斤水银加入石亭脂（硫黄制成）二斤，放在一起研细至见不到水银珠，用火炒成青色粒状，装入罐内。罐口用铁盘盖紧，铁盘上压一铁尺。用铁线将铁盘与罐底捆紧，再用盐泥封住所有接缝。下面用三根铁棒插在地上，鼎足而立以架起罐子。点火煅烧，约点燃三炷香所需的时间。在这期间，不断地用废笔蘸冷水滴在铁盘上，则由水银变成的银朱粉末自然会贴在罐壁。贴在罐口部的银朱，更为鲜艳。冷却后将铁盘揭下，就可扫取银朱。沉到罐底的硫黄，还可取出再用。每一斤（十六两）水银，可炼得银朱十四两，次朱三两五钱。多出的重量是从硫黄那里得到的。人工炼制的银朱，和碾制的天然朱砂，功用差不多。但皇室宗亲作画，则用辰州、锦州的丹砂研成粉，而不用这种银朱。若水银已生朱，则不可复还成汞，所谓造化之巧已尽也。

石黄

石黄主要成分是铬酸铅，是一种色相纯正、色牢度稳定、呈橙黄色、有胭脂光泽的黄色矿物颜料。其制取方法是：先将天然石黄水浸，再经多次蒸发换水，然后调胶用或研用。换水是为了尽量使有害成分砷，气化挥发，以减少对人体的损害。在陕西宝鸡茹家庄西周墓出土的刺绣品上曾发现石黄，说明至迟西周时已用石黄涂染织物。需要说明的是，在古代，成分为二硫化二砷的雄黄，因与石黄相近，也以此名称之，以致有的染色著作认为古代大量使用的黄色颜料是用雄黄制成的。实则石黄和雄黄是两种不同的矿物，所依一是在《经史证类备急本草》和《本草品汇精要》两书里，都是把石黄和雄黄当作两种药分列的，即表明它们是不同的。特别是《本草品汇精要》卷三"雄黄条"在论述雄黄真赝的文字里，还着重指出，有人以石黄伪为雄黄，明确地把石黄和雄黄分开。二是在唐以前石黄的产量远大于雄黄。雄黄一词始见于《山海经》，在古人眼中它是一种十分神秘的宝物。《太平御览》卷九八八引《典术》记载："天地之宝，藏于中极，命曰雌黄。雌黄千年，化为雄黄。"有人甚至认为雄黄是一种一经服食，即可飞升的仙药。因为产地只限于武都宕昌和敦煌等几个地方，所出有限，往往与黄金等价。特别是一遇特殊情况，便无从寻觅。陶弘景《本草经注》"雄黄条"载："晋末以来，（武都）氐羌中纷扰，此物（雄黄）绝不复通。人间时有三五两，其价如金……始以齐初，凉州互市，微有所得。将下至都。余最先见于使人陈典签处，检获见十余斤，伊辈不识此物是何等。见有攘挟雌黄，或谓是丹砂。吾禾语并更属觅。于是渐渐而来……敦煌在凉州西数千里（亦有此物）。所出者，未尝得来。江东不知云何。"可知其产量之少故而珍异。三是石黄产量非常大，很容易得到。这也有比较明确的记载。同前书，陶弘景在说了上面的一段话之后，又说："晋末来，（以）此物（雄黄）绝不复通……合丸皆用天门始兴石黄之好者耳。"因为出产的多，所以才有人能随意地以石黄假冒雄黄。而历来用作涂料的东西，消耗量都比较大，大多是容易采集和价格低廉的，也说明石黄、雄黄为两物。

石绿

石绿，又名青丹蒦、空青，因其矿物呈天然翠绿色而又得名孔雀石，为铜矿物的次生矿物，产于铜氧化带，成分是含有结晶水的碱式碳酸铜，可以用之染蓝绿色。石绿结构疏松，研磨容易，色泽翠绿，色光稳定，用于颜料的历史悠久。早在《周礼·秋官》里便有记载："职金，掌凡金、玉、锡、石、丹、青之戒令。"石绿共生于铜矿，我国已发现的规模最大、保存最完整的古代铜矿遗址，是湖北大冶铜绿山春秋战国时期矿冶遗址。其南北长约2公里、东西宽约1公里，遗留的炼铜矿渣40万吨以上，表明其冶炼规模之大和开采时间之长。由此可见石绿的使用当在西周时期或更早，亦说明它是和朱砂一样重要的矿物颜料。传统的加工方法是：将铜绿粉或糠青与熟石膏粉，加水适量拌匀，压成扁块，用高粱酒喷之，则表面显出绿色，切成小块，干燥即得。也可以将醋喷在铜器上加速其生成绿色的锈垢，刮取之。

胡粉

胡粉，又名粉锡，白色矿物颜料，主要化学成分为碱式碳酸铅。早在春秋时，铅白已是妇女常用的化妆品。在《楚辞·大招》中有用它化妆的描述："粉白黛黑，施芳泽只。"此"粉"即铅白，其俗名胡（糊）粉之由来，也是这个缘故。它也是我国最早人工合成的颜料。古代传统制取铅白的方法是先以铅与醋反应生成碱性醋酸铅，再在空气中逐渐吸收二氧化碳，转化为碱性碳酸铅，最后通过水洗澄清，除去残余的醋酸铅即成。以铅、醋为原料制胡粉的方法，在唐代著作中已有详细记载。在福建福州宋墓中发现许多彩绘上衣，上面都有这种颜料的涂绘痕迹。宋应星在《天工开物》中曾对胡粉的化学生产工艺作过较为详细的描述，大意是：制作胡粉时，先把一百斤铅熔化之后再削成薄片，卷成筒状，安置在木甑子里面。甑子下面及甑子中间各放置一瓶醋，外面用盐泥封固，并用纸糊严甑子缝。用大约四两木炭的火力持续加热，七天之后，再把木盖打开，就能够见到铅片上面覆盖着的一层霜粉，将霜粉扫进水缸里。那些还未产生霜的铅再放进甑子里，按照原来的方法再加热七天后，再收扫，直到铅用尽为止，剩下的残渣可作为制黄丹的原料。每扫下霜粉一斤，加进豆粉二两、蛤粉四两，在缸里把它们调和搅匀，澄清之后再把水倒去。用细灰做成一条沟，沟上平铺几层纸，将湿粉放在上面。快干的时候把湿粉截成瓦形或者是方块状，等到完全风干之后才收藏起来。由于古代只有湖南的辰州和广东的韶州制造这种粉，所以也把它叫作韶粉（民间误叫它朝粉），到今天全国各省都已有制造。这种粉如果用作颜料，能够长期保持白色。如果妇女经常用它来粉饰脸颊，涂多了就会使脸色变青。将胡粉投入炭炉里烧，仍然会还原为铅，这就是所谓一切的颜色终归还会变回黑色。宋应星记载的这种制作胡粉的方法与现在西方所谓"荷兰法"相似，却比它早了几百年。

蜃灰

蜃灰指由毛蚶、牡蛎、蛤蜊等外壳烧制成的灰，主要化学成分为氧化钙。蜃灰也作为白色涂料使用，《周礼·地官》载："（掌蜃）掌敛互物蜃物，以共闉圹之蜃；祭祀，共蜃器之蜃；共白盛之蜃。"郑玄注云："蜃可以白器，令色白。"可见古人不仅用它涂绘织物，还用于涂饰器物和宗庙的墙壁。

石炭

石炭，又称墨，即为我国历来所谓的"文房四宝"之一的墨。墨是以松柴或桐油的炭黑（经过焚烧）和胶制成的，颜色纯黑（有的墨发紫光，是制墨时加入苏木的缘故）。历代彩绘衣着上的黑色，基本都是用墨绘制。此外，有文献记载安徽黟县，自六朝以来，黟人每以其地所产石墨处理布匹，使之具有深灰的色彩。

植物染料的利用从考古资料和文献材料两方面看，都要晚于矿物颜料。但据传说始于轩辕氏之世，因为在许多古文献中都载有：黄帝制定玄冠黄裳，以草木之汁，染成文采。其中宋罗泌《路史》记载："黄帝有熊氏，名荼……观翠翟草木之花，染为文章。"这即是说黄帝妻熊氏，采摘草木的花、叶和果实，涂在织物上产生色彩或形成图案，或是将大量的叶和花揉出汁来染于织物上。就技术发展历程而言，黄帝时的植物染色应该非常原始，尚处于萌芽期，人们利用的植物染料品种也不会很多。植物染的大发展、技术上的长足进步，是从商周时期开始。其时无论是在染料品种、数量上，还是在染色技术上，较之以前均有质的飞跃。在春秋晚期，植物染基本取代了石染成为服饰施色的主流，而且自此以后一直延续到合成染料的出现才发生改变。另据研究资料，中国古代利用过的染料植物种类不下百种，其中仅见于中国文献记载且当今有名可考的亦有50种。下面简述几种非常重要且被广泛利用的植物染料。

七、染作江南春水色的植物染料

我国古代利用的繁多染料植物，其种类依植物学分类，有草本和木本之分，木本如柘木、黄檗、槐树等，草本如蓝草、红花、紫草等，故植物染色既被统称为草染，也称草木染。据研究资料，中国民间利用的植物染料数量达70余种，见于中国文献记载且当今有名可考的亦有50多种。下面根据一些重要染料植物施染后所得的主色调，分黄、红、蓝、紫、绿、黑六类加以介绍。

黄色调染料植物

在众多染料植物中，可以染黄的植物是最多的，现知见于文献著录的就有10多种，如荩草、栀子、黄檗、槐米、地黄等。

荩草，禾本科一年生细柔草本植物，叶片卵状披针形，近似竹叶，生草坡或阴湿地。茎叶可药用，茎叶液可作黄、绿色染料。古代又名菉（绿）竹、王刍、戾草等。其色素成分为荩草素，属黄酮类衍生物，可以产生深色效应而发色。一般来说，黄酮类化合物可直接浸染织物使之着色，也可在染液中加媒染剂后使织物着色。荩草液直接浸染丝、毛纤维可得鲜艳的黄色，与靛蓝复染可得绿色。从荩草又名菉竹来看，古代多用它与蓝草复染进而得到绿色。

栀子，茜草科栀子属常绿灌木，多生长于我国南方和西南各省。秦汉时期，栀子是应用最广的黄色染料。当时因野生栀子不敷需求，始大面积人工种植，司马迁《史记·货殖列传》载"千亩卮（栀）茜，千亩姜韭，此其人与千户侯等"，反映了汉初栀子种植的规模、获利丰厚之程度以及用栀子染黄之普遍。栀子的果实中含有黄酮类栀子素、藏红花酸和藏红花素，用于染黄的色素是藏红花酸。入染的栀子经霜时采取，以七棱者为良。栀子色素的萃取方法是：先将栀子果实用冷水浸泡一段时间后，再把浸泡液煮沸，色素即溶于水中。制得的染液可直接染黄，也可加入不同的媒染剂，以得到不同的黄色调。未加媒染剂染出的黄色为嫩黄色，加铬媒染剂染出的黄色为灰黄或橄榄色，加铝媒染剂染出的黄色为艳黄色，加铜媒染剂染出的黄色为微含绿的黄色，加铁媒染剂染出的黄色为黝黄色。

黄檗，又名黄柏、黄柏栗，属芸香科落叶乔木，主产于东北和华北各省，河南、安徽北部、宁夏也有分布。黄檗茎内皮中所含色素为黄柏素小檗碱，可在弱酸性染液中将毛或丝染黄。它可能是中国古代所应用的染料植物中唯一的碱性色素染料。

槐米，系豆科国槐树上所结花实。因其花蕾形似米粒，故称槐米。它内含的黄色槐花素及芸香苷，属于媒染染料，可适用于染棉、毛等纤维。早在周代，槐树就已被人们关注，不过槐米染黄的记载直到唐代才出现。自宋代开始，槐米是主流黄色染材之一。此时槐米染料的加工，也因为认识到花蕾色素含量较花开后要多的现象，分档使用花蕾和花朵现象更为普遍，并制作槐花饼以便于贮存，供常年染用之需。因为槐米染色色光鲜明，牢度良好，是黄色植物染料的后起之秀。清代皇袍的明黄色就是用它染成。

地黄，又名芐和地髓，玄参科草本植物，分布于辽宁、河北、河南、山东、山西、陕西、甘肃、内蒙古、江苏、湖北等省区。其根茎中含地黄素（又名地黄苷），可以染黄。它自古以来一直作药材用，作黄色染料之用似乎是从南北朝时开始的。

红色调染料植物

可以染红的染料植物有茜草、红花、苏枋、冬青、棠叶、虎杖等近10种，较为重要的是前三种。

茜草，茜草科多年生攀缘草本植物。古代使用最广泛的红色染料，有茹蘆（lú）、茅蒐、蒨草、牛蔓等40余种别名。其根部含有多种蒽醌类化合物，其中主要色素成分是茜素、羟基茜素和伪羟基茜素。鲜茜草可直接用于染色，也可晒干贮存，用时切成碎片，以温汤抽提茜素。染色时如将织物直接浸泡在纯茜草液中虽也可使之着色，但由于茜草中的色素成分几乎全是以葡萄糖或木糖甙（dài）的形式存于植物体内，葡萄糖的大分子结构使色素缺乏染着力，效果不是很好，只能得到单一的浅黄色。所以染色时须先将茜草发酵水解，令其甙键断裂，再施以铝、铁、铜等不同的金属媒染剂，便会得到从浅至深的丰富红色色调。其中尤以铝媒染剂所得色泽最为鲜艳。此外，茜草所染织物，红色泽中略带黄光，娇艳瑰丽，而且染色牢度较佳，在春秋期间最受女子偏爱，《诗经》中便有多处提到茜草和其所染的服装。西汉以来，开始大量人工种植，司马迁在《史记》里说，新兴大地主如果种植"十亩卮茜"，其收益可与"千户侯等"。

红花，又名黄蓝、红蓝、红蓝花、草红花、刺红花及红花草，菊科红花属植物，株高达四五尺，叶互生，夏季开呈红黄色的筒状花。红花的花冠内含两种色素，其一为含量约占30%的黄色素；其二为含量仅占0.5%左右的红色素，即红花素。其中黄色素溶于水和酸性溶液，在古代无染料价值，而在现代常用于食物色素的安全添加剂。含量甚微的红花素则是红花染红的根本之所在，它属弱酸性含酚基的化合物，不溶于水，只溶于碱液，而且一旦遇酸，又复沉淀析出。另据考证，红花先经中亚传入我国西北地区，然后传入中原，传入时间应是在汉代张骞通西域后。西晋张华《博物志》载："张骞得种于西域，今魏地亦种之。"东晋习凿齿《与燕王书》载："山下有红蓝，足下先知否，北方人采取其花染绯黄，采取其上英者做胭脂。"这表明至迟在晋代一些地方很可能已种植红花并作为染料使用。唐宋时期，几乎各地都有红花种植，其中关内道的灵州和汉中郡、山南道的兴元府和文州、江南东道的泉州和兴华军，贡赋产品中都有红花。明代李时珍曾考证红花名称的来历，谓："其花红色，叶颇似蓝，故有蓝名。"《闽部疏》万历十五年（公元1587年）序则说，明代用红花染红，以京口最为有名，当时福建因为"红不逮京口，闽人货湖丝者，往往染翠红而归织之"。

苏枋，又名苏枋木，或苏木、苏方，属豆科常绿小乔木。它的赭褐色心材中所含无色的原色素叫"巴西苏木素"，经空气氧化变成有色的"巴西苏木红素"，易溶于水中，可染毛、棉、丝纤维。其色彩视所加媒染剂种类而各殊，范围为红至紫黑，皆具有良好的染色牢度。一般铬媒染剂得绛红至紫色；铝媒染剂得橙红色；铜媒染剂得红棕色；铁媒染剂得褐色；锡媒染剂得浅红至深红色，用苏木染出的红色和用红花染出的蜀红锦以及广西锦的赤色，十分接近。与其他红色植物染料相比，苏枋比茜草的色彩艳丽，比红花提取简便。在古代，很多人都认为苏木是外来植物，如李时珍《本草纲目》说："海岛有苏枋国，其地产此木，故名。今人省呼为苏木尔。"实际上中国的岭南地区也有苏木出产，古代之所以出现苏木产地的误说，究其缘由，可能是由于元明时期苏木是东南亚地区输入中国大宗货品之一造成的。苏枋用于染色的记载始见于西晋嵇含《南方草木状》："苏材类槐花，黑子，出九真，南人以染绛，渍以大庾之水，则色愈深。"文中"九真"系西晋时的郡名，在今越南中部；"大庾"可能指大庾岭，即江西、广东交界处的梅岭。

蓝色调染料植物

蓝草是古代应用最早和最广的蓝色植物染料，品种很多，大凡可以制靛的植物均可称为蓝草。在古文献中，出现的蓝草品种名称有蓼蓝、大蓝、槐蓝、芥蓝、马蓝、菘蓝、冬蓝、板蓝、吴蓝、甘蓝、木蓝等10余种。有学者对这些不同的蓝草品种做了研究，认为古代实际上用于染蓝的常用蓝草品种只有寥寥4种，分别是蓼蓝、菘蓝、木蓝和板蓝。之所以出现这么多品种，是因为从很早开始，各地对蓝草的习用名便已五花八门，并随着书籍记载的混乱和知识的流传，人们的理解就出现了偏差，往往将同一品种误解为不同品种，实际上马蓝即板蓝，槐蓝即木蓝，冬蓝则是菘蓝，吴蓝可能是在吴地培植成功并得到推广的蓼蓝新品种。

蓼蓝，又叫蓝靛草，蓼科一年生草本。一般在二三月间下种，六七月成熟，即可第一次采摘草叶，待随发新叶九十月又熟时，可第二次采摘。这是我国最早用于染蓝的植物。

菘蓝，又叫作茶蓝、半蓝、中国大青、中国菘蓝，属于十字花科、二年生草本植物，顶生黄色小花，叶片类似菠菜或橄榄菜，花开在叶片中央，染色部位为叶片。明代《救荒本草》转引《本草》说："菘蓝可以为靛，染青，以其叶似菘菜，故名菘蓝。"

木蓝，又称槐蓝、大蓝、大蓝青、水蓝、小菁、本菁、野青靛，属于豆科多年生灌木，开赭粉红色的小花，以种子繁殖。木蓝始著录于宋，戴侗的《六书故》。据《六书故》记载："蓝三种，中有梗者曰木蓝。"其后李时珍《本草纲目》对其形态做了非常详尽的描述，谓："木蓝长茎如决明，高者三四尺，分枝布叶，叶如槐叶，七月开淡红花，结角长寸许，累累如小豆角，其子亦如马蹄决明子而微小，迥与诸蓝不同，而作淀则一也。"

板蓝，爵床科板蓝属。板蓝性喜潮湿，多生于亚热带地区的林边地带，主要分布在印度东部、东南亚、中国西南到东南的热带和亚热带地区。台湾学界至今习惯将板蓝称为山蓝。这种蓝草的利用时间也很早，《尔雅·释草》中便有相关的记载："葳，马蓝。"郭璞注："今大叶冬蓝也。"

蓝草染色原理是：蓝草叶中含有靛质，当蓝草在水中浸渍（约一天）后，靛质发酵分解出可溶于水的原靛素。此时的浸出液呈黄绿色。而原靛素在水中生物酶作用下，进一步分解成在植物组织细胞中以糖甙形式存在的吲哚酚（吲羟、吲哚醇）。吲哚酚又经空气氧化，生成不溶于水的靛蓝素析出。靛蓝是典型的还原染料，有较好的水洗和日晒色牢度。

紫色调染料植物

古代用于染紫的染料植物有紫草、紫檀（青龙木）、野苋和落葵，其中紫草的染紫效果最佳，各地应用最为普遍。

紫草，古代又名茈、藐、紫丹、紫荆等。《尔雅·释草》谓："藐，茈草。"晋郭璞注："可以染紫，一名茈藐。"它是典型的媒染染料，其色素主要存在于植物根部。采挖紫草根一般是在八九月间茎叶枯萎时。色素的主要化学成分是萘醌衍生物类的紫草醌和乙酰紫草醌，这两种紫草醌水溶性都不太好，染色时若不用媒染剂，丝、麻、毛纤维均不能着色，因此必须靠椿木灰、明矾等媒染剂助染，才能得到紫色或紫红色。早在春秋时期，紫草染色便在山东兴盛起来。《管子·轻重丁》记载："昔莱人善染练，茈之于莱纯锱。"茈即紫草，莱即古齐国东部地方，这段话的意思是齐人擅长染练工艺，用紫草染"纯锱"。齐人工于染紫，是由于齐君好紫。《韩非子·外储说左上》说："齐桓公服紫，一国尽服紫。当是时也，五素不得一紫。"紫色系五方间色，对于齐君这种有悖于周礼规定的颜色嗜好，儒家深恶痛绝，其代表人物孔子有"恶紫之夺朱"、孟子也有"红紫乱朱"的言论。北魏时期，贾思勰《齐民要术》中首次出现了有关紫草种植技术的详细记载，其后元代的《农桑辑要》《王祯农书》，明代徐光启的

《农政全书》，清代鄂尔泰等编纂的《授时通考》中都有辑录，说明紫草的利用一直非常普遍。值得注意的是明代方以智《通雅》还记载了一种南宋时出现的可以提高紫草染效的方法，谓："淳熙中，北方染紫极鲜明，中国亦效之，目为北紫。盖不先青，而改绯为脚，用紫草少，诚可夺朱。"另据文献记载，唐宋时期山南道的唐州、剑南道的成都府和蜀州、河南道的青州、河北道的晋州和潞州、河北道的魏州，所产紫草品质较佳，都曾作为土贡产品进献朝廷。

绿色调染料植物

古代的绿色服饰大多由复染拼色而成，现知的可以直接染绿的植物似乎只有鼠李一种。

鼠李，又名冻绿、山李子、朱李，属多年生落叶小乔木或灌木。中国古代染绿色，多是利用含蓝、黄两种色素的染料复染，可以直接单独染绿的染料植物没有几种，鼠李是其中之一，故又被称作"中国绿"。鼠李用于染色的历史很早，德国的吉·扎恩在其撰写的《染色历史》中国部分中写道："古代，非常有名的物质之一是绿色染料，中国话称为'绿果'，这类染料是由各种鼠李属的灌木制成的。这种树木的木材、多汁的果子，都被色素染成浓重的黄色。如果把它们的浓缩液和明矾、碳酸钾并用，即成绿色的植物染料。蚕丝直接吸收，染成蓝绿色，在弱酸染浴中可直接染植物纤维。"他认为鼠李染色技术大概在公元前2000年可能就已出现。从《太平御览》引郭义恭《广志》所载"鼠李，牛李，可以染"，可知晋代时鼠李被用于染色是没有问题的，可惜文中未言明是否直接染绿。

黑色调染料植物

用于染黑的染料植物有麻栎的果实、胡桃、杨梅树皮、莲子壳等多种，其中以麻栎用量较大，是古代最主要的黑色染料植物。

麻栎，系多年生高大落叶乔木，又名柞树、柞栎、栩、橡、枥、象斗、橡栎、橡子树、青桐等。它的果实称为皂斗，含多种鞣质，属于没食子鞣质与六羟基二苯酸的酯化产物，又称"并没食子鞣质"。鞣质又称丹宁，在空气中易氧化聚合，也容易络合各类金属离子，是一种结构十分复杂，具有多元酚基和羧基可水解的有机化合物。鞣质的可水解性使它非常容易提取，方法是将壳和树皮破碎后，用热水浸泡，使其溶出。水温以40—50摄氏度为宜，过高，鞣质易分解；过低，则浸出时间太长。其染色机理是在已浸出鞣质的染液中加入铁盐媒染，鞣质先与铁盐生成无色的鞣酸亚铁，再经空气氧化生成不溶性的鞣酸高铁。因鞣酸高铁是沉淀色料，沉积在纤维上后牢度非常好。因黑色是五方正色之一，皂斗又是主要黑色染料，所以需求量非常大，《周礼·地官·大司徒》在谈及诸如山林、川泽、丘陵等五种不同自然环境的地物时，特别指出："山林，其植物宜皂物。"皂，即皂。

八、染必以石的石染

由于矿物颜料在涂绘织物过程中没有化学反应发生，只是附着在织物表面或渗入织物缝隙间，颜料与纤维之间没有亲和力，因此为加强涂绘牢度，往往要借助一些诸如淀粉、树胶、虫胶类的黏合剂，使颜料更好地附着在纤维上。石染的一般方法是：先把矿物颜料研磨成极细粉末后，掺入黏合剂，再根据用途加水调成稠浆或稀浆状。稠浆是以涂刮的方式涂覆在织物上，稀浆是以浸泡的方式附着在织物上。其工艺流程如下：

制颜料浆 ——→ 料浆涂覆或浸泡织物 ——→ 晾干 ——→ 着色织物

这种施色方法出现在新石器晚期，当时的研磨工具有不少出土，如山西夏县西阴村遗址出土过一个下凹的石臼和一个下端被红颜料沁浸了的石杵；陕西临潼姜寨遗址出土过一块石砚和数块黑色氧化锰颜料，该砚上面有石盖，掀开石盖，砚面凹处有一石质磨棒；兰州白道沟坪马厂期的陶窑遗址出土有研磨用的石板和配色用的陶碟，值得注意的是陶碟中尚存有已配得的紫红色颜料，说明当时已掌握了用不同颜色的颜料混合，调制出不同色彩的技巧。周代以后，石染往往与草染结合在一起使用。《周礼·考工记》中有一段记载，很多学者认为是关于朱砂和植物染料组合染色的描述，原文如下："钟氏染羽，以朱湛丹秫，三月而炽之，淳而渍之。"其中"朱"为朱草，具体是什么植物待考，"丹秫"为朱砂。这段话的大概意思是：将研磨得极细的丹砂，放入某种红色植物染料的染液中浸泡，三个月后，用火加热练合，待染液变得稠厚了，再浸渍染羽毛。《周礼·考工记》中另有一段记载，内容也与这种工艺有关，只不过采取的方法不是将织物浸入染液，而是采取画的方法。其原文大意是：画、缋之事，杂五色。东方谓之青，南方谓之赤，西方谓之白，北方谓之黑，天谓之玄，地谓之黄。布彩次序是青与白相次，赤与黑相次，玄与黄相次。青与赤相间的纹饰叫作文；赤与白相间的纹饰叫作章；白与黑相间的纹饰叫作黼；黑与青相间的纹饰叫作黻。五彩齐备谓之绣。画土用黄色，用方形作象征，画天随时变而施以不同的色彩。画火以圜，画山以章，画水以龙。娴熟地调配四时五色使色彩鲜明，谓之巧。凡画缋之事，必须先上色彩，然后再以白彩勾勒衬托。其中画、缋之事的"画"，系在服饰上以笔描绘图案；缋则为用绣或类似方法修饰图案和衣服边缘。1974年陕西宝鸡茹家庄西周墓出土的锁绣辫子股刺绣，经分析，绣地和绣线系植物染色，绣线内图案颜色，红色是用朱砂涂染，黄色是用石黄涂染，纹、地色彩界限分明，表明当时的工匠已熟练掌握了"凡画缋之事，后素工"之原则。所谓"后素工"，《周礼·八佾》言"绘事后素"方能"素以为绚"，郑玄注："素，白彩也。后布之，为其易渍污也。"意思是各种重彩布完后，以白彩勾勒，既显示出众彩的绚丽，又可以防止白色渍污。从染色的角度而言，画缋涵容了草染和石染，这种"草石并用"的工艺，很可能就是汉代出现的印花敷彩工艺的先声。在马王堆一号汉墓出土的文物中，也有一幅用植物染料和矿物颜料涂绘的T形帛画。帛画的绢地呈棕色，用朱砂、石青、石绿等矿物颜料，绘成神话传说以及人物等图像。其中帛画上部最顶端正中为人首蛇身像。人首披长发，发的末端搭在蛇身上；上半身着蓝色衣，足以下作红色的蛇身，环绕盘踞。人首蛇身像的右侧有三只立鸟，左侧只有两只。人首蛇身像之下有两只相对的飞鸟，下悬一铎形器；铎的两旁各有一兽首人身的动物牵绳索骑在异兽上飞奔，似在振铎作响。最下端绘有双网，网上伏豹，网内两人拱手对坐。右上方有红色太阳，中有金乌。帛画中部约占全画的二分之一，由龙、禽、人物等图像构成比较特殊的轮廓。最上边由华纹、鸟纹构成三角形的华盖，其下有鸟在飞翔。两侧由双龙交蟠于璧中，璧下系彩羽并悬一磬。彩羽上立有两只相对的人首鸟身像。由交蟠的龙身分为上下两段，各绘有人物的场面。最下边的白色扁平物上，置有鼎、壶等器物。帛画下部正中一力士手托代表大地的白色扁平物。力士腿下横跨一条大蛇，两侧各绘一巨龟，口衔云气纹，背上立一鸟。下部的两侧，画有迥首相对的两兽。总的来说，画面彩色绚丽，整体布局严密对称，构图诡奇，繁缛生动，线条描绘精细流畅。在我国考古发现中，这件文物实属罕见的艺术杰作。

九、取法自然的各种草染法

植物染料的染色之术，虽推测在5000年前即已出现，但在商周时期，当时因染料植物贮藏技术尚不成熟，染色受季节的影响非常大。《周礼·天官·冢宰》有这样的记载："凡染，春暴练，夏纁玄，秋染夏，冬献功。"将练染的季节性标识得非常清楚。

关于"春暴练"，贾公彦疏云："凡染，春暴练者，以春阳时阳气燥达，故暴晒其练。"这是比较容易理解的，因为春天气候温和，适宜各种户外生产，此时进行丝、麻的漂练，不会因气温过低影响生产和操作，也不会因日照太强损伤纤维品质。

关于"夏纁玄",郑玄注云:"玄纁者,天地之色,以为祭服。"贾公彦疏云:"夏玄纁者,夏暑热润之时,以湛丹秋,易和释,故夏染纁玄,而为祭服也。"玄、纁二色除作祭服外,帝王、诸侯、卿大夫的六冕之服,即大裘冕、衮冕、鷩(bì)冕、毳冕、希冕、玄冕,皆为玄上纁下,这两色系国之重色,需求量最大,在漂练完成后应首先生产。

关于"秋染夏",郑玄注曰:"染夏者,染五色谓之夏者,其色以夏狄为饰。"贾公彦疏曰:"秋染夏者,夏谓五色。至秋气凉,可以染色也。""夏狄"即"夏翟",特指羽毛五色的野鸡,也是各种不同颜色野鸡的统称。以"夏狄为饰"即是说以野鸡羽色作为色泽的参照标准。"秋染夏"的意思可引申为在完成玄、纁二色生产后,在秋高气爽的季节里染制其他五颜六色的织物。

将染色定在夏秋两季是有一定道理的,一则可以与漂练较好地衔接,二则更主要是与植物的成熟、采集季节密切相关。如茜草根可在5—9月挖掘,与夏天染纁是一致的,蓝草叶应在7—8月采收,而其他染草大多也是在夏秋两季采集。再者,因为当时还不具备植物染料的提纯和储存技术,染料植物采收下来以后,为防止色素丢失、染液霉变影响染色效果,要及时染色。而染料植物的生长、采收是有时限的。《诗经·豳风·七月》所歌:"八月载绩,载玄载黄。"《礼记·月令》所记:"季夏之月……命妇官染采黼黻文章,必以法故,无或差贷。"这些都说明了这一点。战国以后,随着植物染料保鲜、贮藏和提纯技术的进步,染色受季节的影响越来越小,在染色工艺中就不再强调季节了。需要注意的是,早期把染色事项分成四季,各有重点，看似刻板、教条，实为中国古代因势利导克服技术缺陷的一个典范。

自春秋以后，随着人们对染料植物认识的提高，各种根据染料植物性质，便捷经济地采收、贮藏、提取色素以及采用不同染色的方法被总结出来，使草染最终取代石染，一跃成为古代染色工艺的主流，并一直沿用到近代。我们从古代染色工匠的染色经验来看，他们往往将染料分作酸性染料、还原染料和媒染染料三大类，其中媒染染料也包括一些直接染料和碱性染料，如姜黄、黄檗、黄栌、麻栎、胡桃、五倍子等。不同类别的染料采用的制取方法和染色工艺是有差别的，大致可概括成五种：一是复染法；二是套染法；三是媒染法；四是综合染法；五是缬染法。

复染法，是将待染织物直接放入有染料植物的枝叶或其他富含色素部分的发酵染液里面，通过浸或煮的方式，并根据所定色调的深浅，在同一染液中一次或多次浸或煮织物，从而使之着色。之所以要反复投入染液中，是因为植物染料虽能和纤维发生染色反应，但受限于彼此间亲和力的高低，浸染一次只有少量色素附着在纤维上，得色不深，欲得理想的浓厚色彩，须反复多次浸染。而且在前后两次浸染之间，取出的纤维织物不能拧水，直接晾干，以便后一次浸染能进一步更多地吸附色素。

套染法，其法工艺原理与复染基本相同，也是多次浸染织物，只不过是多次浸入两种或两种以上不同的染液中交替或混合染色，以获取中间色。运用套染工艺，可以只选择几种有限的染料，而得到更为广泛的色彩，它的出现使染色色谱得到极大丰富。

媒染法，又称媒介染色。在植物染料中，除了少数几种，大多数都对纤维不具有强烈的上染性，不能直接染色，必须借助金属盐类媒染剂，使染料分子中的配位基团和金属盐发生化学反应，色素才能以络合物的形式附着在纤维上。古代所用媒染剂见于古籍的有绿矾（皂矾）、明矾、石胆、涅、青矾、白矾、草木灰等。根据其化学组成，大致可分为铁离子媒染剂和铝离子媒染剂两大类。

铁离子媒染剂主要来源有三：一是黄铁煤矿石的浆液；二是用黄铁煤矿石焙烧的绿矾；三是含铁的河泥。其中绿矾最为重要，因其能用于染黑，故又称皂矾。它易溶于水，可在空气中逐渐氧化成硫酸铁，其铁离子能与媒染染料中的配位基团络合。在中国古代众多应用矾中，这种矾的制造工艺是最早出现的，而它的出现很有可能就与染皂有关，甚至有学者认为"那时生产的绿矾实际上主要就是利用它来媒染皂黑"。唐代陈藏器《本草拾遗》记载了一种锈蚀铁器制作铁媒染剂的简便方法，谓："取诸铁于器中，以水浸之，经久色青沫出，即堪染皂者。"其原理是让铁在水中被氧化成氧化铁，并转化为氢氧化铁而沉淀，极少量的铁离子能起到媒染作用。

铝离子媒染剂主要来源于明矾，亦即白矾，入水即水解，生成氢氧化铝胶状物，其铝离子能与媒染染料中的配位基团络合。在自然界中并无明矾，它是人工焙烧白矾石的产物。我国开始焙制明矾的时间，有籍可查的，至少可追溯到汉代，在大约成书于西汉后期的《太清金液神气经》中的丹方里曾明确提到使用明矾。少量来源于含铝离子植物的草木灰，历史上用烧灰作媒染剂的植物主要有藜、柃木、山矾、蒿等。据现代科学方法测定，它们之中均含有丰富的铝元素。

媒染不仅适用于染各种纤维，而且利用不同的媒染剂，同一种染料还可染出不同的颜色。如茜草不用媒染剂所染颜色是浅黄赤色，加入铝媒染剂，所染颜色是浅橙红至深红，加入铁媒染剂，所染颜色是黄棕色。荩草不用媒染剂所染颜色是黄色，加入铝媒染剂，所染颜色是艳黄色，加入铁媒染剂，所染颜色是黝黄色。紫草不用媒染剂织物不能上色，加入铝媒染剂，所染颜色是红紫色，加入铁媒染剂，所染颜色是紫褐色。皂斗不用媒染剂所染颜色是灰色，加入铝媒染剂则无效果，加入铁媒染剂，所染颜色是黑色。

就媒染具体工艺而言，又可分：同媒法、预媒法、后媒法和多媒法四种。

同媒法是将织物直接放在加有媒染剂的染液中染色。

预媒法是将媒染剂溶于水，织物先在这个水溶液浸泡一段时间后取出，再放入溶液入染。较有代表性的是紫草染色，这是因为紫草色素的化学成分主要是萘醌衍生物，如紫草醌和乙酰紫草醌，由于这两种紫草醌的疏水性侧键比较长，因此水溶性要差一些，采用预媒染的方法可得到较好的染色效果。

后媒法与预媒法正好相反，即先织物在染液中浸染一段时间后取出，再放入有媒染剂的水溶液浸泡。它的特点是先以亲和性不很强的染料上染，使染料在纤维上和染浴中达到平衡、匀染，然后用媒染剂使其在纤维表面形成络合，并可根据需要掌握后媒浓度，以达到适当的色彩。因此，它较之于同媒或预媒的优点在于匀染好，终点准。较有代表性的是槐米染油绿色，其法是先用槐米薄染织物，取出后再用青矾盖。在《天工开物》所记媒染所得诸色：紫色、金黄、茶褐、大红官绿、油绿、包头青色、玄色诸色等皆采用后媒法。

多媒法是指先用明矾预媒，然后染色，再用青矾后媒的媒染工艺。其原理是先使一些能与染料络合但得色较浅的媒染剂，如铝媒染剂，先与纤维以离子键结合，然后将预媒后的纤维染色，这样染料较易上染并与已有的金属离子络合，最后由得色较深的媒染剂盖上，如铁媒染剂，此金属离子就与大部分吸附在纤维表面的染料络合，或是将原来络合中的铝离子取而代之，从而获得较深、较匀、较牢的色泽。较有代表性的是《多能鄙事》卷四记载的"染明茶褐法"和"染荆褐法"，所述两种方法的染料配方和工艺过程如下：

> 染明茶褐：用黄栌木五两，挫研碎，白矾二两研细。将黄栌作三次煎。亦将帛先矾了，然后下于颜色汁内染之，临了时，将颜色汁煨热，下绿矾末汁内，搅匀，下帛，常要提转不歇，恐色不匀。其绿矾亦看色深浅渐加。

> 染荆褐：以荆叶五两，白矾二两，皂矾少许。先将荆叶煎浓汁，矾了绢帛，扭干，下汁内。皂矾看深浅渐用之。

这两色的染法均采用了明矾预媒、绿矾后媒的多媒染色工艺。所染出的明茶褐和荆褐，皆系有光泽的褐色。其光泽即是明矾媒染产生的，因为明矾在水溶液中会慢慢水解生成胶状碱式硫酸铝或氢氧化铝，既可物理吸附某些染料分子，又可与含有螯合基团的有机染料分子生成深亮色沉淀色料；其褐色则是由绿矾媒染产生的，因为绿矾含有铁离子，与单宁化合会生成黑色鞣酸铁，所以绿矾的媒染作用主要是用于鞣质染黑，而且当绿矾水被吸附在纤维上后，经空气氧化，自身也会转变成棕黄色的三氧化二铁，显然在此过程中它又兼着发色作用，故它特别适宜媒染黑色和褐色。不同媒染剂的用量，直接关系到所染绢帛色调是否纯正，《多能鄙事》所载表明当时多媒染色工艺水平是相当高的。

在上述几种媒染染色工艺中，视不同的植物染料，染色效果好坏不一，但就多数媒染染料而言，预媒法得色不牢，终点不准；同媒法不易染匀染准；后媒法速度较慢；相对的多媒法染色工艺更为合理。总之，媒染染料较之其他染料的上色率、耐旋光性、耐酸碱性以及上色牢度要好得多，它的染色过程也比其他染法复杂，媒染剂如稍微使用不当，染出的色泽就会大大偏离原定标准，而且难以改染。必须正确地使用，才能达到目的。

综合染法，顾名思义，其法是在染色时将复染、套染和媒染几种方法结合在一起并用。《多能鄙事》卷四所载"染小红法"即是这种方法的代表。其配方和工艺过程如下：

> 以练帛十两为率，用苏木四两，黄丹一两，槐花二两，明矾一两。先将槐花砂令香，碾碎，以净水二升煎一升之上，滤去渣，下明矾末些许，搅匀，下入绢帛。却以沸汤一碗化余矾，入黄绢浸半时许。将苏木以水二碗煎一碗之上，滤去滓，为头汁顿起。再将

渣水一碗半，煎至一半，仍滤别器贮。将渣再入水二
碗煎一碗，又去渣，与第二汁和，入黄丹在内搅极匀，
下入矾了黄帛，提转令匀。浸片时扭起，将头汁温热，
下染出绢帛，急手提转，浸半时许。可提六、七次。
扭起，吹于风头令干，勿令日晒，其色鲜艳，甚妙。

整个工艺过程可拆分为四步：第一步将绢帛放入加有明矾的槐
花染液打黄底；第二步将已染黄的绢帛放入矾液中浸泡，其作用是
对苏木的预媒和对槐花的后媒；第三步将经矾液浸泡过的绢帛放入
较稀的苏木染液中与黄丹媒染；第四步用温度稍高较浓的苏木染液
复染。

缬染法，其工艺实质是防染工艺，即利用"缬"的方法在织物
的某些部位防染（详见后文"另类染色法——缬染"）。

十、出于蓝而胜于蓝的靛青染色

靛青是蓝草经发酵后制成，属典型的还原染料。最初用蓝草染
色，采用的便是鲜蓝草叶发酵法，即直接把蓝草叶和织物揉在一起，
揉碎蓝草叶，让液汁浸透织物；或者把织物浸入蓝草叶发酵后的溶液
里，然后再把吸附了原靛素的织物取出晾放在空气中，使吲哚酚转化
为靛蓝，沉积固着在纤维上。这种方法染色受季节限制，因为植物色
素在植物体内难以长期保存，采摘的鲜叶必须及时与织物浸染，否
则会失去染色价值。故在制靛技术出现以前，染色只能在夏秋两季进

行。大约在魏晋时期，制作靛青技术出现。北魏贾思勰在其著作《齐民要术》中记载了当时用蓝草制靛的方法"刈蓝倒竖于坑中，下水"，用木头或石头镇压蓝草，以使其全部浸于水中。浸渍时间是"热时一宿，冷时再宿"。然后将浸液过滤，置于瓮中，再按1.5％的比例往滤液中加石灰，同时用木棍急速搅动滤液，使溶液中的靛甙和空气中的氧气加快化合，待产生沉淀后，"澄清泻去水"，另选一"小坑贮蓝靛"，再等它水分蒸发到"如强粥"状时，则"蓝靛成矣"。唐宋以来，各个朝代的许多书里对造靛方法也都有所论述，其中最为大家熟悉的是明代宋应星的《天工开物》里所说：造靛时，叶与茎量多时入窖，量少时入桶与缸。用水浸泡七天，蓝汁就出来了。每一石浆液，放入石灰五升，搅打几十下，蓝靛就凝结了。水静止以后，靛就沉积在底部。内容与贾书基本相同，但有些地方更为详细。所述蓝草水浸时间远较前者为多，这主要是为了增加靛蓝的制成率，当然也具备了更多的科学性。

近代侗族人制取蓝靛的工艺与贾思勰所记很接近，但所用工具不同。他们沤制蓝靛的工具有：大木桶、用竹篾编的比桶口略小的竹筛子、两根木棍、两块大青石、一个装石灰的小布袋以及一个脸盆。其沤制过程如是：将采摘的蓝草洗净放入木桶，加清水漫过放入的蓝草后用竹筛子盖在上面，然后用两根木棍交叉成十字将竹筛子卡在桶口，盖上木桶盖浸沤。浸沤时间视天气状况而定，一般骄阳高照的日子只需一天一夜，天气凉爽的日子则要久一些。第二天木桶里的水变成蓝绿色，水面上有一薄层红铜色的漂浮物并泛有白色泡沫，说明蓝草已经沤透。把木棍、竹筛、沤透的蓝草和残存物依次捞出来后就可加入石灰了（图65）。加石灰的方式有两种：一是将石灰装入小布袋后放入水中不断地摇晃捏挤使石灰与水交融；二是用盆装上石灰直接放进桶里上下左右摇晃让石灰融入水中。加入石灰后蓝绿色的水会慢慢变灰绿色，泡沫也由白色慢慢变成蓝色。待出现紫色泡沫后说明所放石灰已够量，这时就可以把布袋或石灰盆取出开始"打靛"了。打靛是用大瓢或盆将桶中的水翻搅，直到泡沫变深蓝色为止。这个方式和过程看似简单，实则非一般生手可以胜任。经验丰富的打靛人只需看"水门"，即边打花边观察靛水颜色变化就可判断打靛的火候；而不会看"水门"的打靛人只能用舌尖尝试靛水味道来判断打靛的火候。打完靛后盖上木桶盖，8—12小时后蓝靛便可在桶底沉积而成。

沤渍蓝草　　沤渍后的蓝草液　　在蓝草液中加入石灰

加石灰后的搅拌　　搅拌后的蓝草液，待沉淀后便成蓝靛

图65　靛青加工过程

判定蓝靛质量好坏的方法是：将蓝靛蘸一点在手上，迎着阳光观察靛的颜色，凡靛色泛灰，表明制靛时石灰加多了，凡靛色发暗，表明沤渍时间过长，只有靛色呈深蓝色并有些反光的才是好靛。

在使用经化学加工的靛蓝染色时，需先将靛蓝入于酸性溶液之中，并加入适量的酒糟，再经一段时间的发酵，即成为染液。染色时将需要染色的织物投入浸染，待染物取出后，经日晒而呈蓝色。其染色机理是酒糟在发酵过程中产生的氢气（还有二氧化碳）可将靛蓝还原为靛白。靛白能溶解于酸性溶液之中，从而使纤维上色。织物既经浸染，出缸后与空气接触一段时间，由于氧化作用，便呈现鲜明的蓝色。为增加上染率，民间染蓝多采用复染工艺。所谓复染，就是把纺织纤维或已制织成的织物，用同一种染液反复多次着色，使颜色逐渐加深。这是因为植物染料虽能和纤维发生染色反应，但受限于彼此间亲和力的高低，浸染一次只有少量色素附着在纤维上，得色不深，欲得理想浓厚色彩，须反复多次浸染。而且在前后两次浸染之间，取出的纤维织物不能拧水，直接晾干，以便后一次浸染能进一步更多地吸附色素。

十一、颜色掩千花的红花染色

红花适用于多种纤维的直接染色，是红色植物染料中色光最为鲜明的一种。用它染的红色称为真红或猩红，唐人李中"红花颜色掩千花，任是猩猩血未加"诗句，形象地概括了红花所染色彩。

红花所含的红花素，从结构上来看并不与现在定义的酸性染料相同，但因为红花素只能在酸性浴中上染，因此也可称为酸性染料。如前述，红花中含有黄、红两种色素，其中只有红色素具有染色价值。近代染色学中提取红花素的方法是利用红、黄色素皆溶于碱性溶液，红色素不溶于酸性溶液，黄色素溶于酸性溶液的特性。先用碱性溶液将两种色素都从红花里浸出，再加酸中和，只使带有荧光的红花素析出。我国自汉以来一直利用红花的这种特性来提纯和染红。

红花染料的制备形式一般有两种：一种可称为干红花，另一种是红花饼。干红花的制作法在《齐民要术》中有详细记载，并称为杀花法。其法是：先捣烂红花，略使发酵，和水漂洗，以布袋扭绞黄汁，放入草木灰中浸泡一些时间，再加入已发酵之粟饭浆中同浸，然后以布袋扭绞，备染。按草木灰为碱性溶液，而发酵的粟饭浆呈酸性。红花饼制法最早见于晋代张华《博物志》，但以明代宋应星《天工开物》所载最为详细："带露摘红花，捣熟，以水淘，布袋绞去黄汁；又捣，以酸粟或米泔清。又淘，又绞袋去汁。以青蒿覆一宿，捏成薄饼，阴干收贮。染家得法，我朱孔阳，所谓猩红也。"在制饼过程中加入青蒿可防止红花饼霉变。在染色时为使红花染出的色彩更加鲜明，要用呈酸性的乌梅水来代替发酵之粟饭浆使红色素析出。《天工开物》载：染"大红色。其质红花饼一味，用乌梅水煎出，又用碱水澄数次。或稻稿灰代碱，功用亦同。澄得多次，色则鲜甚。染房讨便宜者，先染芦木打脚"；染"莲红、桃红色，银红、水红色。以上质亦红花饼一味，浅深分两加减而成。是四色皆非黄茧丝所可为，必用白丝方现"。特别值得指出的是，我国古代不但能够利用红花染色，而且能从已染制好的织物上，把已附着的红色素重新提取出来，反复使用。这在

《天工开物》里也有明确记载："凡红花染帛之后，若欲退转，但浸湿所染帛，以碱水、稻灰水滴上数十点，其红一毫收转，仍还原质，所收之水藏于绿豆粉内，放出染红，半滴不耗。"这段记载听起来好像不易理解，其实是有道理的。这便是利用红花红色素易溶于碱性溶液的特点，把它从所染织物上重新浸出。至于将它藏于绿豆粉内，则是利用绿豆粉充作红花素的吸附剂。事实上，这一技术早在唐初就已为人们所掌握。在吐鲁番出土的很多印花织物便是用这一原理进行防染和拔染印花出来的，因此很可能正是由于红花素这一特殊的性能，从而导致了拔染印花的产生。

十二、皇袍的黄色及所用染材

在先秦时期的色彩观念中，黄色代表土地之色，位之"五方正色"中央，是非常重要的一种颜色。不过那时各种黄色的服装并不被王室独享，天子的服色可以是"玄冠、黄裳"，庶民百姓也可以有"绿衣黄里""绿衣黄裳"的衣服。西汉前期，国祚色几经改易，黄色才压倒其他颜色慢慢尊贵起来。史载："高祖之微时，尝杀大蛇。有物曰：'蛇，白帝子也，而杀者赤帝子。'"刘邦建汉后据此确定了服色尚赤的定制。所以在汉代初期，皇袍用红帛，皇城宫殿四壁为紫红。汉文帝十三年（公元前167年），鲁人公孙臣上书，认为汉朝尚赤不合"五德终始论"，秦既为水德，汉取而代之，当为土德，服色应尚黄。但他的建议当时并没有被采纳。直到武帝继位30多年后的元封七年（公元前104年），才正式宣布改制，服色也从尚赤改为尚黄，皇袍改用黄色。从隋唐开始，黄色正式成为皇帝的朝服颜色。《唐六典》载："隋文帝着柘黄袍、巾带听朝。"《宋史·舆服志》载："衫袍，唐因隋制，天子常服赤黄、浅黄袍衫、折上巾、九还带、六合鞾。宋因之，有赭黄、淡黄袍衫、玉装红束带、皂文鞾，大宴则服之。又有赭黄、淡黄襟袍、红衫袍，常朝则服之。"在唐高宗总章年间（公元668年—670年）民间禁止使用黄色，《新唐书·车服志》载："唐高祖以赭黄袍、巾带为常服……既而天子袍衫稍用赤黄，遂禁臣民服。"从此各代袭承，如元代曾明令庶人不许用赭黄，明代弘治十七年（公元1504年）更是严禁臣民用柳黄、明黄、姜黄诸色。

前面说过，在自然界中可以染黄的植物是最多的。最尊贵的皇袍是用哪种植物呢？见于文献记载的有柘木、黄栌和槐米三种。从汉代到明代的皇袍是柘黄色，清代则是明黄色。

柘木是落叶灌木或小乔木柘树的材质，用它所染之黄色，名为柘黄，因其色泽与赭石相近，又名赭黄。在古文献中提到这个颜色的记载非常多，明确言其是柘木所染的文献资料有三条：一是东汉崔寔《四民月令》所载："柘，染色黄赤，人君所服（黄者中尊，赤者南方，人君之所向也）。"二是唐代封演《封氏闻见录》所载："赭黄，黄色之多赤者，或谓之柘木染。"三是明代李时珍《本草纲目》所载"其木染黄赤色，谓之柘黄，天子所服。"显然柘黄之色泽，是一种带有很明显的红色调特征。

因柘黄之色为帝王专用的黄色，所以在唐宋期间的文学作品中，这种颜色的衫袍便成为天子的代称。现择几例：

张祜《马嵬归》：

云愁鸟恨驿坡前，孑孑龙旗指望贤。

无复一生重语事，柘黄衫袖掩潸然。

花蕊夫人《宫词》：

锦城上起凝烟阁，拥殿遮楼一向高。

认得圣颜遥望见，碧阑干映赭黄袍。

和凝《宫词》：

紫燎光销大驾归，御楼初见赭黄衣。

千声鼓定将宣赦，竿上金鸡翅欲飞。

张端义《贵耳集》卷下：

黄巢五岁，侍翁父为菊花联句。翁思索未至，巢
信口应曰："堪与百花为总首，自然天赐赭黄衣。"

苏轼《书韩干牧马图》：

碧眼胡儿手足鲜，岁时翦刷供帝闲。

柘袍临池侍三千，红妆照日光流渊。

欧阳玄《陈抟睡图》：

> 陈桥一夜柘袍黄，天下都无鼾睡床。
>
> 赢得坠驴闻老子，为君眠断白云乡。

在历史上，栌木也是皇袍染黄之材。所谓的栌木，是漆树科黄栌的材质。因黄栌树的叶片秋季变红，观赏性较强，长久以来一直是中国重要的观赏红叶树种，著名的北京香山红叶就是该树种。因其枝材中含有色素，它除了观赏，在古代还是一种非常重要的黄色染材。陈藏器《本草拾遗》记载："黄栌，生商洛山谷，四川界甚有之，叶圆木黄，可染黄色。"这说明早在唐代黄栌就被用于染黄。《大元毡罽工物记》记载，各官办毡毯机构数年间所用黄栌数量，高达2000斤，反映出在元代黄栌是主流的黄色染材。在宋应星《天工开物》中则记载了黄栌染的三种工艺，分别是：直接染工艺，即芦木煎水薄染得到的象牙色；复染工艺，即用黄栌与其他染材拼色而染，如黄栌与红花拼色得到的大红色，靛、芦木、杨梅皮得到的玄色；铝媒染工艺，即先芦木煎水染，再用麻稿灰（含铝离子）淋得到的金黄色。

黄栌枝材中所含色素，名嫩黄太素，可直接染黄，也可加入铬、铝、铁、锡等媒染剂染色，得到黄、橙黄、淡黄诸色但色牢度不佳。一般来说，色牢度不佳的染材很难被当作主流染材大量使用。为何黄栌能反其道而被大量使用？

《文殊师利问经》卷上记载了佛教法衣颜色的戒律："文殊师利白佛言：'世尊，菩萨有几种色衣？……'佛告文殊师利：'不大赤色、不大黄、不大黑、不大白，清净如法色，三法服及以余衣皆如是色。若自染、若令他染，如法捣成……'"类似内容在其他一些佛经中也都有出现。诸律所论法衣之颜色，举青、黄、赤、白、黑等五正色及绯、红、紫、绿、碧等五间色为不如法色，故禁用之，而且明确直言"染色黄栌木"不如法色，其如法色只能是"不大黄"。佛教修行追求"毁形而苦行，割爱而忍辱，食以粗粝，衣以坏色，器以瓦铁"，故僧人的法衣，即亦被称为袈裟的外衣，就是根据梵文的音译而得名，意为"不正色坏色"，因僧人穿着，便从色而言。佛教法衣对黄栌色的避讳，间接回答了上面这个问题，并道出了古人看重黄栌这种染材的原因，以及宋应星所言黄栌铝媒染出的金黄色，应该是纯正的黄色。

此外，日本古籍《延喜式》的一条记载也颇能说明黄栌染黄之色，谓：自嵯峨天皇（公元786年—842年）以来，皇袍色彩的制作材料为"绫一匹、栌十四斤、苏芳十一斤、酢二升、灰三斛、薪三荷"。苏芳即苏木，古代主流染红染材之一。日本皇袍的颜色，无疑参照了当时中国皇袍的色相。因为自隋唐开始，皇帝的袍服颜色是赭黄。此色用柘木所染，其黄色相中的赤色调与赭石色调相近，古人假借赭石之"赭"字，形容柘木所染之色相。由此可想见黄栌所染黄色之纯正，以至日本染工为染出带赤的黄色，要用黄栌和苏木两种染材。另需说明的是，当时日本的染色工艺，大多是中国传入的，这种工艺方法也可能是唐代皇袍染黄行用之法。

清王朝皇帝的朝服不同于前面各代，颜色明黄色，所用染材是黄栌和槐米。《钦定大清会典》载："皇帝用明黄色，亲王至宗室公用红色。"又《清朝文献通考》载：皇帝朝服"色用明黄惟祀"。在中国第一历史档案馆藏内务府全宗档案《织染局簿册·乾隆十九年分销算染作》记载有用槐米和黄栌染黄的工艺："染金黄色绒三钱三分，用明矾一钱零三厘，槐子一钱零三厘，栌木四钱九分五厘，木柴一两三钱二分。"黄栌与槐子皆为黄色染材，两者拼色染是为了得到饱和度较佳的明黄色。清代因用明黄服饰获罪的最著名案例发生于清初，当时顺治帝出于削减摄政多年的睿亲王多尔衮势力，借口多尔衮死后"僭用明黄龙衮"为敛服，并将此作为"觊觎之证"，追论其谋逆罪，剥夺一切封典，并掘墓毁尸。

中国各种传统色的命名方式很多是以两个词语组成，即在一个基本色名，如红、黄、蓝、绿、紫等前面冠以一个修饰性词语。而用于色名的修饰性词语属性，又可大致归纳为三种：一是形容词。在基本色名前冠以形容词，以表示该色的明度和彩度，如鲜红、大红、粉红、艳黄、明黄、浅绿、嫩绿、深蓝、翠蓝、暗紫等。二是借用名词。在基本色名前冠以与之色调相近的某种物体名称，如枣红、橘红、砖红、橘黄、金黄、苹果绿、茄紫、葡萄青等。三是特定名词。在基本色名前冠以显色材料，以表明这种色彩是经由这种特定材料通过染色或其他过程后所显现的色彩，如槐黄、石黄、茜色、苏木色、荆褐、皂色等。

因颜色是一种有关感觉和解释的问题，而且每个人由于色灵敏度和过往经历的不同，在看同一物体颜色后很难准确地用统一的语言表达出来。不同的人在解释皇袍的黄色时，常会基于传统色的命名方式，以自身的生活常识，用不同方式来表达。然而这些不同方式的表达，多少都会产生偏颇，均不如现代科学方法准确。

20世纪80年代，我国将$L^*a^*b^*$表色系统（**图66**）定为精准确认

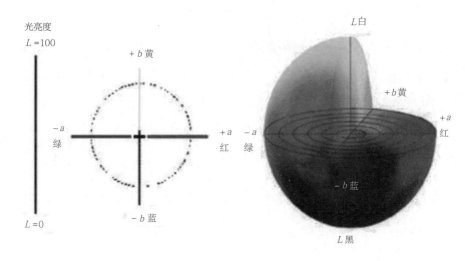

图 66　L*a*b* 三维立体结构

颜色的国家标准。这个表色系统是用一个假想的球形三维立体结构来描述色彩的三个基本参数。第一个参数是色相的变化，表现在球形横截面上，a 表示红色方向，−a 表示绿色方向，b 是黄色方向，−b 是蓝色方向。第二个参数是彩度变化，表现在色相方向上距离纵轴的远近，数值越大，越向周边，彩度越大，颜色越鲜明；数值越小，越靠近纵轴，彩度越小，颜色越不鲜明。第三个参数是明度变化，表现在纵轴 L 上，越向上明度越高，越向下明度越低。根据物体颜色的这三个基本参数，就可在彩色球形结构中精确定位，从而将其准确地描述、表达出来。据研究，柘木所染之柘黄，在 L*、a*、b* 色空间的大概位置是 L*：68.24—68.32，a*：24.04—39.84，b*：42.57—48.99。黄栌与槐子拼色所染的明黄色，大概位置是 L*：75—85，a*：15—22，b*：37—40。

十三、另类染色法——缬染

缬染法，工艺实质是防染工艺，即利用"缬"的方法在织物的某些部位防染。具体方式有夹缬、蜡缬和绞缬三种，各有独特而完整的工艺，如夹缬用夹板防染，蜡缬用蜡防染，绞缬用扎缝的方法防染，从而使施色后的织物，形成非单一色泽且风格迥异的图案和花纹。这种方法施色前的工艺过程非常有特点，一般归为印花工艺范畴，但因其所用染液的调制基本如前所述，实乃是一种另类染色法。它的优点是工艺流程简单，易发现疵病，可大大节省成本。因此，缬染自出现后便得到迅速发展，并在很长一段时间都十分兴盛。直到南宋以后，才因各种因素逐渐衰败，仅在交通不便的山区和少数民族地区还有生产。

晕渲迷离的绞缬

绞缬，又名撮缬或扎缬，是我国古代民间常用的一种染色方法。绞扎方法归纳起来有两类：一是逢绞或绑扎法，先在待染的织物上预先设计图案，用线沿图案边缘处将织物钉缝、抽紧后，撮取图案所在部位的织物，再用线结扎成各种式样的小绞。浸染后，将线拆去，扎结部位因染料没有渗进或渗进不充分，就呈现出着色不充分的花纹。二是打结或折叠法，将织物有规律或无规律地打结或折叠后，再放入染液浸染，依靠结扣或叠印进行防染。绞缬花样色调柔和，花样的边缘由于受到染液的浸润，很自然地形成从深到浅的色晕，使织物看起来层次丰富，具有晕渲烂漫、变幻迷离的艺术效果。这种色晕效果是其他方法难以达到的。

关于绞缬的出现时间，学术界在过去很长时间里都认为可能是在汉代，有人甚至认为是外国输入的工艺技术。1995年新疆且末县扎滚鲁克出土了公元前约800年的绞缬毛织品实物，颠覆了这一观点，将绞缬的出现时间大大向前推进。这是目前世界范围内发现的最早的绞缬文物，证实了绞缬萌发于中国不是外来的，同时证实了至迟在春秋战国时期，我国绞缬工艺就已经得以初步发展。而"缬"这个字则是魏晋时期专门为绞缬工艺而造的，最初仅指绞缬，大概在南北朝以后"缬"字才成为染缬工艺的泛称。

在东晋南北朝期间，流行的绞缬花样有蝴蝶、蜡梅、海棠、鹿胎纹和鱼子纹等，其中紫地白花酷似梅花鹿毛皮花纹的鹿胎缬最为昂贵。在陶潜《搜神后记》中记述有这样一件事：一个年轻的贵族妇女

图67　周昉的《簪花仕女图》

身着"紫缬襦青裙",远看就好像梅花斑斑的鹿一样美丽。显然,这个妇女穿的衣服是用有"鹿胎缬"花纹的绞缬制品缝制。从唐到宋,绞缬制品依然非常流行,见于记述的绞缬花纹名称便有撮晕缬、鱼子缬、醉眼缬、方胜缬、团宫缬等多种,许多妇女都将它作为日常最偏爱的服装材料穿用,其流行程度在当时陶瓷和绘画作品上得到翔实反映,如当时制作的三彩陶俑、名画家周昉画的《簪花仕女图》(图67)以及敦煌千佛洞唐朝壁画上,都有身穿文献所记民间妇女流行服饰"青碧缬"的妇女造型。陶毅《清异录》记载,五代时,有人为了赶时髦,甚至不惜卖掉琴和剑去换一顶染缬帐。小小的一件纺织品,如此让人渴望拥有,足以说明绞缬制品在这时期风行之盛、影响之深。北宋时期,随着国力的衰退,朝廷几次诏令禁止民间穿用染缬,逐渐抑制了染缬在民间流行的势头。据《宋史·舆服志》载,禁服绞缬

之令有：大中祥符七年（公元1014年）"禁民间服销金及铋遮那缬"，八年"又禁民间服皂班缬衣"。天圣三年（公元1025年）诏："在京士庶不得衣黑褐地白花衣服并蓝、黄、紫地撮晕花样，妇女不得将白色、褐色毛段并淡褐色匹帛制造衣服，令开封府限十日断绝。"政和二年（公元1112年）诏："后苑造缬帛。盖自元丰初，置为行军之号，又为卫士之衣，以辨奸诈，遂禁止民间打造。"前三次禁令仅明文规定了民间不得穿用的几个染缬品种，政和二年的诏令则言明染缬只能作为军用和仪仗之品，全面禁止民间穿用染缬。朝廷对绞缬生产的相关禁令，直到南宋初期才被解除，绞缬产品得以再次盛行。不过因长时间禁令的影响和审美趣味的变化，绞缬的再次盛行，犹如昙花一现，并最终导致明清期间绞缬几近在中原地区消失，逐渐隐没于少数民族地区及交通不便的山区。

冰裂纹天成的蜡缬

蜡缬，现在称为蜡染。传统的蜡染方法是先把蜜蜡加温熔化，再用三至四寸的竹笔或铜片制成的蜡刀，蘸上蜡液在平整光洁的织物上绘出各种图案。待蜡冷凝后，将织物放在染液中染色，然后用沸水煮去蜡质。这样，有蜡的地方，蜡防止了染液的浸入而未上色，在周围已染色彩的衬托下，呈现出白色花卉图案。由于蜡凝结后的收缩以及织物的皱褶，蜡膜上往往会产生许多冰裂痕，入染后，色料渗入裂缝，成品花纹往往出现一丝丝意想不到的不规则色纹，形成蜡染制品独特的装饰效果。

关于蜡缬工艺出现在何时、何地？学术界大致有四种不同的说法。

一是埃及说，有学者认为，早在公元前1500年，埃及的蜡防花布就已有很好的名声，后来这项技术经丝绸之路传入波斯、印度、中国、泰国、马来西亚，最后传到日本。二是印度说，有学者认为，蜡染约在2500年前产生于印度，到了公元5世纪，经波斯西传到埃及，公元7世纪时传入中国，再由中国传入日本及马来群岛。另有学者认为，印度蜡缬早在东汉时期即已传入中国西部边陲。三是马来群岛说，有学者认为，蜡染起源于亚洲的马来群岛，包括苏门答腊、爪哇、婆罗洲、西伯里及香料群岛等。其中，爪哇的蜡缬工艺被称为巴提克工艺，是当地制作大披肩的一种独特技巧。其首先在马来群岛各诸岛之间流行，然后传入亚洲大陆。公元16世纪荷兰人、葡萄牙人在西北爪哇开始了贸易，特别是东印度公司的成立，将蜡染工艺传向世界。四是中国说，有学者认为，中国早在西周时期染色就已是国家的一项重要经济产业，至迟在秦汉之际，西南少数民族便开始利用蜂蜡和白蜡作为防染的材料，制作出蓝白相间的花布。因此就利用蜂蜡和白蜡为防染材料的历史而言，大约早于埃及、印度好几百年，所以蜡染起源于中国。20世纪60年代，奉节县风箱峡崖棺葬发现了年代约为战国至西汉时期的蜡缬实物碎片，为蜡缬最早产生于中国的说法，提供了最有力的实物证据。

从文献记载和考古资料来看，两汉及魏晋南北朝期间，我国的蜡缬技术已相当成熟，当时西南地区的少数民族利用蜂蜡和石蜡做防染材料，染出蓝地白花或蓝地浅花的花布，称为"阑干斑布"。汉代文献记载，盘瓠的后代织绩木皮，染以草实，好五色衣服，制裁皆有尾形，衣裳斑斓。盘瓠是西南地区苗、瑶、畲等少数民族共同尊奉的祖先，这些民族的服俗是斑斓的"阑干斑布"。隋唐五代时期，蜡缬产

品非常流行，不仅有棉织品、毛织品蜡缬，还有丝绸蜡缬。此时的蜡
缬色彩，突破了以前多用蓝、白两色的局限，开始使用更多的颜色进
行复色套染。在目前出土的蜡缬遗存中，可见蓝色、黄色、棕色、土
黄、绿色等诸多色彩。除此以外，蜡缬的用途也更加广泛，不仅用于
日常生活中的服饰、帐子、帘幕，还被用于军服和室内装饰。现今可
见的唐代蜡缬实物较多，如敦煌莫高窟发现的九件唐代缬染丝织品，
其中大多数是蜡缬；吐鲁番阿斯塔那也曾出土一些唐代缬染丝织品。
另外，日本正仓院保藏有同时期的蜡缬数件，其中"象纹蜡缬屏风"
（图68）和"树羊蜡缬屏风"（图69），图案精细，布局大方，上、

图68　日本正仓院藏唐代树下立象蜡　　图69　日本正仓院藏唐代树
　　　缬屏风　　　　　　　　　　　　　　　下立羊图蜡缬屏风

中、下三组纹样结构工整匀称，显然是经过精工设计和画蜡、点蜡工艺而得，是蜡缬中难得的精品。

　　两宋明清期间，中原地区因蜡缬所用的重要原料"蜡"的利用广泛，导致蜡资源匮乏，蜡缬逐步淡出了中原印染的舞台。而在西南少数民族聚居区，由于交通不便、技术交流不畅，兼之蜡资源丰富，蜡缬仍十分盛行，并出现了一些新的工艺方法。南宋朱辅《溪蛮丛笑》记载："溪峒爱铜鼓，甚于金玉，模取鼓文，以蜡刻板印布，入靛缸渍染，名点蜡幔。"这便是说侗族人喜爱铜鼓，甚于金银玉器，以"点蜡"的方法获取铜鼓的纹样，入靛缸渍染出服饰的图案。1987年贵州长顺县天星洞发现的宋代蓝地白花蜡缬筒裙，经分析就是采用这种点蜡方法。当时广西瑶族人民生产一种称为"瑶斑布"的蜡染制品，以其图案精美而驰名全国。此布虽然只有蓝、白两种颜色，却很巧妙地运用了点、线、疏、密的结合，使整个画面色调饱满，层次鲜明，独具瑶族古朴的民风和情趣，突出地表现了蜡染简洁明快的风格。这种蜡染布的制作方法很独特，据周去非《岭外代答》记载：是"以木板二片，镂成细花，用以夹布，而熔蜡灌于镂中，而后乃释板取布投诸蓝中，布既受蓝，则煮布以去其蜡，故能制成极细斑花，炳然可观"。就蜡缬工艺而言，画蜡和染色是其两个重要的核心环节。画蜡一般都是用竹笔或蜡刀蘸取溶蜡手绘蜡纹在布料上，入染化蜡后蜡纹消失，不可再现，属一次性完成的工作。而将纹样刻在板上，再在纹样处注入溶蜡形成蜡纹，化蜡后纹板可重复使用，大大节省了画蜡时间，进而降低了绞缬成本，非常经济实用，且适宜同一纹样重复性的大批量生产。

秦汉即有之的夹缬

夹缬，是用两块雕镂相同图案的木质花版，将布帛对折后紧紧地夹在两板中间，然后将染液或灌注、或浸入镂空部位内，使织物着色。除去镂空版后对称花纹即可显示出来。有时也用多块镂空版，着两三种颜色复染。古代"夹缬"的名称可能就是由这种夹持印制的方式而来。宋代始出现，后广为流行的蓝印花布，因工艺与夹缬非常近似，实亦属夹缬之类。其常用的方法有两种：一种是用两块花版，近似前述的夹缬方法，差异是布帛对折后紧紧地夹在两块花版中间后，不是将染液或灌注、或浸入镂空部位内，而是将防染浆料涂刮在镂空部位内，待防染浆料干后再入染缸。另一种是只用一块花版，将花版铺在白布上，用刮浆板把防染剂刮入花纹空隙漏印在布面上，干后入染缸。不管是哪种方法，晾干后刮去防染剂，都会显现出蓝白花纹。

据《事物纪原》引《二仪实录》记载：夹缬"秦汉间有之，不知何人所造，陈梁间贵贱通服之"。南北朝以后，夹缬在工艺上已非常成熟，产品也在宫廷中盛行。文献记载，隋大业年间（公元605年—616年），隋炀帝曾命令工匠印制五色夹缬花裙数百件，以赐给宫女及百官的妻妾。唐玄宗时，安禄山入京献俘，玄宗也曾以"夹缬罗顶额织成锦帝"为赐。这表明当时夹缬品尚属珍稀之物，仅在宫廷内流行，其技术也被宫廷垄断，还没有传到民间。《唐语林》记载了这样一件事："玄宗时柳婕妤有才学，上甚重之。婕妤妹适赵氏，性巧慧，因使工镂板为杂花之像，而为夹缬。因婕妤生日，献王皇后一匹，上见而赏之。因敕宫中依样制之。当时甚秘，后渐出，遍于天下。"这说明夹缬印花是在玄宗以后才逐渐流行于全国的。唐中叶时制定的"开元礼"制度，规定夹缬印花制品为士兵的标志号衣，皇帝宫廷御前步骑从队，一律穿小袖齐膝染缬团花袄，戴花缬帽（这一制度也曾被宋代沿袭）。连军服都用夹缬印花，可以想象夹缬制品的产量之大和它在社会上盛行的程度。另据研究资料，从吐鲁番出土夹缬实物来看，唐代夹缬花版的纬宽大致是幅宽的一半，即二尺二寸，相当于25—27厘米，一般均在10—15厘米，个别的达25厘米（图70）。

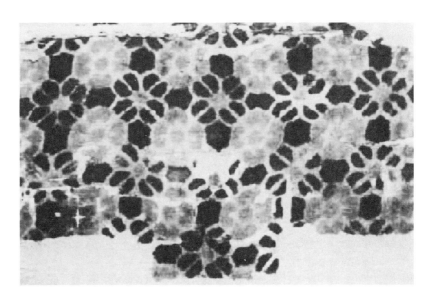

图70　唐代红花绿叶夹缬

北宋初期，染缬在民间广为流行，但自大中祥符七年起，朝廷多次下令禁止民间穿用染缬后，逐渐抑制了染缬在民间流行的势头，染缬在一段时间内变成军队专用之品。不过尽管北宋朝廷三令五申地禁止民间穿用染缬，民间染缬并未绝迹，仍有不少染坊生产，并出现了一些雕刻花版的能工巧匠。张齐贤《洛阳缙绅旧闻记》记载："洛阳贤相坊，染工人姓李，能打装花缬，众谓之李装花。"同时期契丹人统治的北方地区范围，民间染缬生产没有限制，染缬技术发展很快。山西应县佛宫寺曾发现一件辽代夹缬加彩绘的南无释迦牟尼佛像，其制作工艺相当复杂，印制时需用三套缬版，每套阴阳相同雕版各一块，分三次以阴阳相同雕版夹而染出红、黄、蓝各色，最后再在细部用彩笔勾画修饰。

到了南宋初期，民间禁服染缬制品得以改变。当时朝廷因财政紧张，号召节俭，不得不放开工艺简单、成本相对较低的夹缬生产。《宋史·舆服志》记载"中兴，掇拾散逸，参酌时宜，务从省约。凡服用锦绣，皆易以缬、以罗"，颇能说明夹缬在民间再次流行的背景。夹缬一经解禁，各式新奇夹缬产品很快就出现在市场上。《古今图书集成》引《苏州纺织品名目》说：药斑布"宋嘉定中有归姓者创为之，以布抹灰药而染青、候干、去灰药，则青白相间，有人物、花鸟、诗词各色，充衾幔之用"。此药斑布即蓝印花布。当时民间夹缬生产量，从《朱文公文集》卷十八"按唐仲友第三状"所载：唐仲友"又乘势雕造花版，印染斑缬之属，凡数十片，发归本家彩帛铺，充染帛用"，"染造真紫色帛等动至数千匹"，可窥一斑。如此大的生产量，交易规模自然也不会小。《梦粱录》载：临安"金银彩帛交易之所，屋宇雄壮，门面广阔，望之森然，每一交易，动即千万，骇人闻见"。福州南宋墓曾出土许多衣袍镶有绚丽多彩、金光闪烁、花纹清晰的夹缬花边制品，其雕版及印浆均十分讲究，反映了当时夹缬技术的高超水准。

元、明、清三代，出现了许多染缬产品，仅元代幼学启蒙读物

《碎金·采帛篇》所载染缬名目便有檀缬、蜀缬、撮缬、锦缬、茧儿缬、浆水缬、三套缬、哲缬、鹿胎缬等九种。这些染缬在当时均享有盛名，元降后失传，以至明人杨慎在《丹铅总录》里感叹："元时染工有夹缬之名，别有檀缬、蜀缬、浆水缬、三套缬、绿丝斑缬诸名。"此时期，染缬制品是民间百姓日常生活的必备之品，盛行用它作为被面、衣巾、罩单、包裹、窗帘、门帘等日用服饰品。

十四、历史悠久的凸版印花

凸版印花是在平整光洁的木板或其他类似材料上，雕刻出事先设计好的图案花纹，再在图案凸起部分处涂刷色彩，然后对正花纹，或以押印的方式施压于织物，工艺类似于日常生活中以图章加盖印记；或先将织物铺于凸版上进行碾压，使织物按版的形状起伏，再用刷子刷上颜色，工艺类似于传统碑帖印刷中的拓片做法，即可在织物上印得版型的纹样。

我国早在新石器时代就采用凸版印制陶纹，周代始用于印章、封泥。春秋战国时期，凸版开始被用于织物的印花，汉代时工艺臻于成熟。广州南越王墓和湖南长沙马王堆汉墓都曾出土过印花实物，相互印证了汉代印花技术即已达到相当高的水准。

广州南越王墓是西汉初年南越国第二代王赵眜的陵墓。1983年发掘时，出土文物中有"文帝行玺金印"一方以及"赵眜"玉印，证明了陵墓主人的身份。在该墓中不仅出土了一些印花丝织物，还出土了一大一小两件青铜质的印花凸版。大件凸版，长57毫米、宽

41毫米，呈扁薄板状。其上纹线凸起，且大部分十分薄锐厚度约
0.15毫米，并有磨损和使用过的痕迹，唯下端柄部的纹线处厚达1.0
毫米左右，正面花纹近似松树形，兼有旋曲的火焰状纹。小件纹版，
纹样呈人字形（图71）。如单独使用这两块纹版中的某一块印花，纹
样都会显得单薄，很可能是配合起来套印用的。值得注意的是同墓出
土的一些印花丝织物花纹，即为白色火焰状纹，花纹形态与松树形印
花凸版相吻合。以印花纹版作为随葬品，或者是墓主生前十分珍爱
之，或者说明印花纹版作为一种技术还被王公贵族垄断、秘藏。

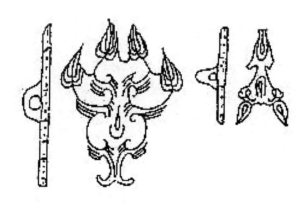

图71　南越王墓出土印花纹版纹样

　　湖南长沙马王堆汉墓出土的印花织物保存较好的有五件，其中有
两件最具代表性，按其工艺性质，分别被命名为印花敷彩纱和金银印
花纱。这两件印花品不仅印花工艺高超，在审美效果上也达到很高的
境界。

　　印花敷彩纱的敷彩，有朱红色、黑色、银灰色、粉白色几种。其
所用的着色剂种类；朱红色为朱砂，黑色为碳素即墨，银灰色为硫化

铅，粉白色为绢云母。这些着色剂均为颜料，以干性油类为黏结剂，以凸纹花版印制在织物上。它的纹样骨架，为藤本植物的变形。单元纹样高约4厘米、宽约2.2厘米，外廓呈菱形（图72）。印花图案由四个单元图案上下左右连接，构成印花纹版的菱形网格。在织物上的印花单元图案纵横连续，错综排列，通幅有20个单元图案分布。在印花的单元纹样中，用藤蔓婉转的线条印底纹，用朱红色绘出下方花须，用重墨点出花蕊，用银灰色勾绘叶和蓓蕾纹点，用棕灰色勾绘叶和蓓蕾的苞片，用黑灰色绘叶等纹样结构。其中藤蔓底纹可能是用凸纹版印制细挺婉转的灰色条纹，其余部分如花、叶、蓓蕾、花蕊、苞

金银印花敷彩纱纹样

图72　印花敷彩纱分版示意图

片、花须等则是在织物上印好底纹后，再由手工描绘上去的，即所谓敷彩。因此，纹样结构上就有着极为明显的笔法特征，而且详细观察可以发现组成图案单元的各种细小线条，在部位和笔法上不完全相同，表现出栩栩如生的笔力效果。

由此也可知其印花工艺过程实际上是凸版印花与画缋的结合，并可概括为两步。第一步，印底纹。先将素纱织物平放，按纹样要求的距离定位，并做好记号。从织物的幅边开始，按照定位记号，先左右、后上下，用蘸有色浆的印花纹版押印。由于单个纹样的面积很小，为了提高工效，有可能还将四个小的单元图案并为一版，即并成长8厘米、宽4.4厘米的大菱形网纹版。即便如此，每平方米800多个小单元纹样，仍需200余版才能完成底纹的印制，可想见操作的难度。从实物来看，骨架纹样定位准确，藤蔓图案线条光挺流畅，没有发现印花色浆扩散和线条叠压的情况，效果十分完美，显示了当时印花工匠娴熟的技艺。第二步，敷彩。首先用朱红色绘出菱形骨架下方的红色花须；再在红色花须上方重墨点出花蕊；然后用蓝紫色、暖灰色、银灰色依次勾叶；最后用粉白色勾绘叶边，起强调、凸显浪形叶片的作用。其中朱红色花须是整件图案的点睛之笔，它使画面显得生气勃勃，具有强烈的动感。

泥金银印花纱的纹样，单位长6.17厘米、宽3.7厘米，由三块不同的纹版分别套印而成，即"个"字形定位纹版、略呈长六边形的主题纹版、起点缀作用的小圆点纹版。这是世界上目前发现的最早的套版印花作品，并且使用了三块纹版套印，具有很高的工艺水平。

它的印制过程基本分三步，依次是：先用定位纹版印出银白色的"个"字形网络骨架；再用主题纹版在网络内套印出银灰色的花纹曲线；最后再用小圆点纹版套印出金黄色迭山形点缀纹。从实物来看，银色线条光洁挺拔，交叉处无断纹，没有溅浆和渗化疵点，有些地方虽由于定位不十分准确，造成印纹间的相互叠压以及间隙疏密不匀的现象，但仍反映出当时套印技巧所达到的谙练程度。

在今天的新疆仍可看到维吾尔族人使用手工凸版木戳印花和木滚印花。木戳印花，形同盖图章。用木头雕好花纹，状若木戳，把染料涂在戳上，盖印面料。因木戳面积小，故上面的花纹较小，多为密排的四方连续图案。木戳的雕刻很特殊，刻纹极深，可达7—10厘米。也可以套色，先用一种木戳印出骨架，再换另一种木戳换色印出花朵，形成双色图案（图73）。木滚印花，则是在圆柱形木滚表面雕出

图73　木戳印花

花纹，涂上染料进行滚印，形同现代的滚筒印花，连续不断滚动下去可印出无限延长的连续图案。木戳可用于局部或各种中小型的装饰花纹；木滚印花由于用雕刻花纹的圆木进行滚印，所以适于幅度较大的装饰花纹。

十五、增进实用性能的后整理

整理是织物加工的最后一道工序，也是必不可少的工序，其作用是改善织物外观和手感，增进实用性能和稳定尺寸。古代常用的方法归纳起来可分为风格性整理和功能性整理两类。其中风格性整理又分为两类：一类主要以改善织物表面风格为目的，如平挺整理；另一类既可改善织物表面风格，又可改善织物内在品质，如砑光整理。功能性整理则是为了满足某种需要，通过特殊的手段使织物具备诸如防水、滑爽、硬挺等功能，如涂层式整理。

平挺整理

平挺整理的目的是使织物尺寸稳定，外观平整。古代多使用熨斗熨烫织物使之伸展挺括。"熨斗"这个名称的来历，一是取象征北斗之意，二是熨斗的外形如同古代一种烹调用具"熨斗"。熨斗像一口没有脚的平底锅，熨衣前，把烧红的木炭放在熨斗里，待底部热后使用，所以又叫"火斗"。它最初是作为炮烙人体皮肤的刑具出现的，时间可溯至商代。它用于熨平织物的时间起于何时，现已很难说清，但至迟汉代之前已广泛使用应是没有问题的。《古今图书集成·古器评》载："汉熨斗，此器颇与今之熨斗无异，盖伸帛之器耳。"1966年，长沙杨家岭西汉墓中出土的熨斗，是现在能看到的最古老的熨斗。这个熨斗口沿外折，浅腹，高4.2厘米，口径19.2厘米，底径11.4厘米，手柄向上翘起，长约13厘米，口沿及手柄上面刻有几何图案，熨斗底部有墨写隶书"张端君熨斗一"字样。1970年，南京象山西晋墓中发现一只带柄铜制熨斗。1972年，江西瑞昌西晋墓中也发现了一只黄铜带柄熨斗，内径较大，约15厘米，柄长20厘米。对很多高档织物来说，平挺整理是必不可少的一道工序，如唐代著名丝织品缭绫，就采用整匹熨烫整理，白居易《缭绫》诗谓之"金斗熨波"。宋徽宗临摹的唐代张萱《捣练图》画卷，内容是描写贵族妇女加工整理匹帛，人物姿态闲适优雅，服装华贵艳丽，向我们形象地展示了古代妇女熨烫织物的劳动场景。从这两幅画像上看，熨帛需三人合作，其中二人使劲拉挺织物，另一人手持熨斗熨烫织物。1960年发掘的河北井陉柿庄宋墓，一个墓室东侧壁画上也绘有一手工业作坊中的"捣练"画面。画中人物由担水者、熨帛者、洗衣者组成，其中居中的三个熨帛妇女的操作状态，与《捣练图》极相似。明清时，由于纺织生产的规模和产量的扩大，使用熨斗已经不能满足需要，于是出现了专门用于织物整理的木制工具"轴床"。轴床实际上就是卷布轴，操作时，工人口含水喷布，使其具有一定湿度，送布时手上加力张紧，缓缓卷成布轴，利用张力和压力将布整平，然后经一夜低温烘干，匹绸自然平直。这种方法用于整匹布帛时，可显著提高工效（图74）。

图74　仿制的汉代熨斗

砑光整理

砑光整理为我国古代主要的整理方式之一，是利用大石块反复碾压织物，使其获得密实平整光洁的外观。辽宁省朝阳魏营子西周早期燕国墓中发现的20多层丝绸残片，经分析，丝线都呈扁平状，是经砑光碾压所致。山东临淄东周殉人墓中出土的丝绸刺绣残片，其绢地织物表面平整光滑，几乎看不出明显的结构空隙，很有可能也是经过砑光整理的。长沙战国楚墓出土的帽子里绸和剑鞘上的绸，都很薄，其切片在显微镜下观察，与一般截面不同，呈扁平状，有日本学者认为也是经过砑光整理的。这出土实物说明在先秦时代用砑光的方式整理丝绸和麻织物颇为普遍。汉代时，称砑光为"砑"。《说文解字》云："砑，以石扦缯。"段玉裁注曰："砑以碾缯，今俗之砑。"长沙马王堆汉墓出土的一块经砑光处理过的麻布，表面平整富有光泽，表明汉代用这种方式整理织物使其获得最佳外观效果的水平是相当高的。元以后，随着棉纺织业的发展，砑光被广泛用于棉织物的整理上，据明《天工开物》介绍：碾压棉织品的石质，宜采用江北性冷质腻者，这样的石头碾布时不易发热，碾的布缕紧密，不松懈。芜湖的大布店最注重用好碾石。广东南部是棉布聚集的地方，却要用很远地方出产的碾石，一定是试过才这样做的。清代砑光工艺名称演变为"踹"，踹布业盛极一时，除了练染作坊设有踹布工具，更有专业的踹布房或踏布房。据史载，康熙五十九年（公元1720年），仅苏州一带从事踹布业的人数就不下万余；雍正八年（公元1730年）仅苏州阊门一带就有踹坊450余处，踹石约1.09万块，每坊容匠各数十人不等。清代《木棉谱》记载，当时踹布采取的工艺方式是将织物卷在木轴上，以磨光石板为承，上压光滑元宝形大石，重可千斤，一人双足踏于凹口两端，往来施力踏之，使布质紧薄而有光。踹过的布表面光洁，很适于风大沙多的西北地区作为衣料。

涂层整理

涂层整理是防护性的整理方法之一，是在织物表面涂覆一层高分子化合物，使其具有独特的功能。根据《诗经》记载以及陕西省西安市长安区普度村西周墓出土的涂漆织物残片可知，早在春秋时期，中国已利用漆液在编织物上进行涂层。西汉以来，用漆液和荏油加工而成的漆布、漆纱和油缇帐等用品，均具有御雨蔽日的功效。《后汉书·舆服志》里记载的一种官帽——漆纚冠，采用的是髹（xiū）漆涂层技术，即是在纱或罗织物表层涂以漆液，使织物具有硬挺、光亮、滑爽、耐水、耐腐蚀等特点。长沙马王堆三号汉墓出土的一顶外观完好乌黑的漆纚纱冠，使我们得以一睹其真容。朝廷官吏头戴漆官帽的做法一直沿袭到明代。《隋书》记载的炀帝遇雨"左右进油衣"，是历史较早的关于防雨服装的记载。宋元时期，宽幅的油缯已经生产。明清时期的涂层制品更为精致，彩色的油绸、油绢以及用这些织物制成的油衣、油伞等品种，都是当时上等防雨用品。

涂层材料多以桐油、荏油、麻油及漆树分泌的生漆等为之。生漆的主要成分是漆酸，当它涂在织物上后，与空气中的氧化合，便干结固化成光滑明亮的薄膜。桐油、荏油、麻油属干性植物油，含碘值较高，涂在织物上，遇空气中的氧可被氧化干结成树脂状具有防水性能的膜。

在古代，因油的来源比生漆多，故用油比用漆更广泛一些。南北朝时，对涂层所用油的性能和用途已积累了不少经验。《齐民要术》记载："荏油性淳，涂帛胜麻油。"隋唐时期出现了在涂层用油中添加颜料，使涂层织物具有各种色彩的技术，如当时帝王后妃所乘车辆上的青油幢、绿油幢、赤油幢等各色避雨防尘的车帘，就是采用这一技术制成的。唐代《四时纂要》记载了一种用两种油配制油衣油的方法："大麻油一斤，荏油半斤，不蚛（zhòng）皂角一挺（槌破，去皮、子），朴硝一两，盐花半两。在取盛热时，以瓷盛油，以绵裹皂角、朴硝、盐花等，同于瓶子中日煎，取三分耗去一分，即油堪使。"不蚛皂角就是没有被虫子咬过的皂角，朴硝是硝酸钠，盐花当为氯化钠。这里所说的日煎，即日晒，需在盛夏进行。"如不是盛夏用油，即以油瓶子于铛釜中重汤煮取，油耗一分，即堪使用。"重汤即是在釜中隔汤蒸煎。用此油制成的油衣"常软，兼明白，且薄而透亮"。元代以后，干性植物油的炼制和涂层技术又有了进一步提高，《多能鄙事》里记载，熬煎桐油除了添加黄丹，还要添加二氧化锰、四氧化三铅等一些金属氧化物作干燥剂。熬制时"勤搅莫火紧"，油熬到无油色时，以树枝蘸一点，冷却后再用手"抹开"，如果所涂油膜像漆一样光亮并且很快干燥，则停止熬制。这种熬制和测试的基本方法，在一些生产传统油布伞、油布衣的厂家一直沿用至今。

品种篇

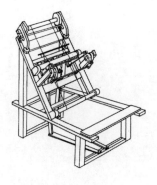

　　古代织物的种类，按其所用纤维，可分为丝、麻、棉、麻四大类；按其组织结构和特点，则又可分为名目繁多的类别，如丝织品便有十多种大类，而在每一大类中又有许多品种。因丝织品最具特点，下面仅就中国古代最具代表性的绢、罗、绫、缎、锦、绒和缂丝等类丝织品予以介绍。

一、或轻薄或厚重的绢类织物

　　丝绸中凡是采用平纹组织的织品，如纱、縠、绸、素、缣、纨、缟、练都可归为绢类。这些平纹组织的织品最早通称为帛，帛字在金文中已经出现，早期文献中经常可以看到"玉帛"两字联用。一般认为帛就是古人对丝织物的通称。平纹类丝织物的另一通称是缯，汉代时开始缯帛并用，许慎《说文解字》中说："缯，帛也。""帛，缯也。"两者互注，俱为通名。约在魏唐之际，绢开始成为平素类丝织物的通称。它们之所以有不同的称谓，皆是因为经纬丝粗细、密度、捻度的差异，或者是否经过练染。下面对这些不同绢类品种的特点做些简单介绍。

纱

纱，古时亦写作沙，它的丝线非常纤细，经纬密度很小，相当轻薄，《礼记》所云"周王后、夫人之服，以白纱縠为里，谓之素沙"，就是取其幅面稀疏能露沙之意。由于纱薄而疏，透气性好，古时应用较广，是各个时期夏服的流行用料。汉代有素纱、方孔纱等纱品种名称。马王堆一号汉墓曾出土过一件体长128厘米，通袖长190厘米，重49克，用极细长丝织成的平纹素纱禅衣（图75）。此件薄若蝉翼的素纱禅衣可叠成普通邮票大小，其织作之精细，令人惊叹。宋代亳州所出轻容纱，享誉于世，经年不衰。陆游在《老学庵笔记》中说：轻容纱"举之若无，裁以为衣，真若烟霞。一州唯两家能织，相与世世

图75　马王堆一号汉墓出土的平纹素纱禅衣

为婚姻，惧他人家得其法也"。

縠

縠，表面有绉纹的纱，相当于现代的绉类织物。这种丝织品表面之所以能生成绉纹，与所用纱线的捻度密不可分。它先由加强捻的生丝织成，再经漂练处理，使加强捻的丝线在其内应力作用下退捻、收缩、弯曲，在织物表面形成绉褶状。《释名·释采帛》："縠，粟也。其文足足而蹙，视之如粟也。又谓沙縠，亦取蹙蹙如沙也。"《汉书·江充传》："轻者为纱，绉者为縠。"战国诗人宋玉曾在《神女赋》中以山间袅袅云雾，比喻神女身穿的縠衣，云："动雾縠以徐步兮，拂墀声之珊珊。"可见縠的轻、薄、绉，能使穿着的女子增加了一种神秘朦胧的美。唐代诗人元稹《阴山道》诗句"越縠缭绫织一端，十匹素缣功未到"，也认为縠之华贵堪与缭绫媲美。

绸

绸，一般也是泛指丝织品，但其本义为"紬"。《说文解字》称："紬，大丝缯也。""抽引麤茧绪，纺而织之曰紬。"紬专指以粗丝织成的质地紧密、手感柔软的大幅平纹丝织物。古代著名品种有南京产的宁绸、杭州产的杭绸、湖州产的湖绸、潞州产的潞绸、福建产的瓯绸等。

纨

纨指表面细腻而有光泽的丝织物。《说文解字》对纨的类别描述是："纨，素也。从系、丸声，谓白致缯，今之细生绢也。"《释名》

对纨的风格描述是："纨，焕也，细泽有光，焕然也。"纨的组织结构紧密，表面光润如冰，所以纨常常也被称作冰纨。湖北擂鼓墩战国墓出土的纨，经丝密度为每厘米100根，是纱的5倍。在古籍里，纨还常常与素同时出现，说明它们均系经过熟练的丝织物。纨的美丽华贵曾衍生出一些形容美的词组，如形容女子美貌的"纨质"，形容富家子弟衣着华美的"纨绔"。

绡

绡是组织结构为平纹交织，与纱相类似的轻薄型织物。其特点是未经脱胶的生丝织品，故质坚脆，轻盈而又挺括。《周礼》郑注："绡又为生丝则质坚脆矣，此绡之本质也。"至薄的又称"轻绡"。

素

《说文解字》："素，白致缯也。"《玉篇》："素，生帛也。"可知素为生织物。因其洁白精致，富有光泽，且质地轻薄，常常用作装裱书画材料。

缟

颜师古注《汉书》云："缟，皓素也。"缟作素解，则为生丝织物。《礼记·王制》正义亦云："白色生帛曰缟。"俗谓"强弩之末，力不能入鲁缟"。因而一般认为缟为轻薄之物。古代齐纨与鲁缟齐名。

缣

缣是一种致密的素织物。经练染，染为五色。它的丝线细致，并且并丝而织，因而缣织物的表面匀细且致密，乃至于水都不能渗漏。其特点是并丝而织，织物组织为平纹交织，实际上是一种重平组织。

绨

绨是厚实且富有光泽的素织物。染有青、白、黄、绿、紫、赤等颜色。经纬丝线较粗，密度较大，织物组织为平纹交织。绨是一种较贵重的丝织物，区别于现代纺织学较低档的交织绨。

絁

絁，古代指粗绸。其由抽引粗茧绪纺织而成，或由茧的下脚料织成，有絁裘（粗绸皮衣）、絁巾（粗质丝巾）、絁布（粗厚似布的丝织品）、絁䌷（粗质丝织品）、絁繻（粗质彩帛）等名目。明清时期，絁不再专指粗绸，而是泛指普通的平纹丝织物。

䌷

䌷是用绵线或绢纺丝织成的平纹类织物。䌷原有抽引成丝线的意思，故刘熙《释名·释采帛》曰："䌷，抽也，抽引丝端出细绪也。"颜师古注《急就篇》曰："抽引麤茧绪，纺而织之曰䌷。"今日犹称其为绵䌷。䌷还能细分，较精细的为绕，较粗的为紺，最粗者为絓，颜师古注《急就篇》云："䌷之尤粗者曰絓，茧滓所抽也。"

练

练是对于丝织物练熟后却未经染色的熟绢的别称。《说文解字》：

"练，缯也。"《释名》云："练，烂也，煮使委烂也。"可见练主要突出了丝绸在精练后柔软、光滑的效果。

二、经纬扭绞的纱罗类织物

纱罗类丝织物是指采用纱罗组织织制，这种组织系由地、绞两个系统经纱与一个系统纬纱构成经纱相互扭绞的织物组织。一般将绞经每改变一次左右位置，织入一根纬纱（或共口的数根纬纱）的称为纱；将绞经每改变一次左右位置，织入三根或三根以上奇数纬纱的平纹组织称为罗。纱罗织物上经纱相互扭绞形成的眼孔称绞纱孔。纱组织的绞纱孔在织物表面分布均匀不显条状；罗组织的绞纱孔在织物表面沿经向或纬向呈现条状排列。纱与罗表面的绞纱孔形状也略有差异，一般来说，方孔曰纱，椒孔曰罗。由于纱罗类丝织品质地轻薄，通风透气性好，特别适宜做内衣和夏服，自春秋战国起就已成为丝织物一大种类。

纱可分为素织和花织两类。以一根绞经一根地经相间排列，每梭起绞素织的，既可称为方孔纱，又可称为单丝罗，王建《织锦曲》中所云"宫中尽着单丝罗"，当即指此。以绞组织和平纹、斜纹、缎纹等组织互为花地的为花织。古代主要品种类型有亮地纱、实地纱、浮花纱、香云纱等，其中亮地纱亦被称为二经绞罗，织物地部为二经绞组织，花部为平纹组织，具有地亮花暗的效果。因此，也有人指此为宋代文献上的"暗花纱"。宋以后，花织纱的种类有亮地纱、实地纱、春纱、祥云纱、芝麻纱、浮花纱等，均是仿绞纱组织和平纹组织互为花地而成。

罗虽也分素织和花织两类，但就古代罗织物的基础组织而言，实为通体扭绞和不通体扭绞两大类。前者又称链式罗，最早出现在商代，汉唐时期生产达到鼎盛，多用四根经线为一组织造，没有筘路，长沙马王堆一号汉墓出土的大量花素纱罗织品中，便有这种通体扭绞的四经绞花罗。后者多半用两根经线为一组织造，显现筘路。二经、三经通体相绞的罗，也是在周代即已出现，但是后来发展比较缓慢，在很长的时间里，都只限于素织，似乎到了隋唐才逐渐改进，增加了提花。花罗织品在唐宋时期非常风行，元稹《赠刘采春》诗"新妆巧样画双蛾，漫里常州透额罗"，所说的透额罗就是遮盖妇女发际前额的罗织物。北宋在江宁府和润州设置的"织罗务"，年产罗就约1万匹，至少需织机300架。而北宋年收入罗数则更高，在16万匹端之上。此外，会稽的万寿藤、火齐珠；婺州的婺罗、暗花罗、含春罗、红边贡罗、东阳花罗和平罗；越州的越罗，成都的大花罗，蜀州的春罗、单丝罗，均莹洁精致，在全国享有盛名。唐宋花罗精品多有出土，唐代的有新疆吐鲁番阿斯塔那墓出土的唐代白地绿花罗；宋代的有江苏金坛墓内的缠枝牡丹罗（间织石竹山茶）和福州墓内的牡丹芍药山茶蔷薇罗。缠枝牡丹罗和牡丹芍药山茶蔷薇罗，都是在一绞二经的地上起花的大花纹织物。这种花样，可能即当时所说的"新翻罗"之类。金坛和福州出土的四经相绞的罗，在当时，可能也叫作结罗。这种罗不能用带筘的织机，也不能用带花楼的花机织造，可能是采用薛景石《梓人遗制》所载的罗机织造的。由于这一类的罗织造时不用筘，工艺较复杂，产量也较低，元以后逐渐消失。不通体扭绞的罗却因织作方法比较简便、生产效率较高、售价便宜，在明清时期大为流行（图76）。

图76　南宋墓出土的牡丹花罗背心

三、其纹如冰凌的绫类织物

绫是斜纹地起斜纹花的丝织物。因绫织品表面多呈山形斜纹或正反斜纹，所以《释名》有"绫，凌也，其文望之如冰凌之理也"的说法。冰、凌的纹理与山形斜纹相似，富有光泽，以它来形容绫的风格特点极为贴切，故汉代以前也把绫叫作"冰"。这类织物最早出现在战国时期的齐国，到汉代时，绫织物已是当时价格最昂贵的丝织品之一。成书于西晋的《西京杂记》中载有散花绫一种，谓："出钜鹿陈宝光家，宝光妻传其法……机用一百二十镊，六十日成一匹，匹直万钱。"《西京杂记》是古代笔记小说集，写的是西汉的杂史，既有历史也有西汉的许多遗闻逸事，其中"西京"指的是西汉的都城长安。至三国时，又有魏人马钧改革绫机，提高了生产效率。魏晋南北朝时的绫名也逐渐增多，唐绫名目更是不可胜数。以产地命名者有吴绫、范阳绫、京口绫；以生产者姓氏命名者有司马绫、杨绫、宋绫；以纹样图案命名者有方纹绫、仙纹绫、云花绫、龟甲绫、镜花绫、重莲绫、柿蒂绫、孔雀绫、犀牛绫、樗蒲绫、鱼口绫、马眼绫、独窠绫、两窠绫等；以工艺特点命名者有缭绫、双丝绫、双纠绫、交梭绫、熟线绫、织成绫、楼机绫、白编绫、异文绫；以表观色泽命名者有二色绫、耀光绫及各种色彩的绫。丝绸之路沿途有很多唐绫出土，日本的正仓院和东京国立博物馆收藏的珍品中也有唐绫。宋以后，绫除了用于服装，还开始大量用于书画、经卷的装裱（图77）。

图77　日本奈良正仓院藏唐代牡丹花树对羊纹绫复原纹样

如果依精美、贵重给各类丝织品排位，绫仅次于锦排在第二位。绫虽然系斜纹织物，但又不同于一般的斜纹织物，它的光泽和手感在唐以前的织品中是最为上乘和独树一帜的。作为织物来说，其在织品中的地位，即是基于其自身织作风格和特点。绫对于供其织制的蚕丝的利用，相当成功。无论其为素织或为花织，均能充分体现蚕丝这些优良的特性，使织品具有不同于其他织品的良好织作效果。如其素织物，精整滑柔，极易使人产生清新明净之感；如其提花织物，纹样花地分明，跃然欲出，具有良好的清晰度和立体效果。历代常有人从其整体织造效果衡量评价绫。《艺文类聚》卷八五引梁元帝即位前《谢东宫赍辟邪子锦白褊等启》里就有这样的内容，谓："江波可濯，岂藉成都之水，登高为艳，取映凤皇（凰）之文。至如鲜洁齐纨，声高赵縠。色方蓝浦，光譬灵山。试以照花，含银烛之状，将持比月，乱含璧之晖。"所谓的白褊，当即白编绫。这段话前四句是以蜀锦和石赵之锦比拟辟邪锦和白编的花纹（古代谓提花绫亦为锦）。其后则是形容白编的风格，即以齐纨、蓝浦，形容其外观，意谓它的色彩堪与玉比伦，异常白净而又柔和雅致，可以羞花。以灵山形容其光泽，意谓其光泽与佛山的灵光相似，可与朗月争辉，非一般的绢帛所能媲美。对绫的特异和可贵写得尤为客观的是白居易《缭绫》诗：

缭绫缭绫何所似，不似罗绡与纨绮。应似天台山上月明前，四十五尺瀑布泉。中有文章又奇绝，地铺白烟花簇雪。织者何人衣者谁，越溪寒女汉宫姬。去年中使宣口敕，天上取样人间织。织为云外秋雁行，染作江南春水色。广裁衫袖长制裙，金斗熨波刀翦纹。
异彩奇文相隐映，转侧看花花不定。昭阳舞人恩正深，
春衣一对直千金。汗沾粉污不再著，曳土踏泥无惜心。
缭绫织成费功绩，莫比寻常缯与帛。丝细缲多女手疼，
扎扎千声不盈尺。昭阳殿里歌舞人，若见织时应也惜。

这种绫最早是唐代东都（洛阳）织锦艺人创制并生产，安史之乱后转至越地生产。它是唐代花绫之一种，又名缭锦，是以其工艺特点命名的，乃唐代官办手工业生产的最贵重的丝织品之一。按：《说文解字》："缭，缠也。"缭之本义有缠、绕之意，俗语把用针线缝缀谓之缭缝或缭贴边。"缭"很多时候往往和"撩"通用，最典型的例子是"眼花缭乱"也写作"眼花撩乱"。而撩之本义则有挑起、撩拨之意，故其花纹的织造采用的是"挑花"工艺。所谓"挑花"，是以挑梭的方法形成花纹，多用以织制较复杂的大花纹图案。

谈及白居易《缭绫》诗，顺带再说说以往对诗文"丝细缲多女手疼"之句的误解。对这句诗文，向来作"丝太细，抽丝太多使女工手疼"解读。细读《缭绫》全文，如此解释似乎与白氏所述不符。分析其偏离原因，大概与对诗文中"织"字的理解有关。在《缭绫》全文中，出现"织"字的诗文有五句，即"织者何人衣者谁""天上取样人间织""织为云外秋雁行""缭绫织成费功绩""若见织时应也惜"。就整个丝织工艺而言，"织"既可解释成缫络、整经、织造等一整套丝织工艺，也可解释成特指织造工艺。如果仅从"缭绫织成费功绩"这句诗文中的"织成"来理解，此"织"字，当然可作"整套丝织工

艺"解，进而将"丝细缲多女手疼"这句诗文中的"缲"字，当缲丝讲，即该句作"丝太细，抽丝太多使女工手疼"解，不无不当。但从《缭绫》诗中另外四个有"织"字出现的诗句来看，皆是讲缭绫织造如何艰难，此"织"字均是特指织造工艺。难道"缭绫织成费功绩"中"织"字是个例外？仔细连文品读"缭绫织成费功绩，莫比寻常缯与帛。丝细缲多女手疼，扎扎千声不盈尺。昭阳殿里歌舞人，若见织时应也惜"，特别是"若见织时应也惜"之句，答案释然。此"织"字，与"缭绫织成费功绩"中之"织"字属相互呼应关系，都是特指织造工艺，所以诗文"丝细缲多女手疼"中之"缲"字，应与丝织的第一道工序缲丝，了无瓜葛，应作他意理解。有意思的是在白居易《白氏长庆集》中，"织"字共出现26次，其不是特指织造，就是指"织"这个动作，无一是指整个丝织工艺。有兴趣者不妨查验。这个"缲"字，在诗中应是指缭绫的纹样。因为"缲"通"藻"，《仪礼注疏》云："古文缲或作藻，今文作璪。"又云："凡言缲者，皆象水草之文。"联系诗文"织为云外秋雁行"，以及其他文献所记缭绫纹样中出现的立鹅、天马、掬豹等图案，缭绫纹样的基本特征大概是以水藻纹为主体，辅以祥云、飞禽或瑞兽纹构成。

四、手感滑腻的缎类织物

缎类织物是指地纹全部或大部采用缎纹组织的丝织物。缎纹组织在织物组织学上与平纹、斜纹并称三原组织。古代世界的许多民族都曾制织过平纹和斜纹的织物，但均无织缎织物，只有中国例外。国际上研究纺织史的学者公认制作缎织物的方法是中国古代对织物组织学的一项贡献。

关于它出现的时间，现有两种观点。有人认为是唐代，有人认为是北宋。前者的依据是新疆盐湖唐墓曾出土三块烟色牡丹花纹绫，经分析，其织物组织是以二上一下斜纹作地，六枚变则缎纹起花。后者的依据有两点：其一，现代纺织工艺制作缎织物的主要方法，是考虑它的飞数，即根据一个循环内的完全纱线数 R（R≥5，6除外），飞数 S（为 1＜S＜R-1），以及完全纱线数 S 和飞数 R 之间不得有公约数的原则确定。中国古代虽然没有这样的计算方法，但确已产生近于飞数概念的一些确定缎织物组织点的经验数据。如在制织五枚缎和八枚缎时，均采用符合现代编结五枚二飞、五枚三飞和八枚三飞、八枚五飞四种缎组织要求的四种口诀："1，3，5，2，4""1，4，2，5，3" 以及 "1，4，7，2，5，8，3，6""1，6，3，8，5，2，7，4"。口诀的第一数均指第一根经线与第一根纬线的交织点，第二数均指第二根经线与第三根或第四根纬线交织点，第三数均指第三根经线与第五根或第二根纬线交织点，以下俱依其类推。根据现有文献考之，至迟在北宋时，这几种口诀即已正式出现。《云仙杂记》里的一段记载印证了这点。其书引《摭拾精华》："邺中老母村人织绫，必三交五结，号八梭绫。匹值米陆筐。"《云仙杂记》是南宋初期的书，《摭拾精华》大概是唐末或北宋的著作，八梭绫当为唐末或北宋时名贵的绫。这种绫在织作上的要求相当严格，织制这种绫"必三交五结"的方式，现在仍不难复原。中国传统的丝织业在叙述织品的织作方法时，往往只提示其经线的交结情况，如谓建绒的织作方法为三梭一刀，即指建绒的绒经交结和开毛方式。这段话所说这种绫的织法，必三交五结而号八梭，语句和那种形容建绒织作方法的语句基本相同。可知这种绫的纵向循环为8，而同一循环内的每根经线均有3或5个交织点，与标准的缎纹组织相符。其二，历史上缎的名称是比较多的，如纻丝，又作苎丝、注丝。宋代《梦粱录》载："纻丝，染丝所织诸颜色者，有织金、闪褐、间道等类。"另据《吴县志·物产》载："纻丝俗名段，因造缎字。"明代定陵也曾出土带有墨书腰封"上用大红织金细龙纻丝"的缎织物，可证缎与纻丝可以互称。明代《天水冰山录》所载严嵩抄家所没缎类织物也均称纻丝。其次是纯子和屯绢。但这都不是它最早的名称。它最初也叫绫，而且一直沿用到近现代。20世纪四五十年代，四川、江苏、浙江的丝织手工业以及许多地方的艺术工作者们仍然多把缎地提花的织品称为花绫，把在素缎上创作的艺术品称为绫本书画。另《天工开物》有段织物地部各种组织的描述，谓："凡单经曰罗地，双经曰绢地，五经曰绫地。凡花分实地与绫地。绫地者光，实地者暗。"其中，所谓"罗地"，是由简单纱罗组织组成，每个循环绞经、地经各一，故曰单经；"绢地"是由平纹组织组成，每个循环两根经线，故曰双经；"绫地"是由五枚缎纹组织组成（非斜纹，最基本的斜纹只三经即可），因缎本名绫，故曰绫地。笔者认同第二个观点，毕竟标准的缎纹组织出现在北宋。

宋、元、明、清时期，缎的名目繁多，其中有以产地命名的，如京缎、广缎、川缎等；有以纹样命名的，如云缎、蟒缎、龙缎等；有以所用缎组织之形式命名的，如五丝、六丝、七丝、八丝等。所谓五丝是指五枚缎，八丝是八枚缎，依次类推。还有以织物表面特征命名的，如暗花缎、妆花缎、素缎等。历史上，元代福建泉州生产的缎，质量颇佳，当时来我国访问的伊本·巴图塔在他的《伊本·巴图塔游记》中有这样的记述："刺桐地极扼要，出产绿缎，其产品较汗沙（杭州）及汗八里（北京）二城所产者为优。公元1342年（元代至正二年）中国皇帝派遣使臣到印度，赠其国王绸缎五百匹，其中有百匹来自刺桐城。"文中提到的刺桐，便是我国福建泉州的别称。因五代重筑泉州城时，在城周围环植刺桐树，故而得名。拉丁语系中的缎，都是由"刺桐"的译音演化而成。《马可·波罗游记》载："泉州缎在中世纪著名，波斯人名之曰：Zaituni，迦思梯勒名之曰：Scrumi，意大利人名曰：Zetoni，法兰西语：Satin，拟出于此"。清代缎的种类，卫杰《蚕桑萃编》里有详细记载："各色贡缎，宽窄不等，有三尺二寸者，有二尺八寸者，有二尺四寸者。寻常销售，天青色所下较多。此外有罗纹缎、金丝缎、大云缎、阴阳缎、鸳鸯缎、闪缎、锦缎诸名，全在花名辨别。金丝缎，金系两层，分面金底金，花本系五采配合，所用梭线，均分五色，金线亦分数色，大约御用诸料以及蟒裙并朝服滚边多用之（图78）。大云缎，宽二尺四寸，长五丈零，每云一朵，约大一尺，云分五色，此料系贡物，民间鲜用。阴阳缎，两面俱正，表里相同，范子用三十二扇。鸳鸯缎一面系线绉，一系锦缎，表里二色，范子用十二扇。贡缎提花，即系摹本。如将所提之花分为二色三色，即为闪缎、锦缎。"此外还有巴缎："巴缎唯川省多织，他省织者甚少。缎面宽二尺二寸，筘眼一千孔，每孔穿纺丝三根，计三千头。织用熟经生纬，下面脚杆六根，来回踏，系六批缯、八正醮，每袍料一件，长二丈二尺，约重十七八两。仅有小方花或胡椒眼者，仍

图78　元代蟠凤纹团花织金缎

为素缎。另有团花大花者，方为花缎。"

缎纹组织的特点是单独组织点常被相邻经纱或纬纱的浮长线所遮盖，所以织物表面平滑匀整，富有光泽，花纹具有较强的立体感，最适宜织造复杂颜色的纹样。缎纹组织的这些特点与多彩的织锦技术相结合，成为丝织品中最华丽的"锦缎"。宋朝张元晏对一件缎制服装有过生动描述："雀鸟纹价重，龟甲画样新，纤华不让于齐纨，轻楚能均于鲁缟，掩新蒲之秀色，夺寒兔之秋毫。"这很能反映缎织物的特点和它的可贵之处。

五、绒毛丰满的绒类织物

绒类织物亦称作剪绒，系织物表面有绒毛状的织物。这类织物至迟在汉代就已出现，马王堆汉墓出土纺织品中的绒圈锦，就是经起绒织物。自汉以后，虽历代均有生产，但迄今考古发现的起绒织物不多，比较重要的有1972年湖南长沙马王堆和甘肃武威磨咀子出土的汉代花绒（图79）。1964年在明定陵发现了两件纯素无文两面起绒的大袍（现藏于定陵博物馆）。从它的制式看，当即《明史·食货志》所说的绒袍，是明代陕西官办手工业的产品。20世纪20年代在蒙古诺因乌拉相当东汉时期的匈奴贵族墓中发现了一件马鞍的鞍衣。据日本学者分析，这件鞍衣的织法，和后世的绒缎相似。

图79　马王堆汉墓出土的绒圈锦

　　明清时期，福建地区生产的起绒织物最为有名，而且还大量出口。当时较有名气的起绒织物有几种：其一，素剪绒，即没有花纹的单色绒织物。其二，倭缎，在缎纹地上起绒或在绒上起经纹花的织物。其三，漳缎，也是缎纹地上起绒或在绒上起经纹花的织物。它与倭缎是有差异的。道光十二年（公元1832年）《厦门志》卷七，清厦门关税科则中缎织物税则，其内同时收录漳缎和倭缎两项，即是暗示两者有所不同，不过究竟有何差异现在还不大清楚。其四，天鹅绒，即绒毛比较长且密的绒织物，后来漳州生产的漳绒即属此类。《福建通志》载，漳州有天鹅绒，即谓漳绒为天鹅绒之一种。陈作霖《金陵物产风土志》卷十五曾描述清代南京织造的这类绒织物特点："其绒纹深理者曰天鹅绒。""绒纹深理"就是说其绒毛长。在道光《厦门志》关税科则中绒类税，同时收有平绒（天鹅绒）和漳绒两项。两者分列，大概就是根据其上绒毛长短而定。其五，雕花绒，即先织成坯布，在坯布上画花，再用刀具根据花纹要求开绒的绒织物。其六，金彩绒，即在加织金银线的地上起绒花的绒织物，也是《元史·舆服志》所说的天子质孙冬服怯绵里之类的绒。过去有些学者认为金彩绒是明末或清代兴起的，其实不然，金彩绒至迟在元代即已出现，但至明代又有较大的发展。其七，交织绒，即丝棉交织的绒织物。

中国古代织制的起绒织物都是经起绒织物，起绒的方法和工艺均以使用起绒杆为主，这是自汉代即已确定的。织作时的过程基本分为两步：一是织绒坯，将经线分为地经和绒经两种，分张于织机之上，地经织地，绒经专门起绒，先织数梭地经，然后起动绒经，于其下插入起绒杆，再拉筘打紧，即可构成特定的绒圈，依是反复，便可织出满布绒圈的坯布。《天工开物》所说的"斫线夹藏经面"，指的就是这一步骤。二是开绒，在织成十几厘米的坯布之后，用割绒手刀在织机上把蒙于起绒杆上的绒圈割断（雕花绒除外，须下机开割），使绒毛挺立。《天工开物》所说"织过数寸，即刮成黑光"，指的就是这一步骤。

这一起绒方法的特点是可以根据不同需要随时改变绒毛高度，便于与提花技术结合织制绒花织地或绒地织花的品种。明定陵出土绣龙补双面绒方领女夹衣和《天工开物》记载的倭缎都是采用这种方法制织的。

明定陵出土女夹衣是在万历四十八年（公元1620年）入葬的，正反面均有高6.5—7.0毫米的绒毛，大概是当时生产的天鹅绒的一种。与一般的绒织物不同，它由于两面均有长绒，而背面又有绢衬，不仅具有绒毛丛立的外观，厚度较大和手感柔软的效果，而且具有与绵衣（絮绵）相似的良好保暖特性，非常精巧，也非常实用。其织地为平纹组织，经线密度为每厘米68根，纬线密度为每厘米27根，经线较细，纬线较粗。绒经与地经按2∶2排列，纬根为三纬固结。织作时其正反两种绒经和地经可能分于三根经轴，地经张力较大，正面绒经次之，反面绒经又次之，全部使用起绒杆起绒（大概是用较粗的金属杆）。正反两面的插法和起绒方法稍有不同，正面的须起动正面绒经插于其下，形成绒坯，背面的须同时起动地经和正面绒经，插于其下，借助地经的努力和金属杆自重，迫使背面绒经下沉，形成背面绒坯。割绒时，正面的可能在机上割，背面的则须下机后进行。

倭缎是在缎纹地上起绒或在绒上起经纹花的织物。中国古代往往把日本叫倭，倭缎以倭为名，似乎来自日本是顺理成章的，《天工开物》在解释倭缎时就是这样说的，"凡倭缎制起东夷，漳、泉海滨效法为之"。殊不知这个倭字绝不可以按一般的习惯理解。根据下面几个原因，可以推断这个字实际上是个讹字。其一，"倭"并不一定是指特定的地理概念。我国在明清两代的时候，常有用倭字作为名称的物品，其来源并不一定都和日本有关，最典型的例子在《天工开物》中记载的倭铅即与日本无关（在中国古代，人们将锌称为"倭铅"，很早即出现了提炼这一金属元素的技术，所以不可能来自日本）；再一例子是生菜，明清的漳、泉地区都把生菜叫倭菜，并且根据其在食用中是否味苦，而谓之香倭和苦倭。生菜是中国土产，早在汉以前业已见于记载，如果认为倭菜的倭字肯定是指倭国，而谓中国的生菜均传自日本，自然不对。其二，可能是毛段或毛缎音讹而成。明代以前的人，对于起绒织物的看法以及对于绒这个字的用法，都和现在不大一样。传统的起绒织物，历来都是用丝织制的，本是丝织物，但明代以前的人因其所起之绒与毛纤维相似，都将其与毛织物视为同类。而且"绒"字在明以前有两种含义：一是指毛绒和丝绒，包括毛纤维和丝纤维；二是指毛布，一般指毛织物，但因当时把起绒织物看作和毛织物相似的东西，所以也把它归入其范围之内，而统名之曰毛布、氄布或绒布。所谓倭缎，应该同明代以前有关绒的这些称谓分不开，大概即毛布的同义词毛段或毛缎的音变。宋代以后漳、泉方言有文言和白言两种，在其文言中，毛读为 mō，与现在普通话的"模"相似，属于重唇音，如果读为轻唇音，则变成倭音了。其三，文献记载中日本对明朝运销的商品种类中未见绒类织品。日本在这段时间向中国运销织物商品的内容，在中日两国的古籍中都有所反映。在这些记载中，各次运送的物品除了数量有所出入，品种都比较接近，归纳起来基本上是只限于武器、金属工艺品、漆器和矿物原料，虽有少量纺织品名目，却没有起绒的东西。中日两国文献中记载的日本输往中国的物品，肯定都是当时日本著名的产品。如果当时日本曾向明朝运销过起绒织物，那么起绒织物必定也是日本的珍贵物产无疑，那么在中日文献里绝不会毫无反映。其四，明代不但没有从日本输入过这类织物及相关织作技术，反倒向国外输出过，并且对日本的起绒技术产生过影响。起绒织物属于贵重织品，其贵重程度仅次于锦和缎，是历代对外输出丝织品中的重要部分。中国开始向外输出这类织物的时间大体可以追溯到宋代。据公元12世纪西锡利岛爱德利奚的《地理书》和著于公元11—14世纪的阿拉伯故事《神灯》描述：中国的这类产品早在公元11—14世纪就远销至印度亚丁幼发拉底河口诸处和阿拉伯世界。《神灯》系《一千零一夜》（即《天方夜谭》）中的一个故事。与起绒织物有关的内容如下：灯神为尔辽温丁建的新宫殿储藏室中摆满了大小箱柜，"其中织锦、天鹅绒一类的衣料是来源于中国、印度的产品"（译本原句）。到明代时，起绒类织物输出到了日本。明末的郑芝龙，即郑成功的父亲，曾经居日多年，娶日本武士家庭出身的田川氏为妻，以在中日和南洋之间的海上武装走私为生，一度垄断明朝东南沿海一带的海上贸易。据记载，崇祯十年（公元1637年）七月，他曾自中国安海派遣六艘商船绕经中国台湾航抵日本长崎，载运"缎子二千七百匹，天鹅绒五百匹"。同时期的日本文献也记载，当时中国广东和福建两省均盛产起绒织品，均经常向日本和其他国家输出。

其五，从日本织制起绒织物的时间看也是不可能的，而且日本不但没有向中国输出织制起绒织物的技术，相反却是从中国得到的这个技术。据日本文献记载，日本制织这类织物的时间，大概是在日本正保和庆安的时候开始的（相当于清顺治元年至八年，公元1644年—1651年）。其起因是在输入日本的起绒织品匹料上发现未抽离的起绒杆，日本织匠受启发，进而研发出来的。虽然在日本文献中没有交代未抽离起绒杆的起绒织品来自哪国，但因这件起绒织品系丝织品，无疑是中国产品。因为当时除了中国，荷兰人也织制的这类织物，与中国的不同，均采用毛纤维，绝对不用丝纤维。可见宋应星在《天工开物》中对倭缎来源的解释是相当片面的。其致误的原因，可能只有一个，即出于其一时疏忽。宋应星是江西奉新县人，其生前除了江西也到过福建和安徽，担任过江西分宜县教谕、福建汀州推官、安徽亳州等地方官，《天工开物》刊行于崇祯十年，是他担任江西分宜县教谕时著成，其时他尚未赴汀，并不十分了解漳、泉情况。明代后期的漳、泉地区，在持续对外贸易过程中同日本的接触相当频繁，往来于日本的商船以及集散于其地的日本贸物都比较多，当地人的手中也经常使用日本的扇子和其他一些日用品，很容易使人产生这样一种错觉，即认为凡是当地出售的物品，都同日本有所联系，宋氏大概也具有这种观念。因为毛段的毛字，作为起绒织物与倭缎的倭字读音相近，遂把这个词误书为倭缎，并且主观地推定漳、泉的起绒技术来自日本。虽仅毫厘之差，而竟至千里之谬。

六、其价如金的锦类织物

锦是采用联合组织或复杂组织制织的重经或重纬的多彩提花丝织物。古人有"锦，金也。作之用功重，其价如金，故惟尊者得服之"的说法，意思是织锦工艺复杂，费工费时，其价值相当于黄金，只有地位尊贵的人才能穿。另外，"锦"字由"金"和"帛"组合而成，也说明它是最贵重的纺织品。锦的出现对纺织机械、织物组织，甚至整体纺织技术的发展，影响极为深远。

采用重经组织，以经线起花的叫经锦。采用重纬组织以纬线起花的叫纬锦。战国和汉以前的锦均为经锦。这种锦是以两组或两组以上的经线和同一组纬线交织，经线多为二色或三色，一色一根作为一副（如颜色较多，也可使用牵色条的方法），纬线有交织纬和夹纬，夹纬把表经和里经分隔开，用织物正面经浮线显花。1959年新疆民丰尼雅遗址发现的东汉"万事如意锦"就是一种典型的经锦。自南北朝以来，纬锦开始大量生产，逐渐取代了经锦。纬锦是用两组纬线或两组以上的纬线和同一组经线交织而成。经线有交织经和夹经，用织物的正面纬浮线显花。1967年新疆阿斯塔那发现的在大红色地上起各种禽鸟花卉和行云图案的唐代锦袜，就属于这类纬锦。织造时，经锦只用一把梭子，纬锦用梭较多，但它不改变经线和提综程序，只改变纬线的颜色，就能织出花型相同、颜色各异的图案，因此可以说纬线显花是提花技术的一大进步。在丝绸之路中国境内沿途，曾出土大量纬锦。据研究，这些纬锦中有些是西方产品。专家判断的主要依据有原料粗细、纱线捻向、织物结构和图案纹样。如产自西方的纬锦，经线通常加Z捻，产自中国则为S捻；西方纬锦的图案虽然纬向有循环，但经向却无严格的循环，也就是说，在经线方向上是由挑花织成的，而中国纬锦的图案上下左右均有严格的循环，也就是说中国纬锦的图案是用提花机织成的。再如日本京都法隆寺藏存的联珠四骑狩狮锦，主体纹样为联珠圈、对人、对兽。虽然纹样图案中的四骑士，与波斯银器上刻的头戴王冠的萨珊王夏希尔二世骑马射狮之形象十分相似，但该织品织造之精细，远胜当时波斯之织锦，而且马腿上织有"吉""山"二字，冠顶织有"日""月"纹，证明是中国产品。

古代锦的品种繁多，不胜枚举，其中蜀锦、宋锦和云锦是最著名的三大名锦，集中国丝织技艺之大成，代表了中国织锦技艺最杰出的成就。

云锦

云锦是南京生产的特色织锦，它始于元代，成熟于明代，发展于清代。云锦最初只在南京官办织造局中生产，其产品也仅用于宫廷的服饰或赏赐，并没有"云锦"这个名称。晚清后始有商品生产以来，行业中才根据其用料考究，花纹绚丽多彩，尤似天空云雾等特点，称其为"云锦"或"南京云锦"。

云锦有别于一般织锦，它以纬线起花，大量采用金线勾边或金银线装饰花纹，以白色相间或色晕过渡，以纬管小梭挖花装彩。云锦结构严谨、风格庄重、色彩丰富多变，而且纹样变化概括性很强。纹样多用表示尊贵或祥瑞的禽兽（如龙凤、仙鹤、狮子等）、花卉（如宝相花、莲花、佛手、石榴、梅、兰、竹、菊等）以及表示吉祥的"八宝"、"暗八仙"、"吉祥"、"寿"字、"卍"字作为主体，用各式模仿自然界奇妙云势变化的云纹作陪衬。云纹有行云、流云、片云、团云、朵云、回合云、和合云、如意云等多种变化纹。正是这些模仿自然界奇妙的云势变化，又经过艺术加工的云纹，使云锦图案达到了繁而不乱、疏而不凋、层次分明、栩栩如生，突出主题的艺术效果。它有妆花、库锦、库缎三大类产品。其中的妆花，是云锦中织造工艺最为复杂的品种，也是云锦中最具代表性的产品。其织物组织有"五枚缎""七枚缎""八枚缎"之分；花纹单位有"八则""四则""三则""二则""一则"之别。妆花由于采用挖花盘织工艺，彩纬配色非常自由，有时为使织物上的纹饰呈现生动优美、富丽堂皇的艺术效果，花纹配色可多至二三十种颜色。品种有"妆花缎""妆花罗""妆花纱""妆花锦"等。由于妆花织物异常精美，自出现之时，就成为皇亲国戚必不可少的服装用料。仅明代《天水冰山录》记载的妆花织物品名便有妆花缎、妆花纱、妆花罗、妆花绢、妆花绒、妆花改机等近十种。定陵出土170余匹袍料和匹料中，妆花织物占了一半以上，全国各地明墓中出土的妆花织物也屡见不鲜，而故宫中的清代妆花织物更是不计其数（图80）。

图80　清代云龙织金妆花缎

蜀锦

蜀锦是古代四川成都周围一带所产特色织锦，以织物质地厚重，织纹精细匀实，图案取材广泛，纹样古雅，色彩绚烂，浓淡合宜，对比强烈，以极具地方特色著称。因成都古称蜀，故名。

史载蜀地产锦是战国以前，汉代名闻全国。三国时诸葛亮从蜀国整体战略出发，把蜀锦生产作为统一战争的主要军费来源，并颁布法令——"今民贫国虚，决敌之资唯仰锦耳"，使蜀锦产量大增，并远销各地。成都当时还为工匠建立了锦官城，把作坊和工匠集中在一起管理。成都的别名"锦城"就是这样来的。而环绕成都的岷江，又名"锦江"，则是源于左思《蜀都赋》："伎巧之家，百室离房，机杼相和，贝锦斐成，濯色江波。"隋唐时期，蜀锦的织造技艺达到了新的高度，其时无论是花色品种，还是图案色彩都有新的发展，并以写实、生动的花鸟图案为主的装饰题材和装饰图案，形成绚丽而生动的时代风格。唐以前的蜀锦都是经锦，以经向彩条为基础，利用彩经条纹与彩纬交织，形成丰富的色彩效果和独特的风格。宋元以后，蜀锦向纬锦发展，形成经锦和纬锦两大类，但仍然以经向彩条为基础提织花纹。织造经锦采用的是多综多蹑纹织机，织造纬锦采用的是花楼提花机。唐代蜀锦的纹样有格子花、纹莲花、龟甲花、联珠、对禽、对兽、长安竹、方胜、宜男、狮团、八答晕等。宋元及以后的纹样有庆丰年、灯花、盘球、翠池狮子、云雀、瑞草、云鹤、孔雀、宜男、百花、如意牡丹等。现仍有生产的传统品种有雨丝锦、方方锦、铺地锦、散花锦、浣花锦、彩晕锦等，其中，雨丝锦特点是锦面用白色和其他色彩的经丝组成，色经与白经交替过渡，形成色白相间，呈现明亮对比的丝丝雨条状，雨条上再饰以各种花纹图案，粗细匀称，既调和了对比强烈的色彩，又突出了彩条间的花纹，具有烘云托月的艺术效果，给人一种轻快而舒适的韵律感。常见的图案有草堂、百花、芙蓉白凤、翔凤游龙、莲池鸳鸯、蝶舞花丛、葵花、牡丹、梅竹、龙凤等。方方锦（图81）的特点是缎地纬浮花，在单一地色上，以彩色经纬线配以等距不同色彩的方格，方格内饰以不同色彩的圆形或椭圆形的花纹图案，如梅鹊争春、凤穿牡丹、百花等。铺地锦的特点是在缎纹组织上用几何纹样或细小的花纹铺满地子，再在花纹上嵌织大朵花

图81　蜀锦的传统品种——方方锦

卉，如宝相花等。

宋锦

宋锦产于以苏州、杭州为中心的江南一带。由于其花纹图案主要继承唐和唐以前的传统纹样，故又被称为"仿古宋锦"。

相传在宋高宗南渡后，为满足当时宫廷服装和书画装饰的需要，在苏州设立织造署而开始生产的，至南宋末年时已有紫鸾鹊锦、青楼台锦等40多个品种。宋朝廷文武百官还以宋锦为袍服，其纹样按职务高低各有定制，分为翠毛、宜男、云雁、瑞草、狮子、练雀、宝照，共计7种。明清时期苏州宋锦生产最盛，其宫廷织造和民间丝织产销两旺，素有"东北半城，万户机声"之称。

宋锦色彩丰富，层次分明，不用强烈的对比色，而是以几种层次相近的颜色作渲晕。它的地纹色大多运用米黄、蓝灰、泥金、湖色等；主花的花蕊或图案的特征，用比较温和而鲜艳的特用色彩；花朵的包边或分隔两类色彩的小花纹则用协调而中和的间色。各种颜色的巧妙配合，形成宋锦庄严美观、晕渲相宜、繁而不乱、典雅和谐、古色古香的风格。它的品种通常根据织物结构、工艺、用料、风格以及使用性能，分为重锦、细锦、匣锦和小锦四类。其中重锦是宋锦中最贵重的一种，特点是质地厚重精致，花色层次丰富。多使用金银线，并采用多股丝线合股的长抛梭、短抛梭和局部抛梭的织造工艺。常用图案有植物花卉纹、龟背纹、盘绦纹、八宝纹等，产品主要用于各类陈设品。细锦是宋锦中最具代表性的一种，其风格、工艺与重锦大致相近，只是所用丝线较细，长梭重数较少。以前用全蚕丝制织，近代为降低成本，多采用蚕丝与人造丝交织。常用图案一般以几何纹为骨架，内填以花卉、八宝、八仙、八吉祥、瑞草等纹样。由于织物厚薄适中，被广泛用于服饰、高档书画及贵重礼品的装饰、装帧等。匣锦通常采用蚕丝与棉纱交织，工艺多采用一两把长抛梭再加一短抛梭。纹样多为小型几何填花纹或小型写实形花纹。由于经纬配置稀松，常于背面刮一层糊料使其挺括，用于一般的装裱和囊匣。小锦以几何纹和对称小花纹为主，图案大多采用吉祥如意的会意写实，如八宝、八仙、八吉祥以及"寿"字、"卍"字等，主要用作庙宇佛幡、书及画册封面以及工艺品礼盒装潢等（图82）。

图82　双狮球路纹宋锦

七、通经断纬的缂丝

缂丝在古代最初叫织成，后来因其采用"通经断纬"的特殊织法，在织物表面的花纹和地纹的连接处，有明显像刀刻一般的断痕，自宋代起又叫刻丝、剋丝、克丝（图83）。它实际上是一种以蚕丝为经线，各色熟丝为纬线，用结织技术织作的一种高级显花织物。

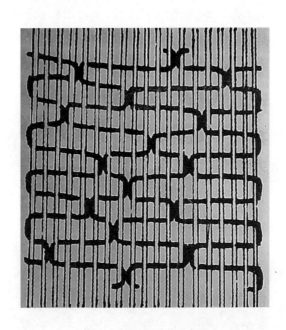

图83 缂丝组织结构示意图

缂丝，亦即织成，起源于何时已很难考证，但两汉时期的人就用它制作比较讲究的衣物是毫无疑问的。《后汉书·舆服志》载："郊天地、宗祀、明堂……乘舆（衮服）刺绣，公侯九卿以下，皆织成。陈留襄邑献之云。"陈留襄邑系现在河南襄城县，汉代此地纺织业非常发达，两汉王朝均曾在襄邑设置织作机构，专门织作当时政府需用的织物。显然皇帝的衮服图案是刺绣，而公侯九卿以下祭祀天地和参加其他重要典礼的礼服，皆是用陈留襄邑生产的织成制作的。晋至唐期间，缂丝得到进一步发展，用途变得更为广泛，出现了织成缘、织成褥段、织成带、织成背子、织成裙、织成绫、织成袈裟等名目。用途的扩大，还导致织成图案和风格发生了大的变化。当时常常用佛像、人物和各种物体做纹样的主题，用不同的颜色做图案的地色，或者同时使用五色，或加织金银线，力求增加色彩鲜艳度，出现了谓之"五文织成""合欢织成""金缕织成"制品。一件精工细作织成服装，往往价值百万。《南史》载："董遑用金帖织成战袄，值钱七百万。"《中华古今注》载："天宝年中，西川贡五色织成背子……费用百金。"也是从这个时期开始，其在织品中的地位大为提高，从侍臣之服用料变为皇帝之服用料。同时，在其他需要用织物显示尊贵的地方，也一律以织成充任。比如锦，从来都是被视为最华丽、最难织作的织物，从这个时期起被织成超越过去。唐代张怀瓘著《二王书录》说，南北朝和唐代内府均曾收藏许多二王法书，超等的俱用织成装裱，其次的始用锦装裱。到宋明期间时，缂丝技术完全成熟，各地的能工巧匠已灵活运用贯、勾、结、搭棱、子母经等多种技法制作缂丝。此时，在制作的原则上，有了很大的变化。唐以前的缂丝只是单纯供统治阶级使用的织物，自北宋起，缂丝就脱离了它的实用属性，变成纯艺术品。缂丝的这个变化，同宋以后绘画的发展是相适应的。宋、元、明三代是我国绘画大发展的时期。缂丝深受绘画的影响，因而才从单纯地为服所用，转而为兼供欣赏的东西。宋、元、明三代出现了许多具有熟练技术的缂丝名匠，其中最为著名的有南宋的朱克柔、沈子蕃、吴煦，明代的朱良栋、吴圻等。他们都有不少传世佳作，如朱克柔有《莲塘乳鸭图》《山茶蛱蝶图》《牡丹》等，其作品特点是手法细腻，运丝流畅，配色柔和，晕渲效果好，立体感强。宋徽宗曾在缂织的《碧桃蝶雀图》上亲笔题诗："雀踏花枝出素纨，曾闻人说刻丝难。要知应是宣和物，莫作寻常刺绣看。"沈子蕃有《青碧山水》《花鸟》《山水》《梅花寒鹊》，其作品特点是手法刚劲，花枝挺秀，色彩浓淡相宜（图84）。这些名家之作，具有自成风韵的独特艺术风格，不但可与所仿名人书画一争长短，有的艺术水平和价值甚至远远地超过了原作，对后世影响很大。

全幅　　　　　　　　　　　局部放大

图84　南宋沈子蕃缂丝《花鸟》

　　凡是织品都得用织机制作，缂丝也不例外。缂丝有其专用的织机，这是一种结构简单的木机（图85）。缂织时，先在织机上安装好经线，经线下衬画稿或书稿，织工透过经丝，用毛笔将画样的彩色图案描绘在经丝面上，然后再分别用长约10厘米、装有各种丝线的舟形小梭依花纹图案分块缂织。可见缂丝虽然用织机，却不单纯地依赖织机，还得辅以缂丝特有的"通经断纬"的缂织技术。所谓"通经断纬"，不同于一般丝织物的挑花结本，它是用小梭、拨子等工具，采用结、贯、勾、枪和长短梭等技法，将各色彩纬按经纱上所描花纹轮廓或颜色分块与经纱交织。宋代庄绰在《鸡肋篇》中对缂织的特点作过详细描述："定州织刻丝，不用大机，以熟色丝经于木梣上，随所

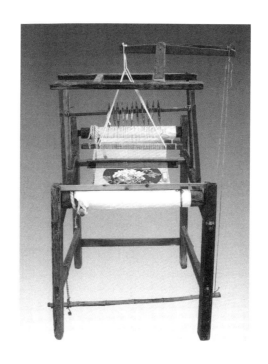

图85　缂丝机

欲作花草禽兽状。以小梭织纬时，先留其处，方以杂色线缀于经纬之上，合以成文。若不相连，承空视之，如雕镂之象，故名刻丝。如妇人一衣，终岁可就。虽作百花，使不相类亦可，盖纬线非通梭所织也。"其中所谓"盖纬线非通梭所织也"，就是指断纬而言。

外传篇

西方对中国的认识是从丝绸开始，而缘于中外丝绸贸易开辟的"丝绸之路"，这不但是一条东西通商之路，还是一条中外文化交流之路，它推动了沿线各国的接触、碰撞、交流、合作、融合，对政治、经济、文化、历史都产生了深远的影响。那么中国丝绸是在什么时候，又是怎样传播开的？它对世界各国产生过什么样的影响呢？

一、丝绸西传的故事

在中外文献中，有关中国丝绸向外传播的记载很多，其中不乏一些有趣的故事，现择几个简述之，以道出丝绸外传的大致脉络。

故事之一：穆天子携丝西游

西晋初年，一个叫不准的人，在偷盗魏襄王墓时发现了数十车的简牍，其中有战国时成书的《穆天子传》。周穆王是西周的第五代国君，据《穆天子传》记载，周穆王在即位的第十三年（公元前989年），以伯夭为向导，乘造父驾的八骏马车，带着大量丝织品，从山西出发，入河南，过山西，出雁门关到内蒙古，沿黄河经宁夏至甘肃，过青海越昆仑山入新疆，翻越葱岭到中亚伊朗高原后，才从天山北路载着大量的新疆美玉而归。往返路程达35000里。穆天子到新疆时曾拜访西王母部落，并向西王母赠送了许多精美的丝绸。西王母为答谢穆天子，在现今新疆的天池，设宴款待周穆王一行。

敦煌莫高窟423窟的壁画以及酒泉西凉时期5号墓葬前室的东西壁画，就是以两人席间举觞吟诗、其乐融融的温馨场景为题材而绘。虽然《穆天子传》带有浓厚的神话色彩，但是书中记述的有关西域的山川地理形势、物产习俗风情，基本与历史的实况相符。一些考古发掘也可印证它确有一定的真实性，如在商代帝王武丁配偶坟茔的考古中曾发现产自新疆的软玉，说明至少在公元前13世纪，中国就已经开始和西域乃至更远的地区进行商贸往来。20世纪70年代新疆考古工作者在吐鲁番盆地西缘、天山阿拉沟东口的一座古墓中发现了一件保存良好的凤鸟纹绿色丝线刺绣绢，经鉴定为中原地区的产物，墓葬时间在公元前642年左右。

故事之二：张骞凿通西域

张骞是汉中城固（今陕西省城固市）人，汉武帝即位时被选为郎官。当时汉武帝想联合西方的大月氏国一同攻打匈奴，于是在朝廷中招募使臣。公元前138年，张骞应招第一次出使西域，率领100多人从长安出发，奔向大月氏国。在出了汉朝疆域后不久便被匈奴捕获。

张骞宁死不降，匈奴单于将张骞流放于漠北牧羊，并强迫张骞娶匈奴女子。张骞在漠北度过了十年，有了自己的孩子，却一直没有忘记自己作为汉朝使者的使命。他在找机会逃出后，没有直接回中原，而是经大宛、康居，终于在阿姆河流域找到了被匈奴击败迁徙至此建国的大月氏。可是到了大月氏之后，发现大月氏非常满足这块水草丰美的地方，已丧失了向匈奴复仇的意志。张骞没办法只能踏上归途。没想到途中又被匈奴捉住，直到一年以后，匈奴发生内乱，张骞才再次乘机逃脱。公元前126年，张骞出发13年后，历尽艰险终于返回了长安。虽然与大月氏结成联盟的目的没有达到，但张骞在出使的十余年间，掌握了许多西域国家的军事和经济情报。通过对这些情报的分析，汉武帝不仅下定了打通西去道路的决心，对控制西域的目的，也由最早的制御匈奴，变成了"广地万里，重九泽，威德遍于四海"。公元前119年，张骞第二次出使西域，组织了庞大的代表团，带牛羊一万头、金币丝帛"数千巨万"作为馈赠的礼物。这次出使以及随之进行的军事行动，获得巨大成功，打通了西去的道路，使汉王朝和西域各国的交往愈加频繁。历史上张骞出使西域开通西行路线的事情非常著名，史称"张骞凿空"。

故事之三：树上的羊毛

欧洲人对中国的了解是从丝绸开始的。在公元前4世纪时，当时希腊史学家克泰夏斯在他的著作《史地书》中用"赛里斯"（seres）一词来称呼产丝的国家。希腊文里"ser"是丝的意思，"seres"原义是"制丝的人"，以后引申为"丝之国"，指的就是中国。不过由于中国距欧洲地域遥远，交通不便，在很长的时间里，西方人对丝绸及丝之来源的描述，都是道听途说或仅凭想象，非常可笑，甚至荒诞。如有人把蚕说成是一种有角的小虫，据说古希腊著名哲学家亚里士多德就这样认为。有人把丝说成是树上采集的羊毛类纤维，公元前1世纪，古罗马诗人维吉尔在《田园诗》中写道："赛里斯人从他们那里的树叶上采集下了非常纤细的羊毛。"古罗马地理学家斯特拉波在《地理书》中提到，因为气候的酷热，在某些树枝上生长出了羊毛，人们可以利用这种羊毛织成漂亮而纤细的织物。到公元1世纪时，尽管很多罗马人都穿上了丝绸，但他们仍然认为丝产自树上，以博学闻名的古罗马作家老普林尼在《自然史》中写道：

> 人们在那里所遇到的第一批人是赛里斯人，这一民族以他们森林里所产的羊毛而名震遐迩。他们向树木喷水而冲刷下树叶上的白色绒毛，然后再由他们的妻室来完成纺线和织造这两道工序。由于在遥远的地区有人完成了如此复杂的劳动，罗马的贵妇人们才能够穿上透明的衣衫而出现于大庭广众之中。

大约在公元2世纪，西方人才明白丝不是产自树上，而是来自一种叫蚕的昆虫，不过还是没有搞清楚蚕的生长形态和习性。希腊古历史学家包撒尼雅斯在《希腊志》中这样说：

> 至于赛里斯人用作制作衣装的那些丝线，它并不

是从树皮中提取的，而是另有其他来源。在他们国内生存有一种小动物，希腊人称之为"赛儿"，而赛里斯人则以另外的名字相称。这种微小动物比最大的金甲虫还要大两倍。在其他特点方面，则与树上织网的蜘蛛相似，完全如同蜘蛛一样也有八只足。赛里斯人制造了于冬夏咸宜的小笼来饲养这些动物。这些动物做出一种缠绕在它们的足上的细丝。在第四年之前，赛里斯人一直用黍作饲料来喂养。但到了第五年，因为他们知道这些笨虫活不了多久了，改用绿芦苇来饲养，对于这种动物来说，这是它们各种饲料中最好的。它们贪婪地吃着这种芦苇，一直到胀破了肚子。大部分丝线就在尸体内部找到。

这些西方文献对蚕的描述，说明古代西方人对丝绸的追崇，一方面是由于丝绸本身的华丽和珍稀，另一方面丝绸及其原料上的神秘色彩无疑也是一个原因。

故事之四：公主的帽子

位于丝绸之路上的西域瞿萨旦那国（古于阗国，今新疆和田附近），是最先掌握中国蚕桑丝织技艺的。据玄奘《大唐西域记》记载，汉代时瞿萨旦那国没有蚕桑，为得到蚕桑之利，瞿萨旦那国国王派使节到汉王朝，请求赐给蚕种和桑种，哪知汉王朝不但不给，还下令严禁蚕种、桑种出关。瞿萨旦那国无奈，便谦恭地备下厚礼请求与汉朝和亲。得到汉朝准许后，迎亲使者密告公主，瞿萨旦那国"素无丝帛桑蚕之种"，公主将来要想继续穿丝绸衣衫，必须随身携带蚕桑种子出阁。于是公主出嫁时将蚕种桑种密藏于所戴丝绵帽中，当出嫁队伍经过汉朝边关时，边关卫士不敢查验公主的帽子，公主得以顺利将蚕桑种子带到瞿萨旦那国。自此之后，瞿萨旦那国便有了蚕桑生产，并逐渐成为著名的丝织产地。

20世纪初，英国人斯坦因在和阗（今和田，即古于阗）地区发现许多画板。据考证，其中一块画板上就画有那位将蚕桑种子藏在帽中带到瞿萨旦那国的汉朝公主（图85）。想必是因这位公主所做之事造福了瞿萨旦那国，当地人为纪念她而刻画的。另外，斯坦因还在于阗附近的一座大庙废墟里发现过一幅画着祭祀"蚕先"的壁画。这种祭蚕的风俗，当然也是内地传去的，由此也反映出蚕桑在西域人民生活中所占的重要地位。

图85　约公元6世纪　传丝公主画板（新疆和田丹丹乌里克遗址出土）

故事之五：神奇的物品

西方史书记载了这样两件事：一是在公元前53年，罗马"三巨头"之一的克拉苏与另外两位巨头恺撒和庞培争夺个人荣誉，意气用事，率军出征东方，与从安息国（今伊朗）赶来的波斯军队在一个叫卡尔莱的地方交战。结果克拉苏军队惨败，两万余名罗马将士阵亡，一万余人被俘。克拉苏本人为免受俘虏之辱自杀身亡，其首级被呈献给安息国王奥罗德斯二世。强悍的罗马军队为什么在这场战役中遭遇惨败呢？原来在两军鏖战的激烈关头，波斯人突然亮出鲜艳夺目的军旗，轮番挥舞，令罗马军人眼花缭乱、心惊胆跳，搞不清那是什么特殊武器，认为对方受到了神的庇护，于是军心涣散，糊里糊涂地败下阵来。后来据西方史学家考证，瓦解罗马军队的波斯军旗，就是罗马很少有人见过的丝绸。二是公元前48年，罗马的恺撒大帝有一次穿着一件中国丝袍在剧场看戏，在场的王公大臣面对那光彩华丽的丝绸，一时无心看戏，把目光都集中在丝袍上，称羡不已，认为是神话中"天堂"里才有的东西。

这两件事说明在公元前的很长时间里，中国丝绸向外输出的数量极为稀少，以至丝绸在欧洲人眼中是如此的珍贵。

故事之六：波斯锦

西域是我国古代通向西方的门户，蚕桑丝织技艺传入西域后，再向西便到了波斯。其时间大概在中国的三国时期，因为南北朝时，波斯人已能自己生产技术要求较高的波斯锦了。由于波斯锦风格鲜明，不仅在中亚和西亚地区深受人们喜爱，在丝绸的原产地中国也受到了欢迎，其最典型的联珠动物纹样，甚至对中国的纹样产生了巨大影响。相传唐代纹样设计大师窦师纶创制"陵阳公样"，便是受其启发。中西方史书对古代波斯的丝织情况都有一些介绍，如有许多中国史书谈到波斯的名产时都提及波斯锦。尽管历史上波斯锦以工艺独特著称于周边国家，但波斯的丝织技术一直远逊中国。有一本西方史书曾记载，公元6世纪时，有两个波斯人不远万里来到中国学习养蚕和丝织技术。公元7世纪以后，我国更是有源源不断的熟练纺织工匠去中亚和西亚传授技艺。唐人杜环去大食（今伊拉克境内）时，亲眼看见两个河东人在当地传授纺织技术。元朝道士丘处机在游历中亚的途中，也曾看到成百上千的汉人工匠在那里织造绫、罗、锦、锻。

故事之七：丝绸之战

古罗马是中国丝绸的重要主顾，但中国与罗马帝国之间隔着贵霜和安息两个大国。在很长一段时间里，中国西运的丝绸基本被波斯人垄断，导致贩运至罗马的中国丝绸价格高昂。波斯人为保护他们作为中间贸易人的巨大利益，千方百计阻挠罗马与中国直接接触。公元6世纪时，东罗马皇帝查士丁尼对波斯人垄断经营中国丝绸的局面，实在忍无可忍，曾打算与埃塞俄比亚人联合，绕过波斯，从海上去印度购买丝绢，然后东运罗马。然而这个计划被波斯人掌握，安息王国遂以武力威胁埃塞俄比亚，阻止他们充当罗马人的丝绸掮客。查士丁尼无奈，只得又请安息近邻的突厥可汗帮助从中调解与波斯人的关系。不料波斯国王拒绝调解，毒杀了突厥可汗的使臣，使双方矛盾激化。于是东罗马联合突厥可汗，在公元571年攻伐波斯。这一战一打就打了20年之久，而且还未分胜负。这就是西方历史上著名的"丝绸之战"。

飘逸轻柔的丝绸、残酷铁血的战争，两者联系在一起，说明丝绸利益已经影响了古罗马的经济命脉和长期发展。

故事之八：竹杖里的秘密

查士丁尼统治期间，罗马与波斯关系紧张，境内的丝绸价格飞涨，民众怨声载道。罗马政府迫不得已采用政府限价的方法，规定"严禁每磅丝绸的价格高于八个金苏（每个金苏含4.13克黄金），违者财产全部没收充公"。有一段时间甚至下令禁止人们穿着丝衣，其理由除了防止黄金外流，还将穿着丝织品与道德牵扯到一起。一位罗马元老这样说："我所看到的丝绸衣服，如果它的材质不能遮掩人的躯体，也不能令人显得庄重，这也能叫作衣服？……少女们没有注意到她们放浪的举止，以至于成年人可以透过她们身上轻薄的丝衣看到她们的身躯，丈夫、亲朋好友们对女性身体的了解，甚至不多于那些外国人所知道的。"不过由于丝绸在市场上过于紧俏，这些规定形同虚设。在罗马皇帝查士丁尼为此整日忧心忡忡的时候，几名印度僧人觐见查士丁尼，自称能搞到中国的蚕桑种子。查士丁尼听后如获至宝，应允僧人非常丰厚的赏赐，让他们去中国弄些蚕桑种子带回罗马，以求一劳永逸地摆脱波斯的控制。于是，这几个僧人不畏路途遥远，从罗马赶到新疆，买了一些蚕种和桑种。由于丝绸利益巨大，不仅中国严禁蚕桑技艺外传，连已掌握蚕桑技术的波斯为了自身的经济利益也秘而不传。所以在中国到罗马的各条路线上，各国均设有很多关卡，检查过往行人的物品。僧人为将蚕桑种子顺利带回罗马，煞费苦心，终于想出了一个绝妙的走私办法。据西方史书记载：僧人自中国回到罗马，密匿蚕卵于竹杖之中，持杖行路，状如进香游客。虽中国严禁输出，但终无人料及，致蚕卵被窃往君士坦丁堡。从此，东罗马人掌握了蚕丝生产技术，君士坦丁堡也出现了庞大的皇家丝织工场，独占了东罗马的丝绸制造和贸易，并垄断了欧洲的蚕丝生产和纺织技术。这种状况一直持续到公元12世纪中叶，十字军第二次东征后才结束。其时，南意大利西西里王罗哲儿二世从拜占庭掳劫来2000名丝织工人，将他们安置在南意大利生产丝绸。公元13世纪以后，养蚕织丝技术陆续传至西班牙、法国、英国、德国等西欧国家。由此可见，蚕桑丝绸生产在欧洲的广泛传播是费了一番周折的。

根据上述几个故事，我们将丝绸及蚕桑技术西传的情况，做些简单归纳。

中国丝绸大约在公元前1000年，就已传至新疆和中亚地区。公元前500多年时，欧洲已有人穿用丝绸。公元前100年时，丝绸成为欧洲贵族竞相追逐的珍稀奢侈品。公元1世纪时，尽管很多罗马人都穿上了丝绸，但他们仍然认为丝是产自树上的羊毛。公元2世纪时，西方人才明白丝不是产自树上，而是来自一种叫蚕的昆虫，不过他们对蚕的生长形态和习性仍很茫然。在这个时期，中国的蚕桑技艺传至新疆。公元3世纪时，波斯人掌握了中国的蚕桑技艺。公元6世纪时，罗马人在与波斯人为争夺丝绸利益展开战争的同时，想尽办法，终于掌握了蚕桑技艺。公元12世纪以后，蚕桑丝织业从罗马逐渐传播到欧洲各国。

下面再顺带谈一下中国蚕桑丝织技术传入亚洲的情况。

最早传入蚕桑丝织技术的国家是中国的近邻朝鲜，但究竟始于何时现尚难确定。据《汉书·地理志》记载："殷道衰，箕子去之朝鲜，教其民以礼义，田蚕织作。"这就是说，早在殷商时期，我国的蚕桑技术可能就传到了朝鲜。传入日本的具体时间，史书上也没有确切记载，从《三国志·东夷传》所云，正始四年（公元243年），倭王派使八人，来献倭缎、绛青缣、绵、衣帛等丝绸产品，正始八年（公元247年）又献异文杂锦，传入的时间应不会晚于汉代。传入印度的时间大概也是在汉代，因为在印度的一部著作《治国安邦术》中曾提到"中国的成捆的丝"。该书作者侨胝厘耶是公元前4世纪人，那个时候中国丝绸就已大量输入印度，其后不久，印度人掌握了丝织技术。传入柬埔寨的时间是在三国时期，据史书记载，当时的扶南国（辖境约当今柬埔寨以及老挝南部、越南南部和泰国东南部一带）男人还有裸体的，后经我国使者康泰劝说，扶南国王下令男子用丝绸做干漫（即筒裙）遮体，改变了当地人的裸体习俗。传入南亚的时间是在唐代，《新唐书》记载有中国将蚕桑技术带到了古诃陵国（亦称阇婆国，今印度尼西亚的爪哇岛）。

二、梦幻的丝绸之路

人们常说"条条大路通罗马"，寓意是有许多办法可以达到目的，不必拘泥一种选择。有人说这句话的出处便是缘于古代中国通往罗马的贸易路线有多条，怎么走都能到达罗马。暂且不论这么说是否准确，事实上，中国通往地中海沿岸诸国横跨亚欧的古代以丝绸贸易为主的路线，确实有许多。德国地理学家李希霍芬在他所写的《中国》一书中，给中国和中亚南部、西部以及印度之间的这些交通路线，起了一个充满浪漫与梦幻的名称——丝绸之路。时至今日，丝绸之路的概念已深入人心，被广泛地用于泛指古代连接东西方两个世界的陆路和海路的贸易之路。

陆上丝绸之路的主要路线可概括分为两条，一条被称为草原丝绸之路，另一条被称为沙漠绿洲丝绸之路。

草原丝绸之路东起蒙古高原，翻越天堑阿尔泰山，再经准噶尔盆地到哈萨克丘陵，或直接由巴拉巴草原到黑海低地，横贯东西。它开通的时间较早，在公元前5世纪希腊史学家希罗多德的《历史》一书中记载，早在公元前7世纪，黑海北岸兴起的游牧民族斯泰基族的高度的金属文明就已传播到了居于天山脚下的塞族。前文提到的穆天子携丝西游的路线即是这条路线。目前在这条丝路沿线的考古中，出土了很多公元前的丝绸制品，如在德国南部斯图加特的一个公元前500多年的古墓中曾发掘出中国丝织物残片；在公元前5世纪雅典成批生产的红花陶壶上可见到身穿丝绸的贵妇形象；在阿尔泰北麓的巴泽雷克公元前5世纪的斯泰基古墓群中，曾发掘出中国丝绸和漆器。在中国古代文献中也有不少这条路线的中外贸易情况记载，如《史记·赵世家》记载了苏厉与赵惠文王的一段对话："马、胡犬不东下，昆山之玉不出，此三宝者非王有已。"马和胡犬是指产自中亚、西亚的优良品种，昆山之玉则是指产自昆仑山下的软玉。可见草原丝绸之路在公元前是最为重要的一条中外贸易之路。

沙漠绿洲丝绸之路东起长安，经河西走廊到敦煌后，分为南北两线。南线经今新疆境内塔里木河南面的通道，在莎车（今莎车县）以西越过葱岭，再经大月氏（今阿富汗和田）西行；北线经今新疆境内塔里木河北面的通道，在疏勒（今喀什）以西越过葱岭，再经大宛（今乌兹别克共和国境内费尔干纳盆地）和康居南部（今撒马尔罕附近）西行。以上两路会于安息，然后向西经条支（今伊拉克、叙利亚一带）到达大秦（古称罗马为大秦）。这条路线也就是李希霍芬所言的丝绸之路，它全长7000多公里，沿途多为沙漠和戈壁，由绿洲逐站相连。其支线有从长安到兰州，再折向西宁，沿青海湖北岸，穿过柴达木盆地往西去的；亦有由经四川、青海往西去的。这条路线条件极为艰苦，罗马历史学家佛罗鲁斯在他的史书中说，从中国到罗马"须行四年方能达也"。

沙漠绿洲丝绸之路大规模的、完整的开通是在汉武帝年间。当时匈奴征服了许多西域小国，将汉王朝西去的道路堵死。后来汉朝廷经过不懈的军事和外交努力，终于打通了这条西去之路，使中国精美的丝绸和其他物品源源不断地输送到西方各个国家。不过由于路途遥远，罗马帝国市场中的丝绸却多是由伊朗商人间接贩运过去的，只有很少部分是罗马商团直接从中国贩运。罗马商团沿丝绸之路来到中国内地进行丝绸贸易，有据可考的最早记载见于《后汉书·和帝本纪》，时间是公元100年。当时罗马商团能从如此遥远的地方来到中国，对汉王朝来说不啻于一件大事，故《后汉书》将此事收入，并进行了简要记载。而这个罗马商团来华途经的地方，在当时罗马作者马林《地理学导论》中有所介绍。据此书说，商团从马其顿出发，经达达尼尔海峡，到叙利亚北境门比季，东行至伊朗西部哈马丹、里海南岸、伊朗北部达姆甘，直至阿富汗西境赫拉特，然后北上土库曼南境马里，再东行至阿富汗北境马扎里沙里夫后，踏上中国境内的丝绸之路。

东汉的时候，中国也曾有人沿着这条沙漠绿洲丝绸之路前往大秦，可惜最终没有到达，成为千古憾事。史载，公元97年，班超经营西域期间，为寻找通往大秦之路，以便绕开波斯人与大秦直接开展贸易，派副手甘英出使大秦。甘英率领使团一行从龟兹（今新疆库车）出发，经条支、安息诸国，在到达安息西界的西海（今波斯湾）沿岸时，望海止步，没有完成使命。是什么原因让甘英在走完大部分行程、接近完成使命的时候突然放弃了？说法很多：有一种说是安息商人为了自己的利益，没有告诉甘英直接经叙利亚的陆路，而欺骗说他已走到了天的尽头。有一种则说甘英害怕海上风险，缺乏探险家的勇气，如康有为就这样认为，而且在康有为的笔下，中国近代文明的不发达都与甘英的怯弱有关。不管怎么说，甘英是历史上第一个到达波斯湾的中国人，他的这一行程极大丰富了中国对中西亚人文地理的认识，以致国学大师王国维在《读史二十首》中有这样的赞叹："西域纵横尽百城，张陈远略逊甘英。千秋壮观君知否？黑海东头望大秦。"有意思的是，甘英曾在安息国遇到上述《后汉书》记载的那个来华罗马商团，而且正是由于甘英的介绍，才促使罗马商团下定决心来到中国。

历史上，沙漠绿洲丝绸之路几度兴衰。公元前60年，即在张骞凿空西域后不久，汉朝在西域设立了直接管辖机构都护府，以此为标志，这条丝路开始进入了它的第一个繁荣时期。魏晋南北朝时期，由于长年战乱，商人唯求自保而不愿远行，这条丝路逐渐凋敝，直到唐代重新控制西域后，这种局面才发生变化，并迎来了它的全盛时期。史载，丝路再次畅通后，长安城内外来货品极为丰富，如皮毛、花卉、香料、颜料、器具、乐器、金银珠宝等，几乎应有尽有。而丝路沿线出土的中国丝绸制品，更是不胜枚举，如仅在阿斯塔那墓地就出土文物数万件，其中的丝绸，有不少是织造精美、色彩艳丽、花纹考究的织锦。唐以后，直到元朝建立，在这大约三个半世纪中，随着伊斯兰东扩以及中国政治、经济重心的南移，中国通往西方的这条丝路交通，几乎一直处于半通半停的状态。公元13世纪成吉思汗的蒙古骑兵征服北亚之后，这条丝路才得以再度畅通。进入明代以后，这条丝路逐渐被彻底荒废，成为流沙之中见证丝路辉煌的遗迹。

海上丝绸之路分为东海航线和南海航线。其中的南海航线在唐代以后西去的陆上通道逐渐衰落后，成为我国对外贸易的主要商路。

东海航线形成时间较早。早在周代，周武王便派箕子从山东半岛出发到达朝鲜，"教其民以礼仪，田蚕织作"。秦汉时期，这条航线开启了中日两国的交往历史。史载，为秦始皇求长生不老丹的徐福，就是从蓬莱出发，率领童男、童女、船员、百工，数千人东渡到达日本的。此外，另有记载说，秦朝江浙一带的吴地有兄弟二人，东渡黄海至日本，向当地人传授养蚕、织绸和缝制吴服的技艺。唐宋期间，这条航线甚为繁忙，仅在唐代，日本就派出遣唐使16次，唐朝亦派使回访6次，每次人数100—600不等。对每一批遣唐使，唐朝廷均赐丝绸，如贞元十一年（公元795年）赐遣唐使入长安者绢共1350匹。遣唐使每次带回日本的丝绸，日本皇室除自用及颁赐之外，剩余的还设市转卖，从中可想见唐朝廷每次赐予遣唐史丝绸数量之巨。日本正仓院和法隆寺至今还保存有大量的唐代丝织品，其中诸如彩色印花锦缎、狮子唐草奏乐纹锦、莲花大纹锦、狩猎纹锦、鹿唐草纹锦、莲花纹锦等，即使在中国也很难见到。

南海航线的开通是在汉代。据《汉书·地理志》记载，汉武帝派遣使者和应募商人出海贸易，海船带了大批的金银、土产和丝绸，从今天雷州半岛的徐闻和广西的合浦出发，途经都元国（一说认为在今印度尼西亚苏门答腊岛东北部，一说认为在今马来西亚马来亚西部）、邑卢没国（今泰国华富里）、谌离国（今缅甸伊洛瓦底江沿岸）和夫甘都卢国（今缅甸卑谬），航行到印度半岛南部的黄支国（今印度东岸），然后，从己程不国（今斯里兰卡）返航，途经皮宗国（今印尼苏门答腊）回国。

南海航线在唐宋期间特别繁荣，始发港和航线也都有了一些变化。据《唐书·地理志》记载，这条漫长的海洋航线叫"广州通海夷道"，它始于广州，沿着南中国海海路，穿越马六甲海峡，进入印度洋、波斯湾。如果沿波斯湾西海岸航行，出霍尔木兹海峡后，还可以进入阿曼湾、亚丁湾和东非海岸。整个航线途经90余个国家和地区，全程不算停留时间，大约需要三个月。公元8—9世纪，很多阿拉伯商人沿着这条航线来到广州，取"绫、罗、丝、帛之类"的物品贩运。世界名著《一千零一夜》里辛德巴德航海冒险的故事，就是根据阿拉伯商人在东方航海的记录与传说而塑造的。20世纪80年代，阿曼苏丹卡布斯为证实古代阿拉伯世界与中国的海上交通，资助了一艘仿古帆船由阿曼首都马斯喀特直航广州的考察活动。该船以阿曼古都"苏哈尔"命名，船型为双桅三帆，不装备现代动力设备和科学仪器，仅凭借季风鼓动风帆，用罗盘针、牵星术测以定方位。全船有船员、潜水员、海洋生物学家、摄影师、医生共20余人。"苏哈尔"号帆船从马斯喀特启航，沿着唐代海上航线驶向广州，途经中外历史文献记载的多个海域，总航程6000英里，历时216天，抵达广州的洲头咀码头。

此时的广州港，每天都停泊着众多与中国有商贸往来的国家船只，取代了徐闻、合浦，成为南海航线第一大港。其繁荣景象在许多文献中都有记载，如《唐大和尚东征传》说：港中"有婆罗门、波斯、昆仑等舶，不知其数，并载香药、珍宝，积载如山。其舶深六七丈。狮子国、大石国、骨唐国、白蛮、赤蛮等往来居住，种类极多"。《唐国史补》卷下说："南海舶，外国船也。每岁至……广州。师子国舶最大，梯而上下数丈，皆积宝货。"除了广州，当时对南海诸国贸易的主要港口还有明州、泉州、扬州等地。

明初郑和下西洋，海外航路发展到了巅峰。史载，郑和七次下西洋，到过的国家或地区有爪哇、苏门答腊、苏禄、彭亨、真蜡、古里、暹罗、阿丹、天方、左法尔、忽鲁谟斯、木骨都束等30多个，最远至非洲东岸，红海、麦加。在明代晚期著作《武备志》收录的"郑和航海图"上，不仅记载了530多个地名，还明确标出了城市、岛屿、航海标志、滩、礁、山脉和航路等。每次船队都由宝船、马船、粮船、座船、战船等成百艘组成。其中的宝船，即贸易船，"大者长四十四丈四尺，阔一十八丈。中者长三十七丈，阔一十五丈"。宝船离开中国时，载着大量的锦绮、纱罗、绫绢以及各种瓷、铜、铁器等，返回时，载着船队购买或交换回来的各种香料、珍宝、药品、染料、五金以及木料、珍禽、异兽等。根据相关的文献记载，郑和船队规模之大、航程之远、持续时间之久、涉及领域之广等，均领先于同一时期的西方。令人扼腕痛惜的是，郑和之后的明朝廷，开始实施海禁政策。从此，中国船队便绝迹于印度洋和阿拉伯海，传统的海外贸易市场逐渐被其他国家蚕食殆尽，这条曾为东西方交往作出巨大贡献的海上丝绸之路，也渐渐淡出国人的视野了。

三、丝绸外传的深远影响

在中国古代丝、麻、棉，毛纺织技术中，以丝绸技术水平最高，最值得称道，它对麻、棉、毛纺织印染技术影响很大。尤为重要的是，由于丝绸技术是中国独创的，精美的丝绸是高档纺织品的代表，因此古代丝绸贸易特别兴旺。为丝绸国际贸易开辟的"丝绸之路"，是连接世界几大文明的纽带，它大大促进了东西方经济、文化、宗教、语言的交流和融汇；推动了科学技术进步、文化传播、物种引进，各民族的思想、感情和政治交流以及创造人类新文明。可以这样说，丝绸对人类文明的贡献不逊于四大发明，而丝绸之路的开通，则使中国古代丝绸技术的特殊影响及其重要的历史地位在以下几个方面有充分的展现。

因丝绸贸易而开辟的"丝绸之路"推动了人类文明进程

中国举世闻名的四大发明：造纸术、印刷术、火药、指南针，是中国古代文明的重要标志，对整个人类社会发展起到了重大的促进作用。在这四大发明中，指南针通过海上丝绸之路传入西方，正是它指引着欧洲的船只去环航全球，从而迎来了地理大发现的时代；而造纸术、印刷术、火药则是通过陆上丝绸之路传入西方，它们的西传促进欧洲近代文明的发展。一位英国科学家在评价我国古代四大发明时说："它们改变了世界上事物的全部面貌和状态，又从而产生了无数的变化；从来没有一个帝国，没有一个宗教，没有一个显赫人物，对人类曾经比这些发现施展过更大的威力和影响。"试想，如果没有丝绸，没有因繁荣的丝绸贸易产生的丝绸之路，人类文明的进程是不是要滞后很久？因此，从某种意义上来说，丝绸加快了人类文明的进步。

中国丝绸及技艺的外传丰富和美化了传入国人民的生活

据西方史书记载，中国丝绸未传入欧洲以前，欧洲人缝制衣服的原料只有羊毛和亚麻，当柔软光亮、华丽美观的丝绸一经传入欧洲，立即受到欢迎。中国丝绸及技艺的外传改善了传入地区人民的衣着，也丰富和美化了传入国人民的生活。

促进了传入国纺织技术的进步

在中国丝绸外传之前，世界上其他国家对蚕桑一无所知，随着中国丝绸和蚕织技术的传入才使这些国家对蚕桑有所认识，开始加以利用，并逐渐生产出一些地方名产。中国的脚踏织机和提花机传到欧洲之前，欧洲使用的织机是较为落后的竖机，没有提花机，更不会织造大花纹织物。这两种织机的传入，使西方织机的结构发生了变化，开始了由竖式向横式的转变，并能织出一些较为复杂的提花织物了。欧洲人也正是因受中国丝织技术的启迪，而导致许多机械的革新。公元1725年，法国工程师布乔便是受中国提花机利用花本储存提花信息的启发，巧妙地用"穿孔纸带"取代花本，控制提花编织机的织针运动。

对传入国的政治、经济甚至历史产生的积极作用

中国丝绸及技艺的外传对传入国的政治、经济甚至历史都产生了积极的作用，如公元13世纪意大利经济迅猛发展，成为欧洲文艺复兴的起始国，即是与大力发展丝织业分不开的；公元17世纪后期，法国经济形势好转，成为欧洲强国，也与丝织业的兴起有关。再如日本明治维新（公元1868年）后，政府重视发展丝织业，并通过开拓国外生丝市场，使日本经济蒸蒸日上，从一个落后的封建国家，迅速转变成近代的资本主义国家。

从丝绸之路西传的其他中国的科学技术

从丝绸之路西传的不仅仅有丝绸技术和四大发明，还有其他中国的科学技术，如冶铁技术。中国在商代已使用陨铁制造兵器，春秋时代开始人工冶铁，秦以后出现了低硅灰口铁、块炼铁、渗碳钢、铸铁脱碳及生铁炒钢等新工艺、新技术。汉代时，在汉匈战争中逃亡到西域地区的士卒，将铸铁技术传给大宛和安息的工匠。此后不久，乌兹别克斯坦境内的费尔干纳人也学会了中国铸铁技术，然后他们又将这种技术传入俄国。在丝绸之路的中外贸易中，铁制品是最受西域欢迎的商品之一，安息人就曾努力获取中国的钢铁兵器，使之渐渐流入罗马帝国。再如打井技术。中国很早就发明了井渠技术和穿井法，汉代军队在西域戍边时，苦于沙漠缺水，将井渠法移植到当地，巧妙地创造出坎儿井，引地下潜流灌溉农田，解决了用水难题。坎儿井在汉代边关出现不久，很快就传到周边国家。《史记》记载，大将军李广利

率兵攻打大宛，利用断绝水源的方式围困城市。然"宛城中新得汉人知穿井"，令大宛人坚持了很长时间。在公元8—9世纪时，中国医学也一度沿着丝绸之路传到阿拉伯地区。阿拉伯著名医学家阿维森纳所著《医经》中有一部分讲到诊脉，其论脉之浮、沉、弱等说法以及诊脉之方法，都同中国医书一样。

异域文化和物种借丝绸之路进入中国

在丝绸之路向外输出中国文化的同时，大量的异域文化和物种，如世界各地的宗教、哲学、医学、数学、天文学、美术等文化精粹，棉花、玉米、花生、芝麻、胡萝卜、马铃薯等农作物，香料、玉石、珍宝、象牙等特产，狮、虎、豹等珍禽异兽，也沿着这条丝路进入中国，对中国从生产技术到社会生活都产生了深刻而广泛的影响。仅就丝绸生产技术而言，汉代从西域输入的红花，取代了中国原产的茜草，而成为中国红色染料中的主导染料；南北朝之际从西域输入的纬锦织造技法，促进了中国的织锦技术的进一步发展，锦的图案风格也随之有了变化，出现了联珠纹及一些没有的动物纹，如天马、狮、象、孔雀等。正是基于这种异域文化的输入，东西文明的深层交流，中华文明才得到高度发展。

主要参考文献

1.杜燕孙.国产植物染料染色法［M］.上海：商务印书馆，1950.

2.中华人民共和国商业部土产废品局，中国科学院植物研究所.中国经济植物志［M］.北京：科学出版社，1961.

3.新疆维吾尔自治区博物馆出土文物展览工作组.丝绸之路：汉唐织物［M］.北京：文物出版社，1973.

4.新疆维吾尔自治区博物馆.新疆出土文物［M］.北京：文物出版社，1975.

5.宋应星.天工开物［M］.钟广言，注释.广州：广东人民出版社，1976.

6.上海市纺织科学研究院，上海市丝绸工业公司文物研究组.长沙马王堆一号汉墓出土纺织品的研究［M］.北京：文物出版社，1980.

7.贾思勰.齐民要术校释［M］.缪启愉，校释.北京：中国农业出版社，1982.

8.周匡明.蚕业史话［M］.上海：上海科学技术出版社，1983.

9.李仁溥.中国古代纺织史稿［M］.长沙：岳麓书社，1983.

10.陈维稷.中国纺织科学技术史：古代部分［M］.北京：科学出版社，1984.

11.罗瑞林，刘柏茂.中国丝绸史话［M］.北京：纺织工业出版社，1986.

12.吴山.中国工艺美术大辞典［M］.南京：江苏美术出版社，1989.

13.朱新予.中国丝绸史：通论［M］.北京：纺织工业出版社，1992.

14.曾德福.纺织创造技法［M］.北京：纺织工业出版社，1993.

15.朱新予.中国丝绸史：专论［M］.北京：纺织工业出版社，1997.

16.何堂坤，赵丰.中华文化通志：纺织与矿冶志［M］.上海：上海人民出版社，1998.

17.赵匡华，周嘉华.中国科学技术史：化学卷［M］.北京：科学出版社，1998.

18.赵承泽.中国科学技术史：纺织卷［M］.北京：科学出版社，2002.

19.季国标，等.黄道婆走进现代纺织大观园：纺织新技术、新工艺和新设备［M］.北京：清华大学出版社，2002.

20.黄能馥，陈娟娟.中国丝绸科技艺术七千年：历代织绣珍品研究［M］.北京：中国纺织出版社，2002.

21.张琴.中国蓝夹缬［M］.北京：学苑出版社，2006.

22.郑巨欣.中华锦绣：浙南夹缬［M］.苏州：苏州大学出版社，2009.

23.袁宣萍，赵丰.中国丝绸文化史［M］.济南：山东美术出版社，2009.

24.吴元新，等.中国传统民间印染技艺［M］.北京：中国纺织出版社，2011.

25.吴元新，吴灵姝.刮浆印染之魂：中国蓝印花布［M］.哈尔滨：黑龙江人民出版社，2011.

26.李时珍.本草纲目［M］.北京：中国医药科技出版社，2011.

27.赵翰生.轻纨叠绮烂生光：文化丝绸［M］.深圳：海天出版社，2012.

28.赵丰，王乐.敦煌丝绸［M］.兰州：甘肃教育出版社，2013.

29.赵翰生，邢声远，田方.大众纺织技术史［M］.济南：山东科学技术出版社，2015.

30.黄赞雄，赵翰生.中国古代纺织印染工程技术史［M］.太原：山西教育出版社，2019.

31.赵翰生，王越平.五彩彰施：中国古代植物染色文献专题研究［M］.北京：化学工业出版社，2020.